修养

[日] 新渡户稻造————著

王成 陈瑜————译

图书在版编目(CIP)数据

修养/(日)新渡户稻造著；王成，陈瑜译.—北京：中央编译出版社，2024.3（2024.12重印）

ISBN 978-7-5117-4415-9

Ⅰ.①修… Ⅱ.①新… ②王… ③陈… Ⅲ.①个人-修养-通俗读物 Ⅳ.① B825-49

中国国家版本馆 CIP 数据核字 (2023) 第 075179 号

修养

选题策划	张远航
责任编辑	郑菲菲
责任印制	李 颖
出版发行	中央编译出版社
网　　址	www.cctpcm.com
地　　址	北京市海淀区北四环西路 69 号 (100080)
电　　话	(010)55627391（总编室）　　(010)55627392（编辑室） (010)55627320（发行部）　　(010)55627377（新技术部）
经　　销	全国新华书店
印　　刷	北京盛通印刷股份有限公司
开　　本	880 毫米 × 1230 毫米　1/64
字　　数	238 千字
印　　张	10.125
版　　次	2024 年 3 月第 1 版
印　　次	2024 年 12 月第 2 次印刷
定　　价	60.00 元

新浪微博：@ 中央编译出版社　　微　信：中央编译出版社 (ID : cctphome)
淘宝店铺：中央编译出版社直销店 (http://shop108367160.taobao.com) (010)55627331

本社常年法律顾问：北京市吴栾赵阎律师事务所律师　闫军　梁勤
凡有印装质量问题，本社负责调换。电话：(010)55627320

目 录

总 论 / 1

第一章 青 年 / 21

一、"长岁数"意味着什么？ / 23

二、"身有老少，而心无老少" / 31

三、青年身上也有天性淡泊的一面 / 37

四、青年要积蓄元气 / 41

第二章 立 志 / 47

一、凡夫俗子也需要立志 / 49

二、人也要呼吸纵向的空气 / 51

第三章 职 业　　　　　　　　　　　　/ 65

一、职业的选择也是学问的选择　　　　　/ 67

二、没有特别爱好者的职业选择　　　　　/ 82

三、当境遇不允许满足志愿时　　　　　　/ 86

四、不要被名声所迷惑　　　　　　　　　/ 92

五、缺少经费不会影响立志　　　　　　　/ 95

第四章 信 念　　　　　　　　　　　　/ 99

一、"人的一生如负重远行"　　　　　　/ 101

二、小事当中存在大原则　　　　　　　　/ 109

三、妨碍恒心的原因不仅仅来自内心　　　/ 129

第五章 勇 气　　　　　　　　　　　　/ 147

一、恪守道义是勇气修养的第一步　　　　/ 149

二、如何修养勇气？　　　　　　　　　　/ 153

第六章　克　己　　　/ 165

一、"克"是绝对的，不问有无敌手　　/ 167

二、应该战胜的真正敌人潜藏在此　　/ 173

三、克己之工夫在于一呼一吸之间　　/ 183

四、克己的程度　　/ 191

第七章　名　誉　　　/ 197

一、名誉并非存在于自身之外　　/ 199

二、获得名誉的同时必定伴有几分危险　　/ 212

三、名誉是手段还是目的？　　/ 232

四、即使达不到目标也要把理想置于高处　　/ 248

第八章　储　蓄　　　/ 263

一、文明是精力的储蓄　　/ 265

二、有储蓄意识的人大多是思维缜密的人　　/ 274

三、储备体力不是虚张声势　　/ 285

四、将储备的知识显露出来的机会至关重要 / 298

五、积德不论人和时间 / 307

第九章 阅 读 / 315

一、我从读书中学到的 / 317

二、一生受益的阅读之法 / 327

第十章 逆 境 / 337

一、没有人不会身处逆境 / 339

二、苦难磨炼一些人,也毁灭一些人 / 354

三、处于逆境时退后一步再行动 / 401

四、顺境和逆境之间也许仅一步之遥 / 413

第十一章 顺 境 / 439

一、凡人皆有得意时 / 441

二、人在身处顺境时更加容易掉以轻心 / 449

三、境遇的好坏只在一念之间　　/ 458

第十二章　处　世　　/ 475

一、人在社会中应该努力的方向　　/ 477
二、善用自己的境遇　　/ 484

第十三章　道　路　　/ 495

一、一条人应该走的路　　/ 497
二、世上的路有高有低　　/ 518

第十四章　默　思　　/ 537

一、静思默想是灵魂与天地的交会　　/ 539
二、沉默五分钟　　/ 549
三、以体会人生真味为目标　　/ 562

第十五章　暑　天　　/ 577

一、夏季是最佳的精神修养期　　/ 579

二、让散乱的精神尽量归一　　　　　　　　/ 592

第十六章　新　年　　　　　　　　/ 615

一、新年是重新出发的好机会　　　　　　　/ 617

二、将自己的愿望变为现实　　　　　　　　/ 630

总　论

自省而果断,即使贫穷内心也会满足,即使受到诽谤也会自得其乐,即使身陷逆境也会感到幸福,怀着感激之情度过每一天。这就是我讲解修养的目的。

什么是修养？

单从字面上看，也许人们早已明白修养的意思，但是，若问修养的目的是什么，自以为明白的人也会感到这是一个不好回答的问题。

以我的观点，"修"乃修身的意思。日本古代是否有这样的字句，不得而知。一般所言传的说法大概是来自《大学》。《大学》中说："古之欲明明德于天下者，先治其国；欲治其国者，先齐其家；欲齐其家者，先修其身；欲修其身者，先正其心；欲正其心者，先诚其意；欲诚其意者，先致其知；致知在格物。""自天子以至于庶人，壹是皆以修身为本。"从治国、齐家、修身的排列顺序来看，我们可以靠自己的意志力来支配自己的整个身心。即修身是以克己为本，不因肉体情欲而心烦意乱，以心为主，然后确定身体的动作或志向，才能不错方向，不乱方寸，井然有序地前进。

"养"是养心之意。"养"这个字正像字形所表现的那样，意思是羊的食物。[①] 羔羊是非常温顺的动物，没有什么智慧，如果没有引导者，最容易迷路，就像人的心灵那样很容易被善恶所影响。古时候，流传着墨子见白丝而哭泣的故事。这是因为墨子感叹，人的心灵就像未着任何颜色的丝线，随意染色的话，既可以染成黑的也可以染成蓝的。这和古代欧洲人把人的心灵称为"tabula rasa"即白纸，意思相同。所以说，如果放任自流的话，最终是不可能向善的。因此，不仅老羊抚养它的羔羊，而且，如果人类不帮助饲养的话，就不能期望它像其他家畜那样顺利成长。相反，如果尽心尽力地饲养，温和地对待它，羔羊会比其他动物更加对人顺从，也更加可爱。因此，当基督的高徒彼

---

① 日语中使用的汉字是繁体字"養"。以下皆同。——译者注

得问道:"师傅,我应该为您做什么呢?"基督重复两遍告诉彼得:"你要是爱我的话,就替我饲养羔羊吧!"修养的"养"字就像每个人管理的羔羊,稍不细心,就会死去。相反,如果耐心饲养的话,它就会最顺从你。就像对待羔羊那样,你要给心灵食物,寒冷的时候给它温暖,炎热的时候替它降温,走上迷途时,把它叫停,带它回到正道,采取各种办法,培养它走正道。

对修养的误解

简明扼要地讲,修养就是修身、养心,其目的是谋求身心的健全发展。最近,修养二字用得非常广泛,但是,有关修养的目的及其内容,有的学说和我的观点不同。例如,这些人也同意修养就是养心,但是,对于心灵的解释,却大不一样。按照他们的观点,经常听到这样的说法:"人的心灵本来具有动物性。所以,要说养心,就要像自然主义者所提倡的那样,随心所欲,使心灵适应动物性,这不就是修养的目的吗?而且,根据我们的实验,人类容易喜好恶,也容易疏远善。从这一点来看,也因为人心的自然倾向是随心所欲,享受乐趣,这就是顺应性情来养心。何苦要做自己不喜欢的事呢?就像动物那样发挥本能,不就是养心的特征吗?"尼采主义、高尔基主义、自然主义或者本能主义甚嚣尘上就是这个原因吧。

有关修身的观点,社会上也有人和我的思想完全不同。原本需要修的身是什么?这一哲学或者心理学的根本问题不提,简单地解释为"自身",即个人。还有人提出极端的自爱学说或者自私自利论,主张:"修身之道唯求自己快乐即可,修身乃享受自我幸福之意,未必与他人相关。天上天下,唯我独存,所以,满足'自我'就是修身之大纲。"以此来解释修身的含义。但是，观其行动，他们表现出的颓废倾向令人感到悲哀。让持不同标准的我来说，也许有些不礼貌：这完全不成气候，根本谈不上修身，给人浑身散漫，身体失去原形，零乱不整的印象，令人深感遗憾。

实践道德所需要的是平凡的努力

我没有能力涉猎这些理论上的基本思想，即使有所涉及，也想故意避开。我深信，即使避开理论性的思想也不会影响实践，我认为道德的、伦理的思想并非用纯粹理论就能解释清楚。德国的康德被称为世界上最伟大的哲学家，对于宇宙万物都试图从理论上进行解释，但是，他却说宗教和道德用纯粹理论最终是不能解释的。因此，他通过实践论来解释，实际上，区分善恶曲直的能力与学术研究中所用的判断真伪的能力是完全不同的。所以，无论头脑多么清晰，知识多么渊博的人，也有缺乏对道德观念的认知。我前些年去美国旅行的时候，参观了著名的智力障碍者福利院。在近千个智力障碍者当中，有十个非常聪明伶俐的少年。如果与他们交流文史哲方面的话题，他们的知识面也不是一般人所能企及的。若谈论学术的话题，他们的知识面连专家都会赞叹不已。当中最令人惊奇的是一位数学上的奇才。无论多么大的数字，让他做加减乘除，他不用算盘，也不用笔，随即就能准确地报出答案。例如，你说793625乘以99673，他立刻就回答出79102984625这个答案。而我们花三四分钟计算也未必准确无误，除法也一样，他的数学天赋实在令人惊叹。然而，他们根本没有道德观念，偷别人的东西不觉得是坏事，撒谎也觉得是理所当然的。二十多年来，福利院院长每天和他们接触并且对他们进行观察，研究的结果是，院长认为道德观念和智力是不同的。如果以智力为标准而论，他们可以称为有才华的人，从道德上来看，有的人可以说是智力障碍者。这里只是举出道德和智力之间差距明显的极端例子，在我们每天的实践过程中，会看到许多例子没有这么极端。所以，如果我们每天都要从学理上研究该干什么的话，那么，靠智力可以讲出有趣的道理，相反，也可以同样用有趣的理论来反驳。不过，这仅限于理论和研究，实际生活中，绞尽脑汁判断善恶曲直的大问题非常少，一生当中能否遇到一次都难说。我们必须履行的职责多是平凡的，无须绞尽脑汁，靠常识就能作出判断。但是，这也是最困难的。不，不光是判断，判断后的执行才是最难的。只要圆满地、不间断地履行日常的平凡职责，即使遇到一生中可能很少遇到的大难题，解决起来也很容易。只是，疏忽日常平凡的职责的人，一旦遇到这样的大难题，就会狼狈不堪，束手无策。所以，解决难题也要完成日常平凡的职责才能做到。

有修养者与无修养者的区别

也许有的人看到我用"平凡"二字,会感到不快。我所说的平凡的任务尽管性质上是平凡的,但是,执行任务的人,绝不能称为平凡的人。每天早晨有一个叫卖纳豆①的小贩定时从我家门前经过。我并没有称这个卖纳豆的是一个了不起的女豪杰,她的职业很平凡,买卖也很寻常,不值得称奇。但是,她每天早晨不改变时间,不乱开价钱,精选商品,热情待客,以此为宗旨,用获得的利益,照顾家里卧病在床的丈夫,养育背上的孩子,有这样的人品的话,她不就是一个了不起的人吗?

人们往往通过职业或者语言来区别非凡与

---

① 用大豆发酵做成的一种类似湿豆豉的豆制品。——译者注

平凡，但是，实际上，以平常的努力和品德来判断是最恰当的。即使同样的平凡，既有低俗的平凡，也有高尚的平凡。例如，武藏野市是平坦广袤的大平原。但是，向北延伸越过碓冰岭，轻井泽的平原又一次展现出平坦广阔的天地。尽管都是平原，但是海拔却相差三千尺。平凡也如此，同样也分为高水平的平凡和低水平的平凡。就修禅的人来看，坐禅只有"半瓶醋"的人，显得自高自大，蔑视别人。但是，自命不凡的人再进一步成为高僧大德的话，他的话其实也很平凡，其行为举止和普通人没有什么两样。仔细观察，就会发现声调不同，眼神不一样，行走时落脚的方式不同，倒茶时手的姿势不一样。看上去平凡无疑，但是，平凡中存在巨大的高低差异，这就是有修养者和无修养者的区别。有修养者的言行，看上去很平凡，和普通人没有什么不同，但是，实际上，不论对待任何事，处在哪个位置，都有很大的不同。吃粗粮的羔羊，生长到一定程度，有时反而比那些享受美食，得到特殊营养的羔羊发育得好。但是，到剪羊毛的时候，羊毛的品质明显不同。屠宰后吃肉的时候，肉味也不同。我经常从青年身上看到与此相同的状态。例如，甲乙两个青年，甲没有任何修养，做事完全出于本能，行为举止旁若无人，被世人称赞为"这家伙很有趣"，是个"怪人"，像个"英雄好汉"。乙平时小心谨慎，致力于自我修养，于是，人们说他是"不合格的和尚"或者"注重小节，不会成大器"，等等。但是，一朝有事，两人的态度完全不同，有无修养也就鲜明地表现出来。

人是否有修养一定表现在言行上

平时不注意修养的人，生活在世界上，即使很大胆，也是所谓的盲人不怕蛇一样的大胆。所以，没有经验的人看起来有豪杰气概，但是，这样的人外强中干,并不是一个踏实丰满的人,看上去就像一个肥胖的士兵,臃肿虚胖,敲一下会发声。有修养的人也许很朴实,不显山不露水,省察自身,却具有无修养者难以企及的安心之处。

非凡之事成就平凡修养

如前所述,身处危急时刻需要依靠日常平凡的修养。春风吹过,樱花三日未见,花蕾已绽放。樱花不是遇到春风后匆忙开放的,而是历经去年的冬天,忍耐严寒,孕育出花蕾。古代的武士身临战场,豁出性命争胜负,这是他们平时手持木刀以木偶为对象拼杀训练的结果。只要平时注意修养,关键时刻就会有精神准备。

平日不悟舍身事,危急关头更惜命。[1]

---

① 这是和歌译文。——译者注

"事先"也就是平常准备之意。正因为平时有舍身牺牲的觉悟,到关键时刻才不会迷惑。世人喜欢引人注目、卓尔不群,喜欢令人震惊、富有戏剧性,因此,轻视平凡的日常修养。我倒认为这是一种不成熟的思想。例如,在对通俗读本还似懂非懂的少年时代,总想翻阅高深的哲学书籍,无论怎样听别人解释,总有一半听不懂,查字典也是一知半解。只是作为一种乐趣,看到高雅的书就像见到了高尚的人那样感到快乐。同样,没有修养的人发表力所不及的言论,阐述见解不足的学说,似乎是为了图一时之快。但是,有修养的人不会这样。就如同一个刚出生的孩子要用乳汁抚养,后来,随着时间的增加,才逐渐可以消化坚硬的食物。尽义务也是如此,在某个位置上,全心全意地尽到与其位置相符合的义务以后,才能培养出能够尽到更高义务的能力。

我在此讲解修养方法也是如此。目的在于

阐述我们平时尽自己的职责时所需要的精神准备，并不是希望你一跃成为英雄豪杰，做惊天动地的大事，受到世人的喝彩。功名富贵不应该成为修养的目的。自省而果断，即使贫穷内心也会满足，即使受到诽谤也会自得其乐，即使身陷逆境也会感到幸福，怀着感激之情度过每一天。这就是我讲解修养的目的。

佐藤一斋讲过这样的话："凡活物不养即死。心乃存于我身一大活物，最须以养。如何养之，唯理义而无他法。"正如养身之食物，每日需要三餐一样，道理和正义的营养也不能间断，稍有一些经验的人都明白这个道理。每时每刻的修养，在实施期间也许没有太明显的感觉，但是，日积月累就会造就出伟大的人物。致力于修养的人，一开始会感到辛苦，一旦成为习惯，修养就会变成身体的骨肉，你就会变成与凡人不同的人。感到坐禅很难受的阶段，你是个不合格的僧人；度过这个阶段，完成坐禅要求的合格僧侣的确是令人景仰的人。

未坐禅时人若知，何必夺取成佛路。①

修养学说之未来

近来，呼吁修养之声渗透到社会的各个角落，几乎成为一个流行词语。对此，我担心的是其未来的走向。一般认为，我国的思想界大致十年一变，今日社会上流行的修养学说十年以后，将会得到怎样理解呢？这是一个非常值得思考的问题。对此我认为今后将会出现三个倾向。一是反作用，二是知行分离，三是宗教信仰得以发扬光大。

第一个倾向是反作用，是说修养所要求的仔细谨慎，那些具有豪杰气概的人不容易适应，只要有机会就会起来反抗，这是理所当然的。

---

① 这是和歌译文。——译者注

因此，修养学说流行期间，些微的反对不起作用。但是，如果流行的趋势衰退，那些攻击修养的人就会跳出来，当他们看到曾经提倡修养的人偶然遇到挫折，就会正中下怀，作为谴责别人的方法，攻击他标榜的主张，甚至指责修养死板，"如同切磋琢磨"，是人工雕琢得非常小气的工艺，缺乏自然。我相信，主张修养会使人的器量缩小的言论必定占优势。如此争论的结果，竟会产生悠然自得的大人物的话，那就很理想。但是，我担心会不会导致产生自然主义的人物呢？

第二个倾向是知行分离。仅凭这句话表达不了我的意图，需要作一说明。毕竟修养是以提升个人的人格为宗旨，无须论述孟子所说的养心之大是重点。另一方面，需要修养的精神表现在行动上，也就是说重点放在修身上。所以，修养的做法是实际的并且是具体的。可是，实际而且具体的事物从学理和思想的立场来看，因为不属于重要的意义,所以似乎显得浅薄。于是,思想家分解了修身和养神,取养神法而舍弃修身法,令人反而信以为很高尚,甚至还会产生类似的说法。修身主要是针对他人即社会的行为,而养神是天上天下唯我独尊的个人涵养,所以既然努力养神,就没有必要努力修身。概括起来说,品行或者义理,这些表现在外表的相对的东西就变得不太重要。有时势必会产生一种倾向,认为没有什么比脱离尘世隐遁更好。

第三个倾向是比第二个倾向更积极更前进一步的。努力观察,用心修养,就会遇到宗教的问题。因为我们生活在这个世界上,一旦考虑到人与人之间的人情关系,前生、后世、道德的根源等问题,就会遇到必须依靠宗教才能解决的问题。所以即使在今天,已经立志修养之辈,有许多是宗教人士,甚至大多数宗教人士必定致力于修养。

修养学说未来的倾向(发展)①将会波及所有方面,我相信其中主要的是上面三点。不管读者向哪个方向发展,我希望都不要违背常识性的判断,不要偏重空理空论。应该注意随社会一起变化,随社会一起变革。

---

① 括号系是原文所加,用来补充说明"倾向"。——译者注

第一章 青 年

所谓青年,是指将来应该做的事比过去做的事要多的人,即富有希望和抱负的人。

一、"长岁数"意味着什么?

"青年"的含义

青年!是人们经常提到的名词,各地纷纷组织起了某某青年会。那么,到底青年或者青年会是什么意思呢?既然有青色的年,也应该有把老人称为白色的年,把婴儿称为赤色的年……据说青年一词的起源并不太早,既然把热心的人们称为赤年,或者把洁白的人们称为白年,那么,就应该把他们的集会称为赤年会或者白年会,可是有趣的是,一般只说青年或者青年会。《诗经》中有一句话叫"青青子衿",据说年轻的书生穿的都是青色衣襟的衣服,所以就把书生称为"青衿子"。正如《汉书》所说的青云之士、青云之交，或者青眼那样，"青"被用作褒义。我认为青年的词义发源于前景未定，苍茫一片，青翠欲滴，刚刚发芽的青草叶。青色是春天之色，中国古书里也把春天称为"青帝"①。

一叶嫩草可见春，秋来百花缀枝头。

如同这首和歌所唱的，青年恰像春天田野地边的青草，将会开出哪种花，结出什么样的果，也就是说，如何实现提高和发展，还不得而知。青年之所以为青年，就是因为未来有希望。换言之，因为青年被称为怀有宏图大志的人，所以不问年龄大小，只要有希望，不管三十岁还是六十岁，都可以称为青年。

---

① 《尚书·纬》中有"春为东帝，又为青帝"之语。——译者注

"长岁数"意味着什么?

一般来说,所谓"长岁数"是以什么为标准确定的呢?历法分太阳历、太阴历等,种类繁多,一年也有长短。确定人的老少只是肉体和年龄上的判断。其中,也有人叫嚷什么酉年出生,巳年出生之类的。当然,既然人类聚集在一起组成了社会,为了方便,规定一些共同的标准也很方便。但是,确定人的老幼,单靠太阳的旋转圈数,未必合适。古之贤人教导我们:"春至,时和,花尚铺一段好色,鸟亦啼啭几句好音。士君子幸连头角,又遇温饱,若不思立好言行好事,虽在此世百年,恰似未生一日。"

所谓"长岁数"到底意味着什么呢?去年发生了许多事,今年没有发生。去年因为喝酒误事,今年戒酒了。去年说了人家的坏话,今年不说了。去年有嫉妒别人的毛病,今年改了。就像这些话一样,伴随自己的决心和行动,实现更大提高和发展的话,这才是真正的长岁数。重复了日历未必就称为老年。因此,从这个意义上讲,与马齿徒增不同,越是经历风霜越年轻,那才是老当益壮,是成熟,不是衰老。

确定人物价值的标准

古代的诗人中也有人说:确定一个人的价值应该看他成就的事业。的确如此,事业可以成为鉴定一个人物的标准。但这应是别人的观察,自己做不到。四五年前,我在大矶[①]见过伊藤公爵[②],之前我总是在乡下生活,从未见过名人,不过,后来也很少有拜见名人的机会。恰好公爵有时间,我不想失去与这样的人见面的机遇,就向公爵提问:"您所见到的人当中,您

[①] 地名,位于日本神奈川县南部。——译者注
[②] 伊藤博文(1841—1909),日本明治时代的政治家。——译者注

觉得谁最伟大?"并且问他:"称赞人伟大,应该以什么为标准判断呢?"公爵歪着头想了想,回答说:"做过的工作吧!"对于公爵来说,作出这样的回答是理所当然的。诗人对此亦早有表述。但是,这是由社会确定的标准,不应该由自己来确定。而且,这是过去经历丰富,未来希望越来越少的人提出的标准。

富于希望与抱负的青年

相反,所谓青年是指将来应该做的事比过去做的事要多的人,即富于希望和抱负的人。人来到这个世上,该做的事情很多,用最近流行的话说就是:人给这个世界带来的使命有很多。例如,假定带来一百个使命,只完成了其中的十个,于是,衡量这个人的依据不仅仅是他完成的那十个使命,而是剩下的九十个。但是,即使最初完成了使命中的十个,剩下九十,完成了十个使命后,剩下的使命也会进一步变多。如果完成了一个使命,随着使命的完成,应该做的事情就会不断地出现。所谓人的理想是无限的,永远不可能达到圆满。正像拿破仑为了征讨意大利翻越阿尔卑斯群山一样,全军将士以为只要越过崇山峻岭,马上就会驰骋在意大利的广阔原野上,于是鼓足勇气前进。然而,翻过一座山,又出现更险峻的高峰。越过一山又见一峰,所谓"Alps on Alps"这句名言,就是此时开始使用的。同样,理想也如此,实现一个,接着会不断地出现,最终,是不可能全部实现的。最初目标还没有多少,实现了一个又一个,就会不断出现更新的目标,无止境地推动我们的行动。我们真正以该做的工作为标准的话,即使衰老也不长岁数。佐藤一斋曰:"此学乃吾人一生之负担,当倒下而后止。道本无穷,尧舜之上,善无尽。孔子从志于学至七十,每十年自觉其进步之处。孜孜自勤,不知老之将至，纵使其逾耄耋，至终老，即，其神明不测，想来将会如何。凡学孔子者，宜以孔子之志为志。"如果以孔子达到理想的阶段计算自己的年龄，距离到五十岁的话，达耳顺之年还有十年。到六十岁时，至不逾矩之年还有十年。总是这样预见未来，所以就有不啻青年人的自强之元气。

一味回顾过去，计算自己的工作，那是已经衰老的征兆。这样的人尽管年纪轻，也不能称为青年。拥有未来可以实现的希望与抱负，而且具有决心实现理想的愿望和精力者就是青年，所谓"富于春秋"也是这个意思。

老幼是由今后可做事业的多少来确定的

有一个叫尤维纳利斯的作家描写过古代罗马帝国的全盛时代。风俗流于华美，人心陷于淫糜，妇女道德堕落。书中慨叹，计算妇女的年龄不靠公认的日历，而是要靠为离婚而结婚的男人以及为结婚而离婚的男人的数量来结算。实际是否存在这种情况不得而知,但是,这句话说明,确定人的老幼除去年龄之外还有别的标准。前面的例子也许没有准确地表达我的意图,但是,从中可以看出正面利用了我的宗旨,也就是说,老幼是由今后可做事业的有无以及多少来确定的,一味地计算过去所做的工作,岁数就会不停地增长。青年必须是富有未来理想的人,前进途中怀有许多理想,这是青年的特点。例如,行百里路者,达到六七十里,回头张望,自以为"我已获得如此的成功"的话,那就是长岁数的征兆。所谓"行百里者九十过半",达到九十里的话,横在眼前的道路会增加到一百八十里,也就是希望与理想在增加。

二、"身有老少,而心无老少"

日本的青年过于"少年老成"

总的来说,在东方的习惯中,有计算过去干过的事情,干得越多越高兴的倾向。尽管是过去,干的事情多当然值得高兴。与此同时,还有尊敬老年人的风尚,喜欢用"翁"这个字。近来有人甚至叫"若翁"。老年人实践经验丰富,做了许多有益的工作。尊敬老人是着眼于这一点。后来,人们忘记了这个值得尊敬的理由,只要是上了年纪的人都要尊敬,老年人也不分情况缘由,希望受到他人的尊敬。因此,年轻人也争相装老人。

年轻人喜欢装老人是东方各国的通病,中

国、朝鲜等国尤其严重。日本与这两个国家相比，程度稍微轻一些，但依然有年轻人装老人的毛病。本该茁壮成长的孩子们老气横秋，以为不装出大人的样子就不会受到人们的尊敬，所有人的态度是装老人。不光是态度，甚至连思想上也是少年像老年，自己想这样做，社会上的人也认为这样做好。如果不引起特别注意的话，社会上就会形成一种风气，他们将马上变成"年轻老人"，年轻而腐朽。我们往往会看到本来具有茁壮成长特质的青年，中途过于故步自封，变得像松树盆景一样。一般来说，人的体力也是如此，年轻时，肌肉富有弹性的时候，经过不断的锻炼就会很发达。但是，上了年纪后，肌肉变得僵硬的话，行动就会变得困难。同样，只有年轻而富有弹性的心才能够发展。然而，肌肉的弹性也会随着年龄的增长在不可抗拒地降低，不过，心灵的弹性，只要用心注意，就会保持更久活力。再一次引用一斋翁的话，他说："身有老少，而心无老少。气有老少，而理无老少。须常取无老少之心，以体会无老少之理。"

孩子气果真不好吗？

我认为，在这一点上日本人逊色于西洋人。西洋人大致言行非常轻松愉快，天真烂漫，不世故。从游戏上也可以看出，白发苍苍的西洋老人仍然能与少年一起愉快地打棒球。日本的老人或者在酒馆浅酌低唱，不然就寂寞隐居，脱离社会，丝毫没有西洋人那样的活力。无论是读书还是与人交际都是如此，争论也缺少活力，如果有丝毫反传统的言论，全都会被当作书生之见，受到排斥。即使提出新奇的观点，也很难被采纳。

孟子说："大人者，不失其赤子之心者也。"所谓赤子之心是指纯洁而真实的心，像孩子一样。自古以来，被称作伟人或者英雄的人，常常有一颗像孩子那样单纯的心，这成为各种功绩的基础。在《从童年回忆印证灵魂的不朽》一诗中，华兹华斯也感慨随着人的成长，像明镜一样的心灵变得模糊不清，赞美幼稚的心灵为预言者，称赞那些受到真心祝福的人。孩子气值得珍惜，而且要永远保持。英语中说像孩子一样有两个词，一个是 Childish，另一个是 Childlike。德语也有 Kindish 和 Kindich 两种说法，意思都是像孩子似的。一个是表示傻乎乎的，智慧不足；另一个表示天真无邪，讨人喜欢。两个意思同样都是知识不足，但是，后一个意思是坏的知识不足，所以天真无邪。这层意思中的孩子气就是青年的特征，没有偷奸耍滑的习气。因此，所谓青年意味着天真无邪，不了解人世间的坏习气。

我们因为不需要的知识中毒很深

有人教导:"青年什么都得知道。获取知识期间,有时也会了解世间的邪恶。为了了解世界,知道一点邪恶也是不得已的。"但是,我不信这样的说法。了解世间的邪恶绝不是获取真正知识的途径。请教哲学家,他会告诉你:知识分阶段和品位。佛教也讲末那识[①]和阿赖耶识[②]的区别,都是知识的意思,阿赖耶识也叫藏识或者种子识,品位比末那识高,有力量。即使同样称为知识,也有阶段和品位,而且获得知识的方法不同,品位也不一样。尽管说青年应该吸收知识,但是,排除坏的知识也是理所当然的。虽说像孩子,没有获得坏的知识,但是,作为青年也丝毫没有问题。要想了解人情,

---

① 佛教用语。梵语 manas,译为意识。——译者注
② 佛教用语。梵语 ālaya-vijñāna,人存在的根本意识。——译者注

最好了解高尚的人情，想要见世面，最好了解健全的事情。连坏的知识也要获得，反而失去青年的资格，是一条已经步入耄耋之年的捷径。就像歌德的《浮士德》中，指责无用的知识时所说的，"人总是知道一些多余的知识，该知道的反而不知道"，我们因为不需要的知识中毒很深，不由自主地卖弄那些无用的，不，是有害知识，去窥视不需要看的廊檐下，——强调：哎呀，那里挂着一个蜘蛛网，这里有一堆狗屎。比起作为自诩的社会专家而洋洋得意，倒不如眼不见心不烦，青年绝对没有必要了解有害的知识。

三、青年身上也有天性淡泊的一面

青年要淡泊

青年的特性应该是朴实恬淡；要顺从自然，光明磊落，没有怪癖；要直爽痛快，不要有偏见。

青年身上也有天性淡泊的一面。年轻时淡泊的人，到了老年，受到人世间风波的磨炼，有人就会失去淡泊。有人见到当权者，就会言不由衷地讲奉承话，一个劲地点头哈腰，这是因为有求于权力和官职，因他利欲熏心，总想占便宜。青年人很少有求于社会、名誉或者地位等，不存在区区小欲，即便有欲望，那也是大欲。所以，既不用追随别人，讨人家欢心，也没有秘密可言。海阔天空，没有任何顾虑。

不过，这种朴实恬淡，根据不同的观点也分不同的情况。我认为朴实恬淡有两种，即头脑的和心灵的。头脑永远简单也不行，必须不断地发展。这里所说的朴实恬淡是后一种，指的是心灵的朴实恬淡。

关于这一点，很遗憾，我必须说日本人逊于西洋人。日俄战争时期，有一个来自美国叫凯南的新闻记者，他是一个了不起的俄国通，也非常讨厌俄国。有一个晚上，我与他会面交谈，他讲到关于日俄两国人的比较，很有趣。他是这样说的："我在俄国的时候，经常受到中下层俄罗斯人邀请吃晚餐。那时的饭菜很简单，即使不好吃，主人绝不会为饭菜简单而过意不去，他的招待非常朴实淡泊，没有任何虚情假意，全都是真情流露。所以，尽管饭不好吃，但是感觉很好吃、很愉快。然而，来日本以后，也受到邀请吃晚餐。主人长长的开场白往往是'饭菜很简单，也许不合您的口味……'

可是,到饭厅一看,实际上准备得很丰盛。一旦开始谈话,也做不到畅所欲言,结果便一无所获。他们号称一起恳谈,但他们的话题与刚才所作的解释完全不一样,因此,丝毫做不到推心置腹的畅谈。有人说这是日本人的自我谦卑,不必在意。可是,一旦这样下去,外国人就会认为:日本人的话存在虚饰,不值得信赖,嘴里说的和心里想的是否一样值得怀疑。尽管如此,我也并非劝大家炫耀美食。我认为款待客人的方法,质朴而融洽的交流比食物更重要。即使自己受到赞扬,我也不会感到愉快。因为我也搞不清楚那果真是真情实意的欣赏呢,还是恭维人的话。所以,虽然日本人摆上山珍海味、美食佳肴款待我,但是,我从未真正愉快地感受到日本人的真情实意。我对日本这个国家和国民表示极大的兴趣,但是,对日本人很难有亲切之感。"听了这一番话,实在令人感到遗憾,确实,日本人真的缺乏朴实恬淡之情。

勿将淡泊误解为无礼

缺少像孩子那样的自然趣味是日本国民的一大缺点。所以,我希望应多培养朴实恬淡之情,每个人都变得年轻,创造蓬勃发展的空间。

有人误解了青年应该朴实恬淡,认为可以不讲礼貌,来到长者面前,连寒暄都没有,盘腿而坐,平起平坐地招呼:"喂,你……"也有人认为藐视别人就是抬高自己,误以为这就是朴实恬淡。其实所谓朴实恬淡就是没有野心,干脆利索的心理素质。用这样的心情和人交往,举止自然就会符合秩序礼仪。缺乏礼节,那不是朴实恬淡,是粗野。这之间存在很大的差距,尊重自己的人,也是尊重别人、彬彬有礼的人。

四、青年要积蓄元气

青年要积蓄元气

作为青年的特性应该列举的是富有元气(能量)①。没有元气者,即使年轻也和老朽一样,不能称为青年。如前面讲过的那样,青年总是对未来怀有许多希望与抱负,要想实现理想、达到目的,就需要元气,也就是勇气。中途遭受挫折就要放弃的人,绝不能称为青年。失去金钱的人,通过劳动就能重新获得,名誉受到损害的人,有时通过谨慎就可以恢复。但是,歌德教导我们说:"失去勇气的人就没有机会再

---

① 括号内的词是原文。——译者注

站起来。"勇气还可以使老人年轻，正所谓百折不挠，有勇气者就能拥有更好的未来。

元气如此重要，因此，必须充分节约使用。但是，青年人当中有人产生误解，以为乱用元气就有元气。例如，有的人放荡不羁，通宵畅饮，自以为好像元气旺盛。然而，这是莫大的误解，对于自然(非下层的自然——原本把自然分为上层下层是很可笑的——此话题以后再谈)的欠债早晚是要还的。不仅要还，而且要付高额的利息。我熟悉的一位有影响的实业家说："我不在乎吃什么，必要的时候，连石头都能啃。"这是一个咔嚓咔嚓啃石头来显示元气的人，后来留神一看，他全部镶了假牙。这样的元气是一种疯狂的行为，不是真正的元气。

总之，违背精神意义上的自然，是一种空元气，一时显得很了不起，但是，其结果早晚会危害到身体。所以，青年应该有元气，同时，也要充分积蓄元气,不要浪费。但是,必要的时候要注意有效地使用元气。

元气的乱用令人可怕

前些年去世的西村舍三①是我最敬佩的人之一,我认为他是最近几年屈指可数的伟人。前些年,我在华盛顿逗留的时候,曾经去公使馆拜访过小村公使②。那时,我照例请教他:"阁下认为近来最伟大的人是谁?"侯爵低头思考一会儿,回答说:"(大久保公爵另当别论)还是伊藤公爵,大隈伯爵吧?"我问他:"您知道西村舍三吗?"侯爵拍着手非常佩服地说:"西村君了不起。他的确是现代的伟人。"说西村伟大的不止我一个人。然而,西村六十岁以后却成为

---

① 西村舍三(1843—1908):日本的武士、政府官吏。曾任冲绳县令,大阪府知事。——译者注

② 小村寿太郎(1855—1911):日本明治时代的外交官僚。曾任驻美、俄公使,外务大臣。——译者注

一个废人,他那纵横驰骋的伟大之处没有得到充分的发挥,自不待言,是由于酗酒倒下的,其英才也由于元气的乱用而没有得到充分的施展。

青年人未来大有可为,充满希望和抱负。展望未来应该保存元气,乱用珍贵的元气,不仅损失元气,而且乱用之际获得坏的知识,避免不了永久的元气大损耗。乱用元气做了坏事,一般认为这是一时的过错,但是,后来这件坏事总是深深地印在脑海里,成为坏的知识。读书的时候,和别人谈话的时候,这件坏事总是在眼前浮现,挥之不去,就像在脑子里加上了难看的印记。一旦获得坏知识的印象,将永远难以擦掉。

人必须有强硬之处

有人说:"人为了出人头地就要去掉棱角,变得圆滑。多多少少地做一点坏事也是通晓人情、学习处世的秘诀。"这样的误解流传很广。但是,这是利用人的弱点,提倡低标准交际的心理。所谓圆满或者圆滑，听起来很不错，但是，实际上埋没了自己的特长，总是随波逐流。人家劝酒时说喝酒，你就答应，人家让你偶尔也做点坏事，你也不拒绝。即使不是出自自己的心愿，但是与别人保持一致，就会逐渐深陷其中，不能自拔。这样做，自以为是圆满而心安自得，总有一天，自己的城池会陷落，紧急关头，会失去自己固守的据点。这样的人，自以为在社会上过得很圆满，但是他的人品早已经堕落。当然，我不赞成无端的固执己见。不过，即使跟别人嬉笑玩耍的时候，也要保持一定的界限，在此范围以外，怎么样都行，但是，超过界限就不行了，再往前一步侵入这个范围之内，那就不能答应了。人必须有强硬之处，不能忘记自己应该誓死保卫的领地。

当然，没有陷入这种误解的人也许有棱角。与人接触，也许会感到一时不自在，但是忍耐这种不自在，超越自己，积蓄能量，以后必定有大发展。八面玲珑的处世方法很圆滑，人缘也好，也许一时方便，但是，永远不会获得大的发展，这不是怀有大展宏图之志和远大抱负者所选择的途径。

　　认为自己是青年的人，平时应该致力于积蓄元气。青年是一生当中最快乐的时代，小孩想赶快长大，成为青年。老年人羡慕青年，想重复一遍青年时代的生活，都是因为我在前面所提到的理由，也不足为怪。但是，仅仅认为青年时代是愉快的，那是非常错误的。草木之花烂漫的季节是最美的季节，这是不争的事实，但是，只认为那是呈现美观的时期是狭隘的。草木开花之时也是结果的阶段，人的青年时代，正是展示在事业上的思想和元气即将成熟的时机。开花时节，美丽而繁荣，与此同时，也是最容易招惹来虫子、受到风雨侵袭的时期。同样，青年时代是最愉快的也是最危险的时期，是最应该谨慎的时期。

第二章 立 志

人不仅仅是靠社会水平线上的关系而生存。

我们不仅要呼吸横向的空气,也要呼吸纵向的空气。

一、凡夫俗子也需要立志

孔子曰:"吾十有五而志于学。"我们不知道孔子是如何立志向学的,但是,他十五岁就开始立志是很清楚的。现在的人,到了十五岁的话,才勉勉强强开始立志。我不了解孔子的经历,但是,从这句话来看,孔子不是早熟的人。传说中孔子的头大而且长,形状就像两个脑袋摞在一起。事实的真伪,我也不得而知,但是,头大而且长的人一般成熟晚。尽管是传说,但是这说明,孔子不是一个早熟的人。

十五岁这个年龄,现在的人应该是寻常小学毕业,已经进入初中二三年级。将来自己研究什么学问,靠什么职业为生,基本上是在此时作出决定。再过一段时间,初中毕业后进入高中,就要定未来的方向,还要决定选择什么专业。即使不进高中，马上进专科学校①，迫在眉睫的事也是要决定将来的方向。也就是说，十五岁这个年龄，我们虽然是凡夫俗子，也是需要立志的，而且，还要基本决定将来的方向。

也许有人会说，我们凡夫俗子的立志与圣人志于学不同。那当然不同，内容不会相同，但是到了立志的阶段，没有什么不一样。凡夫俗子和圣人在立志的内容上，有高低之分，但是至于立志本身，两者没有什么不同。只是，立下的志向将要贯彻的时候，平凡人和圣人的区别就一目了然。平凡人即使立了志向，也会不断地摇摆。非凡的人不管遇到什么情况，都不会动摇。《言志录》中说过："间想客感，志因不立，一志既立，百邪退听，此譬为清泉涌出，旁水不得浑入。"

---

① 这里的专科不是大学的专科，而是中专。——译者注

二、人也要呼吸纵向的空气

只看光明一面的立志

今天的人说是到了十五六岁就要立志。可是，观其立志的方法，很少是单靠理论确定未来方向的。一百个人当中有没有一个都难说，剩下的九十九人是依靠感情或者自己的Vision——可以说是通过想象描绘出的幻觉，或者说一时的迷梦来决定。例如，总觉得喜欢，或者不喜欢之类的感情很大程度上关系到青年的立志。

少年时代，想象力丰富，所以即使确立了某个志向，也会不停地联想，在自己的头脑中只想描绘志向的光明有趣的一面。例如，有一个少年的志向是成为军人。提到军人，少年头脑中想象的是胸前佩戴着许多灿烂的勋章，挥鞭佩戴金鞍的骏马所展现的大将风范，眼前仿佛出现叱咤三军，英勇胜敌的壮士形象。通过这样的想象，在头脑中描绘出的是军人光辉的一面，想成为那样的军人。

还有许多人胸怀做大臣的理想，想当政治家。提到大臣、政治家，只会想象到穿着大礼服，威风凛凛地坐着马车去觐见皇帝，或者站在议会的讲坛上，面对五千万国民演讲的华丽庄严的场面，想做那样的人。近来，希望做实业家的人好像增加了不少。但是，他们头脑中描绘的实业家住着豪宅，每次乘汽车出入，都有人对他们说："您慢走！""您回来了！"或者看到他们在餐馆一掷千金，挥霍无度，作为人希望体验一次那样的感受。许多人是因为这样的想象希望做实业家。

正如前面所言，少年时代想象力丰富。所

以，正当立志的时候，依靠这种想象力，在头脑中仅仅描绘出工作的光明一面，一心希望达到那样的地位和境界，这是一场美梦。可是，今天立志想当军人、政治家、实业家的人，大多数都是基于这样的美梦，冷静思考者极少。

通过想象来确定一生志向的危险

我希望青少年在立志的时候，要看这个工作的性质，要考虑如果这个工作失败该怎样应对，这比如何看待工作本身的外观更重要。换言之，不要只看光明而完美的方面，要冷静观察和判断这个工作具体是做什么，存在着什么阴暗面。假设成为军人，考虑胸前佩戴辉煌勋章的同时，还要想到会伴随怎样的艰难困苦。上战场的话，不管是冰雪还是酷热，都必须与强敌作战。如果打胜仗的话，还算幸运；如果没有天时地利，蒙受失败的话，那将品尝何等的辛酸!另外,军人平时作为国家机构的一部分,对内保卫国内的治安,对外防止列强的欺辱,肩负着如此重大的使命,将承受多么大的压力!假如当了大臣、做了政治家的话,外表看起来很得意,但是反过来看,为了重大的国务问题,即使天寒地冻,有时在凌晨四点钟也要被叫醒,有时到深夜两三点钟,也要忍受聚在一起协商讨论的辛酸。

有人认为当实业家,有钱可以过愉快的日子。一步走不对,失败的时候怎么办?谁都希望做一个成功的实业家。但是,不是所有的人都像想象中描绘的那样,一定会成功。相反,失败和破产者很多,那个时候的感想如何呢?即使是制造工厂,平时雇佣大量工人,获得巨大的利益,但是有朝一日,因为某个原因,工人发动罢工,工厂混乱的时候怎么办?还有,因为不景气,生产效益不好,银行催促还贷,而客户又不支付货款,需要资金,可是融资却一下停了,发生这样的情况,该怎么办?

做学者也是如此。想到某某博士很受尊敬,他的著作也受到好评,立刻就想做学者。可是,著作未必一定会受到好评。往往是呕心沥血而创作的著作,却受到所有报纸杂志冷淡的评价,以及指责攻击。提到学者,人们会以为很了不起,可是为了研究问题,再苦再累也不能休息。对待微不足道的问题,也要重复作很麻烦的调查,这是一般人所不了解的,并不像从外表所看到的那么舒服。

人生既有光明的一面也有黑暗的一面。但是,十五六岁的少年发挥其丰富的想象力,面对光明的一面,不断地联想,在头脑中描绘出美丽壮观的生活,只想着光明的一面,不去想工作如何辛苦,或者陷入逆境时会怎样痛苦。只看到军人、政治家,还有其他附在所有职业表面的显赫之处,而不清楚困难、痛苦而辛酸的内幕。因为不了解,所以只靠想象描绘其表面来确定一生的志向,这是非常危险的。我殷切提醒青少年注意这一点。

与做盗贼相等的立志方式

纵观当今求学的人,没有一个人说"我学习的目的是做盗贼"或者"做一个耍嘴皮子的人"。这是因为盗贼或者耍嘴皮子者这个称呼不好听。即使不称呼这样的恶名,但事实上,世上希望这样做的人绝对不少。

就青少年大多数希望做实业家来看,用正当的手段赚钱,作为一个实业家没有什么不合适。可是,今天的实业家当中,虽然没有成为法律上的罪犯,但是逃避道德上的责任,赚了钱而自鸣得意者,大有人在。也有不少人认为只要能钻法律的空子,什么事都可以做。如果进行详细调查的话,表面上冠冕堂皇的实业家当中,实际上违法乱纪赚钱的人绝不在少数。然而,现在青年崇拜而且想做的实业家中间，这样的人很多。那么，这不就等于他们的志向是实业家光鲜的一面，实际上却在向盗贼流氓学习？

这样说好像太离谱，但是，这不仅限于实业家，军人、政治家、学者也一样，以此为理想目标的数万青年当中，不守本分，以外表附带的名利为目的，确定自己志向的大有人在。

军人本来应该保卫国家，但是也有为了自己的名誉和利益，嗜好战争，发动战争者。政治家本来应该谨慎处理国政，可是，有人却为了自己的利益，歪曲其主张，改变其操守。学者的本分应该是致力于发现真理，不问学说的新旧，对社会和国家有益的学说理论，要广泛普及。可是，为了攻击别人的学说，只是一个劲地寻找材料的人也不是没有。这样来看，作为军人、政治家、学者的本分不都丧失了吗？所以，依靠这样的愿望立志之辈，不是希望从事军人、政治家、学者的工作，而是追求这些工作附带产生的名利。这与立志做前面所说的实业家没有什么不同。

今天,部分青少年忘记了本分,只想坐收名利。虽然嫌弃盗贼流氓的恶名,但是终日忙忙碌碌追求美名,一心想有个好地位,好像不在意最值得珍惜的事业。正像一斋先生告诫的那样,以懒惰为宽裕,以严苛为直谅。同样,以私欲为目标之辈甚多。

看任务然后立志

我希望青少年立志的时候,以工作为目的,把名利置之度外。当然,如果以工作为目的,一步一步诚实进行的话,名利就会不知不觉地伴随而来。没有必要特意地避开伴随而来的名利。不过,如果出现因为得到名声而骄傲,因为得到利益而自满的倾向,即使是自然而来的名利,也不如辞掉。何况最应该避免主动追求名利。我希望打算重新立志者，看到实际的工作后再作决定。

希望得到地位胜于工作，注重附属物胜于尽自己的本分，舍重取轻，舍本逐末，放弃根茎，追求枝叶，这是我们凡夫俗子最容易做的事。所以，尽管以事业为目的，但是，与其说执着于完成事业所需要的精神，倒不如说容易热衷附属于事业的地位。但是，地位得到了，方法不得当的话，工作也会做不好。只要真正有工作的精神，即使得不到地位，也会成就事业。例如，假设有人以改善国家政策为目的，让他当大臣的话，他也许会按照自己的想法改善国务，但是也未必能够断言一定如此。今天，在国民当中普及立宪思想，建立强国基础，大臣的力量也很大，但是，我认为与之相比，苦守节操三十年，一直在民间为宪政的发展和应用而尽力的大隈伯爵的力量更大。从工作的某一方面来看，他可以说做了十个大臣的工作。

也许有人批评说那是精神上的、思想上的。但是,实际的工作也不全是大臣做,大多数工作是由局长级别的人来做的。

教育事业也如此。历代的文部大臣不乏聪明者。但是,从日本文明教育这一点来看,福泽谕吉先生的贡献最大。所以实际的工作未必非得大臣才能做,只要有想做事的精神,在民间也能做许多事。局长也可以做得很好,不求地位或者名誉也可以做事。

因此,我希望青年在立志的时候,不要追求名和利,首先看任务如何,然后再决定。希望青年脱离名利之梦,脱离私心,公正地思考。

人也要呼吸纵向的空气

我这样讲,或许难免受到批评,有人会说我追求困难。在此,我想对实现这个理想的启示，作如下说明。

我认为，人不仅仅是靠社会水平线上的关系而生存的。站在水平线——多数平凡大众组成的社会关系水平线上的话，可以在多数人当中崭露头角，可以随心所欲地得到名利，也可以指挥别人。但是，我们要意识到不仅是人与人之间的关系前进一步，还存在人与人之上的关系——垂直关系。希望大家知道我们不仅要呼吸横向的空气，也要呼吸纵向的空气。所谓人与人之上的关系，指的好像是基督教的上帝。但是，我并不局限于上帝。可以是佛教的佛祖，也可以是阿弥陀佛，神道的众神也无妨。我不喜欢在此谈论宗教，只是认为人间之上有某种存在，思考与某种存在保持关系就够了。

能够缔结这种关系的人才能从根本上确定自己的方针。自己做这样的工作是上天的使命，是履行对上天的义务，是与上天一起工作，一起享受劳动成果。世间偶尔的毁誉褒贬，对我奈何？利害得失不过是伴随事业的副产品。报酬即使从人那里得不到，从上天得到的话足矣，有这样的觉悟，在泰然自若当中，立志的方针自然也就确定了，也就能出色完成天职。人们常说做无名英雄，没有能做无名英雄的觉悟，就做不成大事。然而，既然没有结成纵向的关系，就会觉得这样的觉悟太荒唐，很难做到。

总之，关于青年立志，不要光以人为对象，要和超越人之上的某种东西商量如何创造理想。这样，是否应该不光看所有工作的表面，而要看工作的实际内容来决定呢？西乡南州翁的文字中有这样的句子："勿以人为对手，要以天为对手。以天为对手而尽己，可以不咎人，而寻我之诚不足。"我认为这是至理名言。他还说："不要命，不要名，官位、金钱都不要的人，很不好对付。不好对付的人可以与困难同在，成就国家之大业。"也就是说，这种不好对付的人才是以天为对手的人。以这样的思想确定志向的话,就不会犯大错误。

最近,大多数人攻读医科、法科和工科这些可以赚钱的专业,像文科这样行情不好的专业不受欢迎,有志于高等教育者,希望改变这种趋势。法科、工科和医科并非无助于培养道义之心灵,尤其是文科修养方面的价值更多。那么,有人问,文科生比其他专业的学生气质好吗?我听说不仅说不上好,而且文科生当中有不少人品行和思想都很差。自古就有"读论语而不知论语""儒家的园地长满小人草"的说法,这是什么原因呢?当今,立志是立志求学的意思。这与古时候没有什么变化。但是,重点变成了选择专业性的学问。专业性的学问是职业学问,所以,如前所述,学问的堕落是必然的。我所希望的是立志于工作和事业,把学问当作手段,把智慧当作道德的方法,即有志于学问者要把眼光关注在比获得面包更重要的职业之上。在此我想起了一斋翁的话:"凡为学之初,必立欲成为大人之志,然后可读书。如其不然,唯徒贪见闻。即或恐长傲饰非。所谓假寇兵资盗粮。可怕。"

第三章 职 业

想要靠某个职业获得成功,必须首先鉴定自己的性格,然后再作决定。

一、职业的选择也是学问的选择

狭义的立志是青年的大问题

上一章讲过,孔子说"吾十有五而志于学"。他立志的学问是什么呢?是圣人之道吗?这种笼统的立志,在我国还有更早的。被称为近江圣人的中江藤树先生,十一岁的时候,读到《大学》的"自天子以至于庶人,壹是皆以修身为本",确信治理国家和国民圣人之道是一个诚字。他认为:"所幸《圣经》今存于世,照《圣经》学习,自己也会达到圣人之境界吧?"于是,决心以诚来立志。

孔子和藤树先生的立志用意非常广泛,与一般所说的立志有些不同,也就是说,立志一词有广义和狭义之分。通常，近来所说的立志好像用的都是狭义。即，与其说所谓青年立志是说学哪一专业的学问，想搞实业还是政治，不如说其意是一个职业的选择。完成自己的天职，与其说是磨炼自己的人格，使自己得到发展，倒不如说是在自我之外设置一个目的，期望达到并取得成功。

关于选择什么职业合适，当今的大多数青年都很困惑。困惑也不是没有理由的，一提到职业，好像与青年离得很远。但是，学问也就是传授职业所需要的知识，所以，职业的选择同时也是学问的选择。狭义的立志是今天所有青年最重要的问题。

按照性格与爱好选定职业

不言而喻，职业应该因人而异，概括地说，其选择的标准非常简单，也就是按照青年的性格与爱好来决定,即,最重要的是分清自己是否喜欢这个职业,然后决定去还是留。如果选择了不喜欢的职业,永远不可能从这个职业中感受到兴趣,即使刻苦努力也不容易达到目的。俗话说得好,"喜欢才能做好"。如果喜欢,自然对这个工作产生兴趣,自然增加耐心,所以,也有进步的希望。

还要考虑自己的性格是否适合这个工作。如果性格与工作不适合的话,两者之间就会失去和谐,达不到全身心地投入工作,因而不会产生兴趣。所以,青年选择职业,最重要的是,看一看自己是否喜欢这个工作,是否适合这个工作,然后再作决定。

然而,社会上有人持与之相反的意见。有人说:"性格与爱好是选择职业的必要条件,但那不是全部。即使爱好和性格不适合职业,只要刻苦努力,一定能进步,一定会成功的。总之,看他是否刻苦努力。"乍一听,此话讲得很动听,也很振奋人心,但是,不能相信这是选择职业的最佳观点。不能说刻苦努力的话,绝对没有达到目的的机会,但是,必须承认机会是非常少的。即使想刻苦努力,如果不是选择符合性格爱好的职业,也很难成功。同样,我认为刻苦努力的话,最好是用在适合性格爱好的职业上。如果用在适合的职业上,就可以获得十分成功的力量,用在不适合的职业上,也只能获得二三分的成功。

选择不适合的工作而失败的事例

我的熟人当中,有一个人的性格适合经商,但是他认为那样对人品不利,为了培养人品,考进了基督教学校,当了牧师。然而,作为牧师,他得到的评价很不好。有人说:"那个牧师没有眼泪,冷酷,缺乏同情心。"他不受信众的欢迎。我听说这件事后,有一次对他说:"听说你是因为没有眼泪,于是,就考虑做一个流眼泪的工作,这样就会产生同情心,所以你当了牧师。这是不是错了呢?与其当一个不称职的牧师,当一个不需要眼泪的商人会不会更好呢?你品行方正,不会做坏事,所以,做商人的话,一定会受到称赞,说'他是个令人钦佩的商人,不愧是信徒'。那样的话,作为牧师会受到一些非议,做商人则一定会成功。"后来,他还俗进了商社,果然,获得了显著的成功,并且受到好评。应该住二层的人,住三层的话就不如意,即使尝尽艰难困苦,其结果也不太完美。如果选择适当的职业,就可以大展宏图,可是,由于职业选择错误,反而得不到发展的大有人在。所以,想要靠某个职业获得成功,必须首先鉴定自己的性格,然后再作决定。

改变方针而成功的青年

这样的例子还有很多。前些年我在北海道札幌农业学校(今天的东北帝国大学农学院的前身)工作的时候,一天,从学校回家不久,一位陌生青年来访。他看上去衣着朴素,无精打采的样子。我很好奇:他到底是什么人?来找我会有什么事呢?

一见面,他就说:"老师您一定要收留我。"然后,他讲了事情的经过。"我是钏路[①]人。这次师范学校招生,我想当老师,就报考了。按照考试的感觉,我确信自己一定会考上的。今天是发榜的日子,我心想很快就要上师范了,就满怀喜悦和自信,来到学校。可是,我的名字并没有列在及格者的名单里。我就去打听,人家也告诉我不及格。我离开家乡的时候,声称一定会考上的,可是,现在没考上,真是没脸回钏路了。即使鼓起勇气回家,但由于预期会考上才来的,所以没有准备回家乡的路费。"

青年人羞愧地低着头,接着又说:"我失望

---

① 北海道的地名。——译者注

地出了校舍的大门，想来实在懊悔。想到今后该怎么办呢？我的眼里含着泪花。可是，待在这里也不行，拖着沉重的步伐出了校门，我不知道该向左走还是向右走。既没有去的地方，也没有目的地可回。我一筹莫展，站在那里，只好向过路的学生打听札幌有没有哪位老师雇书童，有个学生详细地告诉我可以去找一位新渡户先生，先生的家在某某地方，我心里就像在黑夜中获得了光明。于是，就来拜访先生了。我离开家乡的时候，已经下决心当老师。不管多么辛苦，我也要实现自己的愿望。很不好意思开口，我求您收留我，帮助我实现愿望。以此为代价，我什么苦都不怕。"

坦诚地说，他不像一个靠学问立身的人。但是，他把自己当作是一个可以起作用的人，我觉得应该给予帮助，把他留在家里。真的要留下他的话，也得和内人商量一下。于是，我就到里屋去跟内人商量："有这么一个人，这样的情况,你看看是否合适。"内人来到客厅看了一眼,跟我说:"看不出有什么不好。"于是,我就对青年说:"我家里已经有书童了,不能把你留下来。要是你没有回家的路费,的确很令人同情,我可以留你住一个星期。你应该尽快写信,让你的父母用电汇的方式给你寄回家的路费。"

青年人就这样在我家住下了。

第二天早晨,他天不亮就起床,劈柴,清扫院子,不辞辛苦,任劳任怨地劳动。我心里想:这小伙子真令人佩服,和一般的书童不一样。也不以为然地想到:这就是开始的一段时间,习惯了,也就不会那么勤快了。但是,不管过多久,他做事的态度一点都没有改变,干活很卖力。一个星期过去了,何止是汇款,连回信都没有。过了一个月也仍然没有音讯。我并没有同意他住下来,可是,在没有任何约定的情况下,他就这样一拖再拖地跟我们住在了一起。

　　青年人后来也坚持早起,认真学习,利用空闲时间准备考试。他学习很用心,但是,我看不出他当教员、做学问立身的可能性。这期间,又到了下一次考试的日子。他满怀信心地去参加了考试。

　　过了三四天,考试结束了。回到家,他很得意地跟仆人和住一个屋的书童说:"这次没有问题,一定能考上。如果再考不上,我就不活了。"仆人们私下偷偷地嘲笑他:"某某是不是脑子有问题?"

　　因为过于自信已经考中,他说话有些奇怪,我也有些担心。于是,我悄悄地见了考官,询问他的成绩。得到的回答是:"不及格,落榜。"我也觉得他不行,果然如此。可是,如果知道这个结果的话,那么确信并期待自己会考中的他将多么失望啊!真的不能保证他不会精神失常。我心想:这次无论如何要使他改变想法。

回家后,我若无其事地把他叫过来,问他考得怎么样,他说:"先生,请替我高兴吧,这回真的考上了。""是吗?这可不好办了!我觉得你还是考不上好。不过,你说的可靠吗?到底出了些什么题?你说说看。"然后,就问了数学和历史的题目,以及他的答案。然后我就说:"有些危险。我觉得你没有及格。不过,考不上也有考不上的好处。我认为你不适合当教员,考不上反而对你有利。"我这样说就是尽力防止落榜成绩公布时给他带来的失望。但是,他似乎深信不疑,不愿意相信我的观点。我就说:"那么,如果你考及格的话,我请你吃鳗鱼。如果落榜的话,希望你听我的话,放弃当教师的志愿。""好吧!"他根本不相信自己会考不上。

到了公布成绩的日子,青年人很得意地去了师范学校。他大概还幻想着一定会考上,当教师的日子就要到来了。

他很得意地回来了,对我说:"先生,您得

请我吃鳗鱼。终于及格了。"不可思议,前些天教员明明断言他不及格嘛,不可能考上啊。"是吗?这可难为我了。你是及格的第几名?""倒数第二。"哈哈!这才明白考官是同情他,让他勉强及格的。

但是,这是暂定入学。要在学校学三个月左右,再决定是否正式入学。过了暂定入学的日子,他果然落榜。我跟他说:"你没有当教师的可能性,听我的话,最好放弃当教师的愿望。"他终于听从了我的意见。

一心一意想当教师的他,终于还是接受了我的观点。于是,我劝他进了刚刚开设几个星期的短期养蚕讲习所。他修完既定的课程后,以优异成绩毕业。考师范学校两次落榜的人在讲习所获得了最好的成绩,并不是因为讲习所的课程水平低,而是这个工作适合他的性格。后来,他考进札幌农业学校实际应用专业,经过两年的学习又以第一名的成绩毕业。

他现在是某实业学校的教师,享受高等官的待遇。

如何确定职业爱好呢?

从以上这个实际例子来看,职业的选择必须适合自己的爱好和性格,这是很明确的。如果青年人还希望考师范学校的话,恐怕就看不到他今天的成就了。

我已经讲过,职业选择的第一标准是靠个人的爱好来决定的。没有爱好的话,就感觉不到乐趣,也就不能进步。无论在任何情况下,这都是首先应该考虑的要点。

虽然说要追求适合自己性格和爱好的东西,但是,判定某种职业是否适合自己并不容易。自己的爱好明显表现出来的时候,不会发生任何问题,但是,青年人往往一时心血来潮,容易自我感觉良好。以为适合自己的爱好而选择的职业，一旦接触实际，发现不适合自己的性格而失败的例子比比皆是。以为是自己的爱好的有时并不是真正的爱好。看到伟人的事例后，就希望像伟人那样出人头地，或者看到职业的表面，另外，由于受到某种一时的影响，就会以为那好像是自己的爱好。所以，一旦接触实际，出现相反结果的情况很多。前面提到希望考师范学校的那个学生就是很好的例子。

我认为这种情况下，可以问一问最了解自己的朋友、学长或者父母再作决定。就这一点，根据我仔细地观察，我认为老师比父母更能给予适当的建议。我想把重点特别放在"仔细观察的话"上，如果不是仔细观察的话，就不能看出他潜在的能力和实际情况。

美国的富兰克林少年时代对所有的工作都感兴趣，父亲对确定他的职业很迷茫。什么工作最有助于他的发展呢？经过一番苦心琢磨，父亲终于想出一计。父亲陪着富兰克林去逛街市,告诉他,这是木匠,这是铁匠,站在各个店铺前面参观,测试富兰克林到底喜欢哪种职业。虽然说可怜天下父母心,可是像富兰克林的父亲这样,为儿子选择职业而煞费苦心的人很少见。即使有爱孩子,希望孩子将来事业发达的精神,如此细致入微地启发孩子还是很少见的。

尤其,今天的日本是一个过渡时代,孩子大都比父母接受了更高等的教育。所以,选择职业不要仅仅依靠父母的力量,自己也要承担起选择职业的重担,向友人、学长请教,从平时做起,提早做准备。

我也有失败的教训

尽管不好意思讲出来,但是我也经历过职业选择的失败。我在北海道学的是农学,可是,我怎么学也产生不了对农学的兴趣。我之所以学自己不喜欢的农学是考虑到上一辈的遗志，认为自己也学农学，继承祖辈的遗业是孝道的一种体现。但是，本来兴趣不高，从札幌到东京进大学时的专业没有选择农学，而是选择了农业政治和农业经济，这也是不得已的特殊情况。但是，我为自己最初选错了专业感到羞愧。

与此相似的例子，人世间随处可见。四方形的人煞费苦心地希望获得三角形的职业，只有一半进入其中，其余的一半无论如何都很难进入，为此感到难受的人很多。不管怎样努力，勉勉强强是成不了才的，至少没有选择适合自己的职业的人是不能顺利前进的。

二、没有特别爱好者的职业选择

普通人应该选择的职业

前面讲的是有特殊爱好者的职业选择,可是,世上还有许多人的爱好并不明确。在没有什么要求的情况下,如果希望我帮助选择一个适当的学科或者职业的话,我会指定工农业方面,不推荐法学和文学。之所以这么说,是因为大臣以下的政治家在哪个国家都是绰绰有余,即使没有现在的大臣,也绝不用为找不到代替的人选苦恼。而且,学习专业课程难以胜任大臣这样的职务。世人全都希望当大臣不是好事,文学也是如此。一代文豪的确值得尊敬,可是,二三流的文人却成为社会上多余的人。我的主张是作诗不如种田。今天的日本提倡发展经济、殖产兴业,这是最重要的,国民应该为此倾注所有精力。我希望普及农学和工学这样的实用学科也是这个想法。比起做二流的诗人面对妇女儿童吟诵风花雪月,不如到田里去锄草对社会更有用。可是,一边锄草一边仰望星星、怜爱紫罗兰,更令人莫名其妙。

我对自己的孩子选择职业的希望

关于选择学问或者职业,我对留学美国的儿子孝夫也是这样讲的。孝夫跟我商量如何选择专业时,我跟他说:"那要靠你自己去选择,我决不阻挠你的志愿。如果你认为适合自己的话,选哪个专业都可以。"于是,孩子问我:"爸爸最喜欢做什么?"我平时对他说:"不需要有野心。因为新渡户孝夫降临到这个世界,做了一番惊天动地的大事,被记录在历史的某一页,富贵、名誉自然落到自己的头上,否则绝不刻意追求。不过,既然来到这个世界,又受到了良好的教育,我希望有朝一日,在地球的表面留下你的名字,永远留下来,哪怕是在一块狭小的地面上。要把名字刻在地理上而不是历史上。例如,开垦灌木丛生的荒野,使之变成农田,在不长庄稼的处女地上,修筑排水灌溉工程,使其变成丰收的水田。或者,在交通不便的地方,开挖运河,促进交通运输的便利。不管事情大小,留名的话,就要实质性地留下名字。我希望在地面上深深地刻下:是因为一个叫新渡户孝夫的人,才做到这个程度。"这不仅仅是对自己的儿子一人讲的,我对普通学生或者选择职业的人也寄予同样的希望。

　　正如前面所言,我让自己的孩子自由选择专业。法、文、工、农,哪个专业都可以,他自己选择。如果他没有特别喜欢的专业,我希望他选修技术,为国家的经济产业发展做一份贡献。文科作为余暇的消遣可以，作为专业并不好。如果做了，我也不会命令他停止，只是不鼓励他搞文科。

　　我的想法是：如果能做到一流的话，做学者或者政治家都可以。如果做到二流的话，就不如做实业家。做到三流的话，更不用说了。但是，像当今这样，能够做二流实业家的人，做了三流学者还洋洋得意，很难令人佩服。

三、当境遇不允许满足志愿时

无法选择自己喜爱的职业的特殊情况

曾经,某地有一个中学生,来信向我咨询有关将来选择职业的事。我给他回信讲了我认为最合适的选择,过了不久,他又回信说:"因为种种特殊的原因,不能按照您的想法执行,有没有其他的办法?"我又回信说,那样的话,这么做怎么样。他又说,因为种种特殊的原因根本做不到。我无计可施了,于是,回信说有那么多复杂原因的话,我也无能为力。

这样看来,有些人即使相信某个职业符合自己的性格,可是因为自祖先以来代代相传的缘故,或者父亲的遗言这样特殊的原因,不能选择自己喜欢的职业。对此,我无话可说。

逆来顺受地选择了自己不喜欢的职业,随着时间的推移,逐渐领会并产生了兴趣,这样的例子不是没有。但是,我还是认为可能很难有大的发展。

违背父母意愿的立志

即使想按照自己的性格立志,有时会因为家庭的拖累,或者其他种种境况不能够实现自己的愿望。这样的例子比比皆是,眼下就有许多青年为此而苦闷。为了说明这个问题,我这里正好有一个经验之谈。

有一次,我在镰仓的师范学校作演讲。演讲结束后,有五六个学生来找我咨询有关人生的问题。我答应了他们的请求,来到休息室,与每个人见面,倾听他们的咨询要点。其中有一个学生问我:"假如有一个青年对前途怀有大志，具有大展宏图的精力，可是父母不同意。要是听父母的话，希望就会化为泡影，未来的发展也不可期待。要想实现自己的愿望，就必须违背父母的意志。先生，这种情况下应该如何处理？"我回答说："那当然要凭青年人的愿望行事。现在的年轻人比老年人有知识，而且，儿子应该比父亲有出息。世界总是在进步。如果按照父母的愿望做的话，就是顺从落后的知识，世界就失去了进步的机会。只要有道理，就要顺从应该得到发展的青年的意志，原因在于未来是属于青年的。"我话音刚落，他高兴地大声说："先生，谢谢您！"大概是我的话正中下怀，所以他非常高兴。

接下来，我又进一步讲道："虽然说顺从青年的意愿是正确的，但那必须以正确的青年意愿为前提。即使违背父母的意愿，选择工作，也要有足够达到自己目的的可能性。不惜牺牲家庭或者境遇来获得成功的可能性有多大，这是先决条件。仅仅与父母意见相左,父母的话和自己的意愿不同,就固执己见,那就是任性,放荡不羁。如果达到自己目的的可能性很小,还会给别人添麻烦的话,一开始就不要梦想自己的发展,还是应该听父母的话。"

"如果固执己见而牺牲全家的话,即使你选择的工作有充分的发展空间,也会违背父母的意愿,给父母的心灵带来很大的创伤。假如不惜给父母带来痛苦也要坚持己见的话,就要选择可以回报父母的工作,并且一定要做到。我想自然有一条道路可以选择。例如,你希望远涉重洋到海外大展宏图,可是,假如你的父母不同意……"说到这里,我的话被青年突然打断了,他说:"先生,您说的青年其实就是我。我想到东京去学习,可是父母不同意。我很矛盾,不知该怎么办。"

"我也猜测到大概是你的感受。到美国去或者到东京去都可以。那么就以你为例,你想做学问,可是父母不同意。但是,如果你具备充分实现自己设定的目标的可能性,违背父母的意愿去了东京,这个时候,最好的办法是你能够补偿违背父母的意愿带来的后果。譬如,到东京的话,坚持运动,把身体锻炼得很强壮,孜孜不倦,勤奋学习,战胜青年容易受到的诱惑,培养良好的品质。有时间的话经常写信,汇报自己的近况,把最近身体变得如此强壮了,通过学习获得了优异成绩等等,告诉父母。这样,到时候,父母的心结就会解开,真正感觉到把你留在乡下确实不如让你到东京去好,这样的时刻迟早会来临。当初违背父母的心愿,给父母带来了痛苦。但是,如果像前面所讲的那样,只要你有做到的可能和决心,就能以喜悦来报答他们,解除当初带给他们的痛苦。就看你是否有希望达到这两个条件。"

我说完以后,青年莞尔一笑,似乎明白了我的意思,然后离开了。

这只不过是一个例子。但是,由于家庭的原因,即使立了志,也得不到落实,为此而烦恼的青年人可以通过上面这个例子来解决问题。也就是说:

(一)不惜牺牲全家,也要坚持己见,自己的意识中是否有可能性;

(二)即使有可能性,能否以喜悦回报给父母。

满足这两个条件的话,就不至于受所处环境的束缚。

四、不要被名声所迷惑

青年立志的时刻,有人会说:为了国家选择了这样的工作,为了社会选择了这个职业,这样的人不在少数。要说为了国家或者社会的话,非常动听,但是,人做的事未必一切都必须为了国家和社会。例如,一个心灵手巧的人,做木匠的话,会成为一流的工匠,选择这样的职业,可以为社会作贡献。因为必须直接与国家、社会相关联,而选择做政治家的话,听起来很悦耳,但是,这样的人做政治家没有做木匠成功,只能做一个三流四流的无足轻重的政客。从国家、社会的角度来看,失去了一个有为的工匠,得到了一个低劣的政治家,所以,算起来是受了损失。人无论做什么,只要认真去做，都对国家有利。未必一定要直接和国家发生关系。

只要每个人充分发挥他的聪明才智，就是为国家和社会尽自己的力量。但是，青年总是被国家、社会这样悦耳动听的词语所迷惑，有鄙视技艺和技术的倾向。想当银行和公司职员，讨厌做手艺人。但是，世界上的人赞扬日本时，不提政治家和官吏，主要讲美术和技艺。来日本的外国人最大的兴趣就是这两个方面。在日本人眼里，大臣很伟大，但是，外国人记住的大臣的名字有几个呢？相反，北里博士[①]的名字在世界医学界如雷贯耳，在物理学界，提到田中馆博士[②]的名字，也是世界闻名，比起大臣更被世界所了解。在日本这个狭小的村子里，大

[①] 北里柴三郎(1852—1931)，细菌学家。血清疗法的创始人之一。——译者注

[②] 田中馆爱橘(1856—1952)，物理学家。日本理科各专业奠基者，东京大学教授。——译者注

臣很受尊敬。但是，跨出国门，漂洋过海，来到世界大舞台上，他们都没有国内想象的那么伟大。相反，北斋①或者光琳②却深深印在外国人的脑海里。可是，青年厚此薄彼，希望做政治家或者军人，仅仅是因为名声好，一时的评价看起来很风光而已。

我并不是反对直接为社会尽力，只是觉得性格不合适者，因为听起来悦耳，名声好而去选择职业的做法是错误的，他们并不是为了国家和社会贡献力量。这样的例子不用看遥远的外国，即使在我们国家的中心，不是每年都集中一大批误解这种选择警告的人吗？我想提醒青年不要重蹈覆辙。

---

① 葛饰北斋(1760—1849)：江户后期的浮世绘画家。代表作有《富岳二十六景》。 译者注

② 尾形光琳(1658—1716)：江户中期的画家。光琳画派的鼻祖。代表作有《红白梅图屏风》。——译者注

五、缺少经费不会影响立志

缺少经费不会影响立志

青年当中有人担忧自己有志向,可是没有经费,就不能确立志向,这也是我经常听到的说法。许多人会说,想学习,可是没有钱付学费,没有钱买书。我在学生时代也经常想,要是钱再多一点就好了。比我还贫穷的人这样想很正常。但是,我认为,即使钱不够也绝不会令人气馁,更不会影响立志。

讲自己的经历有点大言不惭。我从札幌的农业学校毕业以后,干了一段时间的公务员,后来到东京,考进了帝国大学。我已经接受了自己可以组织家庭、维持生计的教育,实际上,我当时也是靠自己生活。自己下定决心，既然已经接受了足够维持生活的教育，即使重新做学生，也不能给亲戚朋友增加负担。无论怎么困难，也要自己筹措学费，靠自己的力量来学习。因为没有上大学的积蓄，到了东京以后，我匿名给某个杂志投稿，或者在私立学校教书挣学费。当时，接受外山先生的指导，听外山先生讲斯宾塞的《社会学原理》，我记得这本书的价钱是四元，我买不起。没有办法，就到大学图书馆，每次做十页笔记，用自己抄写的笔记听课，我的考试成绩也并不比别的同学差。

没有学费的人反而幸福

西方谚语说"需要是发明之母"（Necessity is the mother of invention），如果陷入困境，迫于需要的话，人总会根据需要想出办法。只要动脑筋，就会想出相应的办法。因为没有钱没有书就气馁的话,那就没有希望。即便处在这样的条件下,只要善于动脑筋,方法无穷无尽。动脑筋想办法是最好的学问,学问的进步并不都是那些一帆风顺者的专利。经历艰难困苦,反复磨炼,就能魅力四射,取得效果。

很多贫困的人成为有钱人就是来自这个原因。我要对那些称没有钱就不能立志的人说:"没有钱反而幸运,因为这样你就有机会自我思考,自我磨炼。"

英法学校的差别就在这里。法国的学校里,物理学的仪器设备一应俱全。学生只看外形,只听讲解:这个仪器是这样的,这样使用的,但并不让他们使用完整的仪器。相反,英国的学校里的仪器并不完备。学生集中在一起做实验的时候,经常有铁线不够,按钮找不到的情形。不能因为缺少零件就停止实验,学生要动脑研究有没有可以代替的材料。比起看完整的仪器,这种不完整的仪器可以培养实际应用者研究思考的能力，从而获得更大的学术效果。这就是所谓的过犹不及。过于完善、顺利的人赶不上从不完善的处境中磨炼成长的人。

　　立志者也一样，克服财力的缺乏，就会使意志坚强。丝毫不应该因为缺乏经费而气馁。我希望以此为机会，进一步积累思考、磨炼的经验。

　　总而言之，有关青年选择职业或者学科，要研究是否适合自己的性格，如果适合的话，就应该认真从事适合的部分。不要受名声所迷惑，不要屈服财力不够，要一心一意地向着目标迈进。

第四章 信 念

任何人都会下决心,要想坚持下来,与困难相伴是最重要的。

不管多么小的行为,其中都包含着伟大的原则。

一、"人的一生如负重远行"

立志容易,坚持难

有关青年的立志、职业选择,我在前一章中已经作了阐述。不过,坚持信念是最需要的,也是最困难的。

最初立志,即下决心,任何人都可以经历多次。"做什么事","成为什么样的人",这都是立志。所谓后悔,就是为过去的所作所为、所思所想中出现的错误感到内疚,同时,从另一面来看,就像说今后再也不做了、不想了一样,重新立志。要取得立志的成效并不容易。开始之初,受一种气势驱使,认真执行,但是,很难坚持下去,一般都是半途而废。直到成为习惯之前，其间必然会松懈，做一个具体的工作时，中途必然会腻烦的。一直坚持到最后，而不会厌烦的情况很少见。举一个很小的例子，譬如决定从下个月开始记日记。能够坚持一年并不容易，何况坚持十年、二十年乃至一生，更是难事。或者，为了下决心读书，突然改变室内摆设，调换书桌的位置，尽管决心表现得很具体，但是，很难长期执行。又如，决心写一本书，写到九成快要完成时，烦得要命，甚至决定干脆停下来不写了。只要忍耐着做下去就能完成，这不只是我一个人的体验。德国某大学有一位著作等身的著名教授，去年，我和这位教授在一次晚上会谈时，他也谈道："每当开始写一本书，到中途的时候，就会很厌烦，甚至想停下来。忍耐着坚持做的时候，不知不觉也就完成了。"大多数工作，只差一把劲的时候，往往开始厌烦，只要坚持做下去，一定能够达到目的。如果因为烦腻了，中途停下来，就会前功尽弃，这就是所谓的功亏一篑。

总之，任何人都会下决心，要想坚持下来，与困难相伴是最重要的。

坚持就是困难。不仅对于凡人是困难，就连古代的英雄也曾感到困难。西明寺时赖曾吟诵过这样一首和歌：

> 多少次思前想后，总会变，不可靠者乃我心。

英雄都有这样的感叹，何况普通人。可以看出坚持贯彻最初的决心，是多么困难啊！

德川家康的遗训中有这样一句话："人的一生如负重远行。"肩负重担是非常难受的，要是肩负一段时间就结束的话，大多数人都做得到。但是，肩负重担远行的话，那是非常痛苦的。我认为反复这样做就是坚持，难点就在这里。就连家康这样的英雄都承认坚持的困难和必要，还对此做了殷切的教诲。

牛步虽慢亦长处，不懈行走达千里。

正像古代和歌咏唱的那样，像牛走路那么慢也可以，只要坚持不懈地往前走，不久，到达千里之遥是必然的。歌德也说过："不着急，不休息。"只要不停止、不松懈地做，一定会达到目的。可是，我们一遇到障碍，立刻就改变目的，缺乏忍耐到底、一直做下去的决心。

例如，把一粒很小的罂粟种子埋在比它大几倍或几十倍的土块里，受到雨水的浇灌，遇到温暖的气候，种子就会发芽。发芽就是立志。种子穿过又厚又大的土块，露出地表，生长，结果，就是坚持。坚持的过程中，如果遇到狂风的话，终于露出地面的柔软的嫩芽会马上被折断。与此相同，每当决心行善的时候，随时都会有魔障出现，妨碍你行善，好不容易立下的志向会一下子被打倒。最初立志的时候,信誓旦旦,很长时间后心魔出来妨碍,也会使最初的决心有所动摇,所以,坚持是很难的。

实现立志功效要靠平时的努力

要想做大事就必须有恒心。春天的田野上有无数发芽的嫩菜,秋天结果的却很少。不论多么有本事的人,如果不能坚持最初的信念,持之以恒的话,绝对不能成功。

孟子很小的时候就离开家,到先生那里研习学问,可是,学业未成,他却突然回了家。正在织布的孟母看到儿子回来了,高兴地问孟子:"你已经学业有成了吗?"孟子回答:"还没有学成。"话音未落,孟母顿时脸色一沉,突然站起来,取来剪刀,把正在编织的布匹从当中剪成了两截。母亲的行为让孟子大吃一惊,就问母亲:"您为什么这样做?"母亲流着眼泪对他说:"你中途辍学回家和母亲刚才剪断正在织的布一样。你没听说过吗?君子学而立名,好问而博学广知。故居则安,动则远害。现在你中途辍学,以后一辈子都免不了打扫厕所。你这是在求灾祸。母亲看到你不争气的样子,真伤心。"我非常喜欢这番话。本来应该织成美丽花纹的纺织品,中途被剪断的话,就没有用处了。歌德在《浮士德》当中叙述说:"我好比波浪在人生的潮流中,在暴风雨中,起伏不定。我好像飞梭纺织,出入生死无穷的大海,交错飞舞的丝线,无休无止。熊熊燃烧的人生,用狂妄的光阴织机,织出献给上帝的生命之衣。这就是我成就的事业。"把人生或者万物比做纺织物,的确是美丽动人的比喻,也是我非常喜欢的思想。青年人立志如同调整经线,确定人生应该坚持怎样的走向,织出怎样的花纹,从而贯彻始终。但是,光凭经线织不出织物,有纬线与经线交织才能织出美丽的锦缎。尽管是一根一根的纬线,每天不停地编织,不久就能织成漂亮的织品、美丽的花纹。即使有了志向,如果没有每日持之以恒的实际行动就一事无成。就像有了经线和纬线才能织出锦缎,立志和每日的行动结合才能贯彻目标。

日本人原本是浅尝辄止的国民。所以,必须进行修养,遇到事情时,下决心并且以实际行动坚持到最后。

即使产生疑问也要不断前进

这是形而下的问题。形而上的例如宗教信仰方面,中途往往会产生疑问。积累信心,强化信仰,一旦开始信教的时候,就会产生种种疑问。如此疑问百出,就会考虑到底是否值得相信,有时会停止信仰。这种情况下,怀疑有时也是正确的。对照最近的科学,怀疑有时也符合学理。怀疑符合学理的时候,从前以为正确的信念也许就是迷信。

我也曾经因为这种情况而感到苦恼。在这种情况下,即使盲目相信也没有关系。在这个阶段,即使产生怀疑,信念不可靠,基础会动摇,只要把信仰坚持下去就行,不要在乎怀疑。努力坚持信仰的过程中,怀疑也就自然消失。有一次,我在演讲中讲到宗教是意志的活动。听了这次讲演的人都提出疑问,认为这个说法太不靠谱,难以理解,追问我的意思是什么。产生不同意见也是正常的。但是,根据我个人有限的经验,我确信信仰中即使产生怀疑,只要继续坚持,一定会得到解决。产生怀疑的时候,能够忍下来是靠意志的力量。

天生悟性好的人,即使产生这样的怀疑也会顺利渡过的,而不幸像我这样粗鲁的人必然会引起怀疑。只要不屈不挠,再往前一步的话,最终会达到接近坚信的目标。

二、小事当中存在大原则

记住决心是为了持续决心

不是每年一次，而是每月、每天或者一日三次、四次关注自己的决心，否则，积极性就会迟钝。所谓习惯创造第二天性，如果每天数次关注决心的话，就是坚持决心，这期间不知不觉地就会形成习惯。对此，我认为最重要的是铭刻在心，不要忘记经常下决心。富兰克林为了实现这种坚持，制定了十三个道德项目，制作了一个小型的手册，每一页上横竖画了几条线，上面写上星期，右侧列出十三个道德项目，据此检查每天的言行，有过失的时候，标上黑点，检查一个星期的过失，如果第一种道德没有过失的时候，从下一星期开始转到第二种道德，用十三个星期涉及十三项道德，一年重复反省四次。因为每天都在反省，所以各种道德项目不断得到落实。

在日本也有相同的故事。古时候，在长门国，荻藩①有一个叫泷鹤台②的儒生远近闻名。同藩某人的女儿是有名的丑女，因为太丑，没有人愿意娶她为妻。因为女儿长得丑，父母更加感到她可怜。有一天，他们把女儿叫到面前，跟她说："你也不小了，该出嫁了。虽然你聪明伶俐，父母也疼爱你，但是，就你的容貌来看，很难找到一个称心的郎君。你有愿望的话，尽管说，我们不在乎贵贱。"但是，女儿说一直要等到找到如意伴侣，一点都没有着急出嫁的样子。有一次，她对人说："除去鹤台先生，我谁

---

① 江户时代的地名，今天的山口县北部。——译者注

② 江户时代荻藩的儒者、医生。——译者注

都不嫁。"鹤台先生当时已经是著名的儒学者,常人都不娶的丑女怎么能嫁这样的大学者呢?父母也对她的奢望感到惊讶,就问她:"你为什么要嫁给先生呢?"她回答:"嫁给先生,跟他学习。"连父母都感到离谱,听到这个传言的人也都嘲笑这个姑娘的奢望。这话不知不觉地传到鹤台先生的耳朵里,先生就说:"这女子才真正了解我。必定是一个善于治家、辅佐丈夫的好夫人。好,我就娶她吧。"终于,她和鹤台先生喜结良缘。

不出先生的预料,这位夫人服侍丈夫温顺,做事缜密,而且勤劳,丝毫没有违背过丈夫的意愿,家务事处理得井井有条,从未让丈夫操心。几年如一日,没有任何变化。一天,先生看见夫人仓皇地捡起一个从和服衣袖里掉出来的用红线缠着的绣球,就责备她说:"你已经不是小姑娘了,即使有闲工夫,也不至于拍球玩吧?"夫人红着脸回答:"我平时留心做善事,但是，可悲的是凡人很难做到。我就想我要尽可能少犯错误，于是，做了红白两个绣球，一直放在袖兜里，心生善意，做好事的时候，就把白线缠在球上，而产生恶念做坏事的时候，就把红线缠到球上，通过比较缠的大小来计算做善事坏事的多少，努力避恶趋善。开始的一两年里，红球越来越大，而白球未见增多。经过谨慎加谨慎，近来，白线球的大小终于可以赶上红线球了。惭愧的是白球还没有超过红球。"这样，经常持有红白绣球，注意行善念美举，避邪念恶行的话，下定的决心就会得到坚持。我必须强调的要点是，一旦下了决心，就要不断反思，不要忘记，只要不忘记就能坚持下去。

"就是这样"的观念

我在札幌的时候，和学生商量努力保持"就是这样"的观念，终于，"就是这样"这几个字在学生中间成为一个术语。在内容晦涩的心理学或者伦理学上来论述的话,弄清善恶的区别很困难。但是,就日常生活中的事例来判断善恶,很少有犹豫不定的时候。偷人家的东西,讲别人的坏话是恶,做有益于别人的事,给人恩惠是善,这样的事,不管是谁,无论何处,都可以判断。传说平重盛①如果做孝子的话就成为不忠之臣,如果做忠臣的话就成为不孝之子,故而进退两难,非常苦恼。但是,这样的事不会是他日常生活中经常发生的,一生当中只有一两次。谁也不会想到经常发生这种事,人对于日常生活中的事一般马上就能做出是非黑白的判断。做出判断后,就要立刻把善行善念落到实处。决定做善事的时候,想到:对,平时期待的"就是这样",然后全力以赴。想要偷懒的话,就要反省:平时自己警戒的"就是

---

① 平安时代末期的武将。——译者注

这样",使自己恢复到勤奋学习的心情。即使是琐碎的事情也可以,平时下决心的时候,只要持有"就是这样"的观念,就会坚持信念,就能达到目标。

小事当中存在大原则

即使做琐碎的事,如果应用大原则,不知不觉就体会到原则的精髓。古希腊的苏格拉底曾经当兵上过前线。一次,一场战争结束后,当将士们全都口干舌燥,希望喝到水的时候,遇到了一条清凉的小溪,官兵全都争先恐后地跑向小溪,抢着捧水喝。苏格拉底也渴得要命,但为了考验自己的控制力,他一直看着这种情形,终于没有像别人那样加入到抢水的行列。

即便是这样的小事,实践克己的时候,只要想着"就是这样"的话,克己就会持续,并不知不觉地成为自己的优点。别人认为微不足道，不加任何注意的事情，只要留心，就能成为磨炼恒心的材料。没有热情，不加注意的人意识不到"就是这样"的观念，或者熟视无睹。然而，不管多么小的行为，其中都包含着伟大的原则。在坚持做这些小事的时候，不就掌握了伟大的原则吗？

看到老人拉车上坡的时候，可以从后面推一把。也许偶尔会有人嘲笑，"你最近做了车夫吗？"受到嘲笑也没什么，只要心中包藏同情这一伟大的原则就可以了。路上看到送葬的可以脱帽鞠躬，也许有人说没有必要为陌生人鞠躬，但是，这是刚去世的人的灵魂。而且，这是他的肉体在这个世界上的最后一刻了，生前即便是十恶不赦的坏蛋，作为人，现在是最后的时刻了，值得鞠躬。产生这样的想法后就鞠躬。我相信，如果坚持实践，自然就能领会其中的原则。

通过坚持，胆小鬼也变得大胆了

如果精通一件具体的事，即使是很细小的事，自然就能领会其他的事。事物看起来似乎互不关联，其内部外部显示不出来的关系非常密切，实际上，一切都是相通的。因此，我们能够以一知万。

我曾经听别人讲过这样的故事。古时候，有一个武士搬家住进了大杂院。一次，邻居的商人来求他道："我很喜欢击剑，希望您教我几招！"

他说："我虽然腰插双刀，但很惭愧，我不懂武术，所以，当武术指导，连做梦也不敢想。"

"不要谦虚，请您教教我！"

"实际上，我不懂剑道。我不怕丢脸，全都告诉您吧！我出生在贫穷的武士家庭，没有条件学武术，而且，生性胆小，根本学不了武术，所以，我一点都不懂。"

"谦虚是理所当然的。不过，求您一定教教

我，我知道您精通武术。"武士恳切地推辞，商人就是听不进去，武士不知如何是好。越是拒绝，商人就越认为武士谦虚，更加请求。

"实际上，我真的不会武术。您再怎么求，我也教不了。可是，您怎么就那么相信我会武术呢？"

"我观察您的动作，才这样请求的。看到您每天从自己的家里出来进去，行走在大街上的态度，就觉得您一定精通武艺。"

"您那么说我也没办法，我确实不会武术。因为我从小时候起就是一个胆小鬼，所以，就下决心改掉这个毛病。锻炼胆量，我认为最好的办法就是夜里到阴森凄凉的墓地去，于是，就做了。开始的时候，刚到门口，就已经感到恐惧，浑身发抖，连门口都没出去就跑回来了。但是，每天夜里都坚持这样做，逐渐地胆子就大了。后来，走进墓地也不害怕了，最终，在墓石上过夜，也没有任何感觉。我所做的就这些,真的并没有练过武术。"

武士说到这里,商人恍然大悟:"我明白了。眼珠的转动,出入的态度,所有的动作之所以与常人不一样的原因,我明白了。"说完就回去了。

不断重复,坚持练习的话,不知不觉之间,你的专长就会进步。于是,如果想在一件事情上进步的话,坚持的方法也通用于别的事。所以,只要用心坚持,即使所做的事情不一样,也会出现相同的结果。

若通一事,万事皆通

练习书法也是如此。练好楷书的话,行书草书也都会了,因为楷书需要的笔法也适用于行书草书。为了熟练掌握楷书,就要反复练习,直练到渗入身体。相传义经[①]在鞍马山以树枝

---

① 源义经,平安时代的武将。——译者注

为对手练习剑道。树枝也可以,只要认真坚持练习,就一定会进步。不过,心理上执着于对手的阶段不会进步,必须觉悟到不管对手是谁,只管锻炼技术的境界。我曾经讲到击剑柔术①出人意外地竟然对精神修养不利。一个精通剑术的学士跟我说:"前几天看到了您的观点,击剑绝不是您讲的那样。它确实对精神修养很有效。您所讲的那种情况,不是击剑的错,是因为那个人的技术还不娴熟。如果真正练好了,对精神修养非常有益。"我不怀疑击剑如果功夫地道,对精神修养一定有效,但是,与其说是击剑的力量,不如说地道之处有文章。只要掌握真正的本领,不仅是击剑柔术,所有的手段对精神修养都起作用。例如,不管除草,还是吃饭,只要做得地道,举一反三,其他技术也会熟练。"跳舞唱歌皆有法",什么事没有法呢?

① 即柔道。——译者注

所谓法就是原则之意,原则是共通的。所谓事物的真髓好像万事皆通,所以,如果下了决心的话,只管一门心思往前走,坚持不懈,不断前进。即使中途出现障碍也要排除,摔倒了也要爬起来继续前进,这样最终才能达到事物的真髓。只要到达一个事物的真髓,其他所有技艺自然就能通达。

尽管因人而异,但是我认为要修炼恒心,特意选择伟大的、难做的事来坚持并不好。一般认为,开始选择伟大的事来做,大都会以失败而告终,不过,非凡的人也许会坚持下去。普通人可以选择容易的、稍微不愿意做的事,来锻炼恒心。例如,规律的饮食、冲凉水澡、每天记日记、散步、定时起床、吃饭时想到老百姓的深厚恩情、在父母或其他人的忌日献花,这一切看起来不是什么大事,只是不容易做好而已。每天可以重复做,在不断反复的过程中,坚持使之成为习惯,通一事则可以应用于其他事物。

将冷水浴作为修炼恒心的方法

我坚持冷水浴,并把它作为修炼恒心的方法。到如今已经有二十多年,洗冷水浴已经成为习惯,即使天寒地冻,丝毫也不觉得痛苦。像我这样的人,太难的事坚持不了多久,所以,作为一件不大喜欢的事,就开始了冷水浴。在这之前,我从札幌的学校毕业的时候是十九岁,广井君(工科大学教授)和我是年级里最小的,我比广井君大一个月。当时还是开拓使的时代,从学校毕业的人不管愿不愿意,都有义务在这一部门服务五年,我也即将当上官员。但是,前面讲到我年龄小,不适合当官,自己又非常希望去东京,然后去海外留学,继续深造,根本没有心思当官。于是,就想尽各种办法向开拓使申请,我希望将供职的时间延期,等年龄再大一点,再学一些东西,再来完成自己的供职期限。但是,因为是规定,所以,我的申请不可能通过,于是,我就当了官员。

当时领到的工资是三十元,今天的三十元很难维持生活,明治十四、十五年前后,物价还很低,三十元相当于今天的七八十元。这样的工资,即使是一对夫妇再雇一个保姆,生活都会很舒服。同学当中有许多人娶了媳妇,成了家。我叔叔也劝我,每月可以挣三十元工资,能够独立生活,可以娶媳妇成家了。我就像前面讲过的那样,有想学习的愿望,所以回答说条件还不成熟,再等一等吧。叔叔也是尝过各种辛酸的人,并没有强迫我,接受了我的意见。

不久,开拓使被废除,义务供职的规定也放宽了。我各方活动,做了许多工作,终于可以去东京。当时的喜悦之情至今还能想起来。

来到东京后,叔叔问我打算怎么办。我说:"我想进大学的文学部,研究经济学和英国文学。不需要什么资金,只管我吃饭就行,零花钱和书费不用您管。"就这样考进了大学。进了大学以后，我深切地感到必须努力学习，决心全力以赴投入学习，但是，专心学习需要两个条件。第一，我是在供职的义务未满期间来到东京，住在叔叔的家里，必须勤奋学习才能报答叔叔的恩情。但是，人的决心最初无论怎样坚定，中途也未必不会松懈，必须靠一种刺激时常催促自己"不要放松学习"。另一个就是，尽管下定了决心刻苦学习，但是，必须有坚持下来的体力。如果生病，中途荒废学业的话，也对不起叔叔和其他前辈。

我想到这两点，反复思考如何才能实现这个目的。但是，也没有想出什么好办法。突然的，萌发了每天早晨冲冷水澡的念头。那是明治十六、十七年的事情，当时，还未听说冷水浴的效果如何，或许已经有关于冷水浴的记载，但是，至少我还不了解。每天早晨冲冷水澡会感到冷，为什么要忍耐这样的寒冷呢？坚定这个决心不就是为了不忘记学习吗？是坚持学习，还是停止冷水浴？我决心用冷水浴作为坚持学习的尺度。

当时，还不太明白冷水浴对健康有益。但是，决定每天早晨必须做，因为对于坚定决心、树立恒心有益，就坚持下来了。

我中途转学到了美国，顺利完成了学业，但是，一度养成的冷水浴习惯一直坚持，从未中断过。现在，一个早晨不冲冷水浴就会觉得少了点什么。

在北海道的时候，也没有停止过。那里冬天经常零下几度，水都结了冰。尤其是黎明时分，看见星光时，冲冷水澡，北海道的寒气更加强烈。进入浴室，往身上泼一盆冷水的时候，水蒸气就会弥漫整个浴室，朦胧一片，看不清东西。在如此严寒的地方，由于身体受到过度刺激，也得过一次病，但是，自那以后，一直坚持到现在。

清洗鼻子也是修炼恒心的一种方法

明治四十一年一月二日，在前往台湾途中的轮船上遇到了渡濑君(寅次郎先生，农学学士)。在闲谈中，他饶有兴趣地跟我讲了一个故事，说一个老实业家(我想大概是横滨的大谷嘉兵卫)每天早上洗完脸后，用鼻子吸水，从嘴里吐出，以此来清洗鼻子。据说开始的时候不太好受，但是，效果很好。他说：效果很好，但是开始时有些痛苦。我想，我洗冷水浴已经习惯了，一点都不觉得痛苦，所以，如果开始这项有些难受的练习，对于修炼恒心应该有一定的效果，于是，从第二天起，在船上就开始了练习。

的确如此，开始的时候有点难受，感觉不舒服，总想打喷嚏。但是，习惯了以后，很平常，后来，不仅不难受，倒是一旦松懈就会觉得不舒服。而且，平时容易感冒的我在练习之后，一次感冒都没有得过。清洗鼻子的时候，清水就可以，加上少量的盐，效果会更好。

后来听说，这个方法容易引发严重中耳炎，有危险，现在我已经停止了。

不要过分消耗精力

"持续下去"本身是很难的一件事，为此，如果感到压力的话，我觉得这样也不行，有时会马上停下来。即使停不下来，为了控制压力，必须花许多精力。为了控制压力而消耗精力的话，就会缺少本应该倾注在"持续"上面的精力，也就是说，这与浪费宝贵的精力是相同的。所以，我认为最好把精力放在每天持续重复多次常见的事情上。例如，要想把小力士培养成为相扑选手，一般的方针和原则是不要期望大关[①]直接的言传身教，最好让他跟比自己级别更

---

① 相扑的级别。——译者注

低的力士一起训练。如果一开始就和大关交手的话，就会把主要的精力消耗掉，起不到训练的效果。所以，要求二流以下的选手充分地推搡。因为相扑的技巧非常重要，不能带上坏习惯，即使这一点可以跟大关学，实际训练时，最好也要与级别低的力士交手。与此相同，虽然必须坚持修炼恒心这一原则，但是，实际执行的时候，相比难做的事情，还是从容易之处入手为好。

以应用原则做事，小事也趣味盎然

即使看起来非常琐碎的事情，如果按照修炼恒心这一原则去做的话，就会使人感到内涵很深。实际上，内涵确实很深。做同一件事情，遵守原则的人和不顾原则蛮干的人差别很大。看一看手势、留下的足迹，和普通人没有什么不同，但是，根据观察者的不同眼力，会产生很大的不同。即使一时没有出现有眼力的人,千年以后,一定会出现判断其做得好坏的人。我决心做任何事都要以这样的作风去做,不管工作再小,也要从大的想法着手。即使像拿起和放下筷子这么小的事,如果将它看成是全心全意为别人,或者,发自内心为国家效力的话,这件事再小,其中蕴含的意义则很大。

按原则做事,无聊的事看起来也有趣。不,不光看起来有趣,实际上也很有趣,因为背后存在着巨大的力量。即便做一些琐事,自己也会有收获,遇到的所有事情都可以应用。

总之,坚持是非常困难的事,只要时常记住不忘记,持续而熟练的话,其中包含的伟大原则也就自然得到领会,被应用到所有事情中去。

三、妨碍恒心的原因不仅仅来自内心

妨碍坚持决心的三个外因

前面论述的是自己精神软弱,已经决心去做的事情,由于自己的内心而妨碍坚持下去的情况。但是,妨碍持续下去的原因不仅仅来自内心世界,也有许多来自外部。来自外部的原因当中,我特别要举出三个。

第一,所谓"那么受拘束的事别做了"的反对观点。

第二,生活状态发生的变化阻碍了信念的持续。

第三,受到别人的嘲笑。

我认为这三个是来自外部的最重要的原因。

妨碍恒心的两种反对观点

第一项所举的反对观点也有两种。一是出自热心,真诚地认为所做的事值得同情,试图使人改变。有人会说:"你做的一切的确令人佩服,但是,社会上的事可不能那么死板。我们不能感到不自由。应该靠一点儿随机应变主义,灵活处理。"这种情况下,根据自己的意志,有时可以接受谏言,有时也应该依然坚守自己的信念。但是,对自己的信念是否正确存在怀疑的时候,无论自己的好友怎么规劝,都应该坚持自己的信念,不必在乎别人说什么。

与此相反,反对者中往往有人怀有敌意。尤其是拘泥形式上的所作所为的时候,最容易让对方产生不愉快的念头,引起反对。针对这种情况下产生的反对论调,不要进一步争论,以免越来越激发别人的反感,应该努力缓和。前几天,突然有一位来自大阪的青年要求我为他提供咨询,他说:"我和父母因为宗教信仰发生冲突,很苦恼。有没有什么办法可以化解?"据青年说,他的父母是虔诚的佛教徒,而自己笃信基督教,相互之间的信仰完全不同。所以,有时会和父母发生争论。平时也想努力避免误解,但是,因为自己是信徒,晚上要唱赞美歌祈祷,所以,父母更加感到不快,开始反对他。应该怎么做才好呢?于是,我讲了下面这番话送给他。我说:"宗教问题靠口头上的争论是解决不了的。各自坚持自己的观点,扰乱一家的和谐是非常错误的。唱歌祈祷这些形式也是很重要的,它可以坚定信念。但是,没有必要在讨厌这种形式的人面前做,以致引起对方反对的念头。表面上不唱赞美歌,不做祈祷,而在心中保持信仰,不可以吗?如此,身体力行基督的爱,父母的反对也一定会化解。他们会说,我尽管不喜欢基督教,但是,儿子喜欢基督教。如果达不到这种程度,你还称不上一位基督之爱的身体力行者,也不算是一个尽孝的人。这样去做,再怎么顽固反对的父母早晚也会转变他们的观念。已故的西乡从道[①]侯爵也不喜欢基督教。有一次,他说:'我不喜欢基督教,但是像新岛襄[②]那样的基督徒我喜欢。'你必须努力让你的父母达到这个程度。"即使对于怀有敌意的反对者,如果相信自己做的是善事的话,诚意一定会传达给对方,打动他们的时机一定会到来。

终究山水汇大海,暂时潜入树叶下。

这首和歌不仅应用于形而下的身份和出人头地,还可以应用于更高的思想。

[①] 西乡从道 (1843—1903),西乡隆盛的弟弟。明治时代的军人,政治家。——译者注

[②] 新岛襄 (1843—1890),教育家,1875 年设立同志社英语学校,开创基督教主义教育。——译者注

开诚布公地恳求的话,反对者也会同情

有的时候,如果向反对者恳求:"你可能讨厌我,但是,我靠自己的志向在做这件事,请允许我实现自己的意愿。"这样,一般的人都会原谅你,以前的反对者反而会同情并帮助你。

有一件事,直到现在,我还历历在目,记忆犹新。兄弟打架是孩子们之间常有的事,我也不例外。我记得是五六岁的时候,有一次我打了哥哥的脑袋,母亲看到后非常生气,把我训了一顿,她说:"脑袋是人的身体中最重要的部位,我任何时候也未曾动过你们的脑袋。虽说是一个不懂事的孩子,但动手打别人的脑袋,非常不好。"这件事深深地印在我的脑海里,任何场合下,如果有人动我的脑袋,我一定反抗到底。

十三四岁时,我在上大学预科。一次,朋友突然从后面打了我的脑袋,因为是朋友,当然不是出于恶意。但是,因为受过母亲的教诲,

脑袋被打了，是不能若无其事的，于是立刻还手。对手又打了过来，这样打来打去，起于玩笑的打闹终于变成正式的打架。对手个子比我高，又有力气，打架的话，我无论如何是赢不了的。但是，我挨了打，不能就此善罢甘休。最后，我泪如雨下，一边哭一边说："鹤见，对于我来说，由于某个原因，打脑袋是忌讳。你得让我打一下你的脑袋。如果你不高兴的话，我的脸、两颊随便哪里你都可以打，就是脑袋不能打。"朋友似乎理解了我的话，于是，再也不打脑袋了。我相信，只要你把事情讲清楚，对方一般都会理解的。

在北海道的时候也发生过类似的事。我并非装正人君子，但是，当时管理一所中学，在教育大多数青年方面，我认为招来艺妓胡闹不妥，所以，从未出席过有艺妓在场的宴会。有一次，因为要在札幌开学士会，所以召开了委员会。委员是七人，我是其中的一位。大家讨论各项准备工作的时候，打算叫艺妓。于是，其中的一个委员就对我说:"新渡户君,你的意见如何?"不发言的话,也就不会出现问题,可是,一旦被点名询问,我又不能成为征招艺妓的发起人,所以我说:"本来这种事应该用少数服从多数的办法决定。但是,如果特意让我发表意见,我也不能保持沉默。我不赞成。"经过讨论,最后决定不叫艺妓。

学士会盛况空前。酒过三巡,会员当中就有人质问委员:"艺妓怎么没来?为什么不叫艺妓?"委员推卸责任说:"因为新渡户君反对。"于是,他们来到我面前,质问:"为什么不叫艺妓?"

"你,不能那么说。我和你们不一样,我在管理中学。我作为一所中学的负责人,成为发起人,主张叫艺妓的话,连你们都会鄙视我的。恐怕你们不会愉快地跟我交朋友吧?你们也不会放心让自己的弟弟来我们学校上学吧?如果没跟我商量,我不知道的话,那另当别论;如果跟我商量的话,我是不是不能做这个征招艺妓的发起人?"听了我的话,他们也说:"你说得对,站在你的立场上有道理。那样的话,我们去找别的委员交涉。"说完,就离开了。

我讲了这些个人的经验,绝不是希望别人以我为榜样。我的意思是说,连我这样的人都能做到,其他的人肯定不在话下。

世上的事大致如此,即使有人怀有敌意表示反对,如果自己主动讲出心中的愿望,恳切地说:请看在这个愿望的份上原谅我吧。这样一来,大多数人都会听的。不要认为自己坦言恳求是丢人的事。

生活状态变化引起的恒心障碍

很多情况下,生活状态的变化阻碍了信念的持续。就青年学生来看,进入大学之前,品行端正的学生,也有人在进入大学后突然堕落。也有大学阶段品行端正的人,大学毕业以后,进入社会,却变得让人不认识了。

还有的人，有妻子的时候，品行非常端正，失去妻子后，性情发生剧变，谁拿他都没有办法。一帆风顺走过来的人，因为突然的变故，有人会堕落，会变得自暴自弃。失去孩子的人也会发生这种情况。一旦生活状态发生变化，精神上受到剧烈打击，大多数人会停止一直坚持的东西。世上存在很多这样的事实，像我这样软弱的人经常会遇到这种情况。

确定坚持的年限也是一种方法

预防这种阻碍的方法很多。立志做或不做一件事，未必终生都要坚持下去，设定年限，在一定时期里执行，将来怎样再视情况而定也是一种方法。明治九年，在札幌开设农业学校的时候，克拉克先生曾经让学生发誓戒除饮酒、抽烟、赌博。不仅宣读誓言，并且需要两个保证人，非常严肃。这种规定只是在学校期间有效，因为不干涉毕业以后的饮酒和抽烟，所以，有人也许认为效果不佳，实际上，非常有益。青年人在校期间是非常重要的阶段，习惯的形成都靠这一阶段的修炼，这个时期，如果受到严格的限制的话，对他的一生都会起到莫大的效果。实际上，我们同学中间，至今还有许多人恪守这些戒律。

设定一定的年限有很多种方法。如果你说母亲在世期间，哪些事不能做，孩子到几岁之前要做哪些事的话，既容易做到，也有这期间的期待。或许有人嘲笑那样有些孩子气。诚然，如果决心坚持一生，而且身体力行的话，那是最了不起的。但是，因为未来的路太长，凡夫俗子在这期间有时会厌烦，还是设定年限较好。如果设定几年做哪些事情的话，是不是更容易实施呢？

即便是设定了年限，如果在这期间坚持当初下定的决心，就会养成坚持的习惯，今后也会持续坚持的。最初的决心坚持了三年五载的话，接下来的三年五年还会坚持，这样下去，或许会坚持一生。最初的三年五年虽然很短，由此养成的习惯却会成为第二天性，终究会坚持一生。

不要丧失坚持的精神

生活状态一旦发生变化，坚持做或不做某件事的决心，从形式上自然就会不同。如果形式发生变化，即使不能从形式上继续坚持，作为他的主义或者精神一定要做到。我认为只要有坚持的精神，生活状态的变化就不应该在意。例如，坚持冷水浴的人，他的生活状态发生了变化。搬到一所没有浴室的房子里，因为没有浴室，所以不能坚持冷水浴。当产生不愿意坚持冷水浴的想法时，出现这样的借口，就会很高兴地根据这个借口停止。如果有坚持冷水浴的精神，在任何地方都能够坚持，根本不会在意有没有浴室。

世间万事,精神为重。但是,把它表现在形式上也很重要。精神表现在形式上,反而会产生增强精神的力量。所以,我希望心中有善意的话,要做到表现在外表。例如,如果相信菅公[①]是伟大的人物,与其躺在床上在心中祭拜菅公,还不如到附近的天满宫去参拜。如果条件发生变化,到了一个没有天满宫的村子,你可以选择一处树林前往参拜。即使生活的状态发生变化,也不是不能贯彻自己的主张。只要有坚持的精神,就能够不顾这些琐碎的事情而坚决实行。

冷嘲热讽也不会动摇决心

比起争论或者其他,受到嘲讽对于妨碍恒心是最有力的。这种恶劣风气西洋也不是没有,

---

① 菅公即菅原道真(845—903),日本的学问之神。——译者注

但是，东洋尤其强烈。每当受到别人的言语讽刺和挖苦，听到的人如同针扎一样难受。如果是争论的话，互相阐述意见，也可以令别人折服，但这不是争论，想取胜也胜不了，想争执也争不了。冷嘲热讽太巧妙，令人丈二和尚摸不着头脑。只是尖酸刻薄的话使听者不堪忍受。

受到这种嘲讽的人，即使开始有坚定的恒心也容易动摇，如果没有坚强的忍耐力是不能忍受的。我的熟人中有一位非常虔诚的基督徒，持身严谨，坚决禁酒。平时当然不喝酒，连结婚的时候也不喝，就连每年一次的新年屠苏酒也不喝。有时他也和同事争论禁酒是否有必要，因为他的观点有道理，而且很认真，所以，没有人辩论过他。他禁酒的行为太坚定，引起了同事的不满，同事们就不怀好意地商量伺机惩罚一下他。

有一年的正月，这些人当中的四五个人商量去这位熟人家拜年。这时主人不在家，他的夫人端出了像小山一样的点心和水果,盛情款待。这伙人心怀鬼胎,就跟夫人提出:"夫人,今天是正月初一,请给我们一杯屠苏酒。"夫人拒绝了他们,跟他们说:"您知道我们家是主张禁酒的,实在对不起……"这时,一行四人,各自从衣兜里掏出酒壶喝起来。就这样,一行人让这家人大吃一惊后,就离开了。他们为自己的行为感到快乐,顺路又去给儿玉总督拜年,他们还很自豪地跟儿玉总督讲述了今天为什么如此快乐。乘着屠苏[①]的酒兴侃侃而谈的儿玉总督静静地听完他们的讲述,尽管他也是生性喜欢恶作剧和诙谐,可是,总督的脸色突然一沉,生气地说:"太过分了!嘲笑别人的信仰是不能容忍的。即使别人的信仰是错的也应该尊重。"如果是普通人,也许马上就会随声附和、寻找乐子,但平时擅长恶作剧和开玩笑的总督,遇

---

① 屠苏酒。日本人过年时喝的一种酒。——译者注

到这样的问题却严肃认真地训斥了他们。我深切地感到佩服,这让我见到了总督认真的一面。

把自己的意志表现在身体上

对于这样令人讨厌的嘲笑者,争论是没有用的,越是堂堂正正地进行争论,越会受到嘲笑。这种情况下,应该采取的手段没有比把自己的意志表现在身体上更好的良策,也就是说,可以动手打。打人听起来有些野蛮,但是,对方不讲理,用拳头讨伐是坚定自己的决心最有力的行动。动手打并不是摧残对方,而是以此坚定自己的信念。

我所了解的学生当中,有甘愿堕落的人。嘴上说今后一定洗心革面,不做坏事了,可是,受到坏朋友的引诱,决心马上就发生动摇。一次,我给这个学生出主意,下次那些狐朋狗友再来的时候,可以跟他们说:"迄今为止,我跟你在一起做了不少坏事,我母亲非常担心我的前途,我也觉得自己以前做得不对,决定洗心革面,好好做人。看在我母亲的面上,你们也别跟我来往了。"可能那个坏朋友不听你的话,或许还嘲笑你:"你也要成为圣人了。要是已经成为君子的话,不出三年就会超过孔子的。"不必在乎他的讽刺,可以直接给他一拳。因此打起来的话,可以借机和他断绝关系,那正中下怀。这样,你就能确信自己再也不会和那个坏朋友交往了。打人并不是图一时痛快,但是,可以坚定自己的信念。

如果是道德高尚的人,不管别人怎么耻笑,他自然会令嘲笑者后悔。但是,这需要相当高的修养,普通人是不可期待的。我有一些野蛮,所以,主张用拳头说话。

总之,任何事情坚持下来是一件非常困难的事。妨碍恒心的,有时来自内因,有时来自外因,同时战胜它们是很不容易的,中途容易遭受挫折。但是，一个人是否能够成就大事，全部关系着这个恒心，无论排除怎样的困难，都必须坚持这种恒心。西洋的谚语说："习惯是第二天性。"而日本的俗语也说："学习不如习惯。"的确如此。古代拉丁语的经验之谈就有："实践是最好的老师。"古语说："泰山之雷穿石。"水滴也可穿透岩石，地质学者以此力证水的伟大力量，这种力量不是一时出现的力量，完全依靠持续的力量。

第五章　勇　气

修养勇气者,不仅需要修养往前冲的勇气,也必须注意修养退守的沉着勇敢。具备这两者才能养成真正的勇气。

一、恪守道义是勇气修养的第一步

勇气是最容易修养的

勇气是道德当中最好理解的,即便是野蛮人也懂得,恐怕连动物都能明白。同样称为勇气,所谓匹夫之勇,即英语中称为 Physical courage(物质之勇)的,连孩子都感兴趣,所以,一般认为其修养的方法也比较简单。当然,像拿破仑那样战斗在千军万马中间并不是任何人都可以做到的。即使普通人不需要修养那样的勇气,但是,我相信任何人都要修养一定程度的勇气。虽说如此,我却不仅仅赞许匹夫之勇。所谓大勇乃道德上的勇气,这种修养需要非凡的锻炼。原因在于大勇具有复杂的性质,例如，笃信礼或者义的话，就很难理解。《论语》中说，"君子有勇而无义为乱，小人有勇而无义为盗"，君子"恶勇而无礼者"，排斥偏重物质之勇的匹夫之勇。如果领会一下孔子的名言"见义不为，无勇也"，我觉得，勇就是见义而为的意思。真正的勇气离开德义便不存在。看一看《论语》里的"仁者必有勇，勇者不必有仁"这句话，便一目了然。尽管不能单独修养勇气，但是，其他的方面已有所涉猎，所以，在此，我只谈勇气。

胆小的人多神经质，由于神经质，所以心眼儿转得快，机灵而活泼。但是，有勇气的人，茫然而大气。乍看上去，显得反应迟钝的人，多具有勇气。我少年时代的朋友，有点小聪明，的确是一个胆小怕事的人。即使现在，也没有人说他有勇气。

只要稍加注意，每天能够应付日常琐事的勇气谁都会有。应对一年一次或者两年一次发生的重大变故,可以修养忍耐的勇气。忍受生死攸关的大病,忍耐生死攸关的变故,只要修养勇气就能做到。我还没有做到充分的修养,也没有遇到在战场上抛头颅洒热血的机会,还未达到可以显示大勇的境界,但是,我坚信只要坚持修养,任何胆小的人都能达到某种程度。所以,在此我要讲述的不是特别高雅的学说,而是自己经历过的、任何人都能做到的勇气的修养。

勇气的修养所需的注意事项

勇气的修养所需的注意事项是恪守莎士比亚的名言"守正勿惧"(Be just and fear not)。"守正"是勇气的根本,"勿惧"就是勇气。守正是修养勇气的最重要条件,不以正义为基础的勇气是匹夫之勇,属于猛兽性质的,那只是按照自己的意志为所欲为的行为。那样的话,我们随便在哪里看到的动物都能做到,对于一个壮劳力更是不在话下,不需要什么修养。但是,真正的勇气并非如此。无论到什么程度,都需要以正义为基础。古人也曾反复地告诫我们匹夫式的虚张声势并不是真正的勇气。

源致雄咏和歌告诫人们:

> 武士之道诚可贵,若有道德更高尚,轻视生命亦无悔。

把正义作为勇气的基础,即使遭遇死亡,也不会畏惧。卡莱尔也曾指出:"能够直面死亡而无惧怕的话,其他一切皆不可怕。"恪守道义是勇气修养的第一步,就像前面引用《论语》中的话所说的,没有道义的勇气是作乱,或者会成为盗贼,这很危险。孟子也说:"自反而不缩,虽褐宽博,吾不惴焉?自反而缩,虽千万人,吾往矣。"大概真正的勇气就表现在这种"自反而缩"的情况下。

二、如何修养勇气？

针对恐惧的勇气之修养

做一件事情或者遇到事情的时候，重要的是想一想，这件事到达极限的话将会怎样？终极目标在何处？例如，对岸发生了火灾，如果这场火烧到自己家的房屋该怎么办？此时，需要下决心。妻子患感冒或得了其他病时，如果病情加重或许不能恢复，抑或自己得病时，也有可能因此再也爬不起来了，此时，你如何下决心？这样往前多想一步，也许过早，但是，如果你为此下了决心的话，即使病情加重，你也不会惊慌失措。即使房子因火势蔓延烧毁了，也不至于吵闹。当然，过度思虑也并非没有危险,但是,事先心中有数的话,即使不幸病情加重,或者房屋被烧毁了,也不会惊慌。如果病情恢复的话,那是捡了便宜,必须想到人处于不利的状态中是当然的,心想事成,那是意外。我总是想,自己连一日三餐的权利都没有,能够吃饱饭就值得感恩。这样说,也许有人会说我是伪君子,君子应该想得更高。说老实话,我一日三餐都有这样的感受,而且,吃饭的时候,我会低下头,感谢能够吃到这么好的饭。信奉基督教的人,每当坐在桌前吃饭的时候,都会默默地低下头祷告,而且必须感谢上帝。稍微放眼世界的话,你就会知道还有成千上万的人为吃不上饭而痛苦,而自己不为吃饭发愁,有时,还会吃得很丰盛。在挨饿、受苦或是常态的时候,我能够这样生活,值得感谢,所以,我从来也没有挑剔过伙食好坏。总之,对自己来说,好事是一种奢望,这种好事不可能永远持续下去。自己总有不顺利的时候,早下决心,思考不顺利的时候该怎么办,那么,不管遇到任何事,也就不再畏惧了。

针对困难的勇气之修养

下面的话与前面讲的相反,不如意的时候,看到事情的内里也很重要。看一看西洋的诗歌,你也许会发现这样形容的句子:乌云的背后镶着银色的里子。在乌云密布,遮蔽天空的时候,从天边会泛出白色的云彩,看到白云,我们就会想到:哈哈!太阳在闪耀,令人恐惧的乌云里面也会有闪亮的光辉。人们会产生一种想法:冲破乌云就会见到光明。孟子说:"天将降大任于斯人也,必先苦其心志,劳其筋骨,饿其体肤,空乏其身,行拂乱其所为,所以动心忍性,曾益其所不能。"说的就是这个意思。《圣经》上也说:"上帝让他爱的人受苦。"上帝有时也训斥人,但是,绝不会一直训斥不停。训斥有训斥的意义，里面包含深厚的感情。所以，被逼得走投无路的时候，一旦奋勇而起，长年郁积的苦闷瞬间就会灰飞烟灭，这样的时刻就是生死的界限。气馁是地狱，斗志昂扬便是极乐净土，一跳跃便升天，一失足便坠落。如果想到困难反而是将来达到快乐的过程的话，即便遇到困难也不会气馁，反而会愉快地激发出勇气。

针对痛苦的勇气之修养

这方法有些权宜之计，也许有人会嘲笑，但是，对我这样天生胆小的人很有效，那就是想象遇到了最剧烈的痛苦的袭击，联想所有坏事降到自己头上的时候。譬如，遇到火灾，房屋全部被烧毁，家人全部烧死了，自己也受了重伤，生命危在旦夕，被抬到医院；由于某个事故，被免去了现在的职务，从明天起，没有了收入来源；由于某个误会，对于自己不利的评价蔓延开来,被警察逮捕了。头脑中想象,如果这样的话,自己将怎么办?这对重感情的人们是不可想象的,我每当想象到这些,就会突然觉得身临其境。原本这样的灾祸平常不可能连续发生,可是,想象起来,仿佛身临其境。乘船出行,如果不停地想象遇到沉船事故的话该怎么办,悲惨的场景不停地浮现在眼前时,就会觉得仿佛身临其境,身体会不由自主地颤抖。而且,将现在的处境与之比较,就会觉得,这点事还不能忍受吗?勇气便油然而生。

前面讲过,遇到灾难的时候要思考最终的结果,这完全停留在空想阶段,没有任何事实。只不过是一种假设,如果遇到这样的情况的话……与前面讲的情况相比,二者略有不同。但是,假定遇到最糟糕的情况,相比之下,对于要好许多的今天的困难痛苦,就会自然而然地产生出战胜它的勇气。

通过阅读伟人的传记修养勇气

阅读伟人的传记也是修养勇气的方法之一。如果读一本伟人的传记,能够理解在某种情况下,此人是怎样做的,就有心想去模仿,这样,连懦夫也会奋起,心想别人能做的事情我也能做。

伟人的传记具有特别感人的力量,经常会鼓舞勇气。在社会上,功成名就的人必定有勇气,无勇气之人不可能做成事,所以,即使读的不是英雄豪杰的传记,如果是在社会上有所作为的人写的传记,读一读也会成为修养勇气的参考。他也是人,我也是人,尧舜是何许人也?这样的念头就会油然而生。

通过与他人比较修养勇气

记住自己身边的人(尽管他不是伟人豪杰)的行为,也是修养勇气的方法之一。这些人既可以是亲属，也可以是朋友。且不说远的例子，就我个人而言也是如此。虽说世事变化无常，我的家族确是浮沉频繁。我的曾祖父是儒者，由于围绕在花卷①构筑城池之事，与藩主意见相左，被判刑流放。祖父也是因为藩内的政治与同事意见不统一，被关进了牢房。父亲被议论说是剖腹自杀的。虽然，有关父亲的谣言是没有根据的，但是，父亲被藩主命令闭门思过是常有的事。虽然前辈三代人都连续遭遇不幸，但是，他们所获的罪行不是道德败坏罪。每次发生变故，俸禄被剥夺，后来又恢复，就这样，世代的兴衰沉浮可以说是惊心动魄的。我每当想到先人们的命运时，就会为自己领到官府的俸禄而感到不可思议。我不谈政治，只不过在照看几个孩子，可是，我经常面对公众随便发表演说。如果想对我的言论挑毛病的话，随时

---

① 地名，位于岩手县南部。——译者注

都有机会，我随时都可以给世人可乘之机。但是，如此平安无事，反而感到奇怪。所以，假如自己身上发生什么，只要不是牵连道德败坏罪，我就会想，就连先人们都会遭遇那样的不幸，自己遇到这点不幸也是自然的，丝毫不值得害怕。也就是说，因为在我的先人们身上发生过种种可怕的灾难，所以，我会产生这样的想法：与他们的不幸相比，我的不幸算不上什么，于是，自然就会产生勇气，就会怀有一种自信，一般的情况就都能应付。

怎样训练勇气

这种方法是背负重要的责任。不能太重，例如，平时负重一百斤的人，可以负担一百零五斤或者一百一十斤，在比自己平时负担的重量有所超过的责任位置上进行训练。光靠口头见解还不够，必须实际去做。实际做起来的话，自信和勇气都会产生。

如何才能做到沉着勇敢呢？

但是，在此需要提醒一下。一般来说，称为勇气的力量有两种。应付物体的力量，英语中称为 Fortitude 和 Courage，二者稍有不同。家康殿下遗训中有一句话："人的一生如负重远行。"这里的负重是一种忍受，相当于 Fortitude。所谓负重远行是一种勇气，即 Courage，这种忍耐的勇气多存在于妇女身上，妇女当中有许多忍受艰苦的人。有许多人的身世，听起来都会觉得可怜，她们身处艰难困苦之中，而且，一直忍受。妇女的忍耐力的确了不起，吟唱下面这首和歌的千枝女就是这方面的模范。

如此辛酸不示人，岂缘为君惜身命。

这首和歌,表现了作者在父亲成仲贫病交加时,为了不想让父亲担心。我们能够理解她忍受痛苦煎熬的力量是多么大。

勇气是非常华丽的,值得自豪的。青年人为了这种华丽,容易倾向于勇气,为此甚至去做不该做的事情。经常听到有人说拳头发痒难忍,于是,横行霸道,惹是生非。由于勇气过于风光华丽,有人就不容易分清事情该做或是不该做的区别。

不该行动的时候,哪怕忍无可忍的事情,都咬紧牙关坚持,就能做到朴实无华,不显山不露水。行动的勇气是有进取性的,加上有人起哄,有人煽动的话,自己也觉得有趣,也会跟着起劲。但是,不该行动的时候,忍耐是很难的。人世间舍弃名利,做到对眼前的名誉利益视而不见,坚守本分也是必要的。这种情况下,看起来缺少勇气,但是,与华丽风光的向前冲相比较,需要相同或者更多的勇气。

通常所说的勇气,前进时有一种惯性,即使舍弃勇气,靠惯性的力量,也会继续向前。再加上来自其他方面的推波助澜,会越来越风光无限,华美壮观。但是,忍耐看起来是消极的,很少引人注目。古人也说:"真勇如怯。"如果不是沉着勇敢的人,就不能忍耐。当受到别人的煽动,摩拳擦掌,想要行动的时候,自己要有审时度势之明,告诫自己:"等一下!这不是我该出场的时候。我应该在下一幕出场。"

修养勇气者,不仅需要往前冲的勇气,也必须注意修养退守的沉着勇敢。具备这两者才能养成真正的勇气。

第六章 克 己

讲"胜"的时候,是相对的,需要对手的存在,意味着要打倒对手。但是,"克"是绝对的,不问有无敌手。

即便随心所欲,也不会超过限度,这是克己的最高境界。

一、"克"是绝对的，不问有无敌手

克己的"克"意味着什么？

克己的"克"是什么意思呢？我不是汉学家，不是特别清楚，但是，查一查词典，在各种解释当中，引起我注意的是"能""卓越"这种解释。"克"这个词一般读作"KATU"。"克"与"胜"①有何不同呢？有关两者的区别留给汉学家去解释，就"克"字的解释中有"能"这个意思，我想起了卡莱尔的《英雄崇拜论》开头部分有关"King"（王）一词的解释。"King"（王）从说文解字(Derivation)的角度来推论，与英语的Can(能)意思相同。这种观点

---

① 在日语里的训读发音也是"KATU"。——译者注

历史语言学家是不赞同的，也许是错误的解释，但是，作为一种解释，立意非常有趣。根据这个解释，成就事业者，在多数人中有能力者会成为首长，成为"王"。英语所说的"王"从词源上来看，可以称为"克"者，但绝不是唯有"克"才是"能"。《论语》当中甚至还有"克伐怨欲"的说法，需要确定"克"的对象是什么。

　　进一步深入地思考，讲"胜"的时候，是相对的，需要对手的存在，意味着要打倒对手。但是，"克"是绝对的，不问有无敌手，抑或说，有无敌人是第二阶段的事，只要有敌人就要把他打败。但是，如果没有敌手，就没有必要打败，因此，要把力量用到其他方面，应用于自己的发展上。既然称为力量，即使潜伏起来——人的肉眼看不见，或者没有对手——也必定在某处发生作用。也就是说，如果不用于打倒敌人的话，就用于磨炼自己，这不就是克己的妙趣之所在吗？

"卓越"的意思也相同。致力于自我的卓越，而不是打倒对手。没有对手的话，要致力于进一步超过现在的自己。那么，所谓自己意味着什么呢？让哲学家来解释的话，就会喋喋不休地讨论自己或者自我这些老生常谈的话题，夸张的是，有人倡导无我的学说，还有人号称自我以外无任何事物存在心外无物。作为讨论来说，可以出现各种观点，但是，从修身实践上来看，这样的论调选择哪一个都可以，两种观点存在也无妨。想来，大多数事情讨论起来的话，双方都会出现极端的观点，而实践上，不起任何作用。例如，每日三餐的时候，如果也要讨论哪是筷子的本，哪是筷子的末的话，就会失去关键的拿筷子的环节。极端的讨论，一般都是如此。

因此，刚才所讲的"自己"，从个人主义或者国家主义来论述的话，有时也许从中看出貌似重大的实际问题。但是，实际上，这些问题没多大必要去应用于人世间。而且，我认为真理不是停留在一方,而是存在于中间,所以,在此没有必要论述。这样讲,作为非常浅薄的解释,也许会遭到学者的嗤笑,但是,作为一个人,要想认真地为人处事,在社会上生存,这就足够了。有我无我,孰是孰非,我们还是交给有闲工夫的学者作为他们的爱好去讨论吧。

再提到克己,退一步思考,所谓克己这样的说法很可笑。是什么人克?克者与被克者都是自己吗?这一条也交给有闲学者们去研究吧。对于实践躬行的人来说,既不需要这样的研究,也不需要参考书。我认为人介于神和魔之间,一年一次或者三年一次,自己也时常清楚地意识到自己的内心深处似乎存在着神,同样,自己每时每刻都感到自己也是恶魔的孩子。这样看,所谓自己或者自我好像有两个。佐藤一斋①所说的"以真己克假己,天理也。以身我害心

---

① 佐藤一斋(1772—1859),江户时代的儒学家,代表作有《言志四录》等。——译者注

我，人欲也"，也是这个意思。

克己有初级和高级之别

所谓克己，一般解释为克服自己的不良之心。我也试图这样解释，但是，我希望思想上更进一步，不单纯停留在克服自己的丑恶，而是为了做善事而牺牲自己的一切，也可以解释为舍己取义。我认为，这样的解释应该是克己的最高境界。普通所说的克己，即克服心中的丑恶，这是消极的，只看不良的方面，试图纠正它，克己仅仅停留在这个层面上还是不充分的。所有修道的过程，大概都是从这些消极的不要做什么的初级阶段开始的。例如，孔子的教诲、《旧约全书》的十戒都是讲不要做什么，倾向于消极的教训，大概人类很早就注意到自身丑恶并试图限制也是有道理的。所以，青年人从自己不良的方面，例如饮酒、抽烟等不良的方面入手，进行克己的修养也是顺理成章的。

但是，拿击剑的例子来说，这就如同学习击剑的套路，就是所谓练习。我认为，不能说仅凭这一点就能够达到人生的最终目的、修养的最高境界。

克制自己是青年时代最重要的

我平时爱看并推荐给青年和学生的书中有一本布莱克(Black)的书，《文化与限制》(Culture and Restraint)。书中强调人需要克制，克制也有一定的境界，所以，克制者留神不要超过这个境界。克制是必要的，但是，如果错误地克制不需要克制的部分，就会变得神经过敏，反而使人萎缩，从而会妨碍善的意义上的本能抒发。可是，如果不克制的话，人类就会在抒发本能的名义下，为所欲为，主张兽欲是自然的本性，所以应该发扬，这样就会陷入自然主义的漩涡中，随心所欲，散布毒害。所以，多少要注意克制，这也是年轻时必须修养的。

二、应该战胜的真正敌人潜藏在此

"自己"是一种怎样的感情?

克己是战胜自己,但是,战胜自己的哪一部分呢?总之,人容易搞错想要战胜的对手,即目标。一遍上人①的和歌里面,有这样一首歌:

> 领会心作心之仇,须知无心当有心。

这一首和歌里面,心被用作各种意思,既有好的意思,也有坏的意思。"自己"这个词也同样用作各种意思。讲到了解自己或者忠于自己的时候,指的是好的自己,即真正的自己。

---

① 人名,镰仓时代的僧人。——译者注

不过，大多是用作"坏"的意思，就像"耳目见闻为外贼，情欲意识为内贼"所说的那样，把自己完全当作敌人，这一类的格言比比皆是。这种丑恶的自己即假己，叫作情欲，也就是身我。提到情欲，看起来是效忠"自己"的，尤其是情欲带有一个"欲"字，所以，必定被当做坏的。在情这一点上，"欲"未必仅仅是坏的。也有人说，所谓"己"是自己的弱点，但是，仔细观察其真相，经常会发现自己信以为弱点的并非弱点，反而是其优点。所以，把感情或者弱点等同为自己未必妥当。

我的朋友当中，有一个死去的法学学士。此人学问很好，也有才干，同事熟人都认为他将来会成为出人头地的官员，他自己也期望成为一个好的专业官员。我是第二次到德国访问的时候与他初次相识的，后来便经常来往。有一天晚上，和他聊天的话题转到了戏剧上，他跟我讲："我还没有看过戏剧。本来自己就感情丰富,如果观看戏剧的话,感情就会受到剧烈刺激,我担心过分受刺激的话,会影响工作。所以,就决定不去看戏。"我并非想说死去的朋友的坏话。而且,我这个朋友非常认真,在此用这种笔调写出来也不矛盾。但是,持有同样观点的人当中,也有人一边说戏剧刺激感情,一边做更坏的事,更进一步剧烈地刺激感情。看戏对有些人来说也许有害,但是,很多情况下,因为看戏,激发了劝善惩恶的念头,或者调动了高尚的感情。《忠臣藏》[①]中许多情节都很可笑,但是,也有许多人看完戏,肃然起敬。莎士比亚的《恺撒》或者《皇冠》这样的戏剧实际上具有打动人的高尚情感的力量。在此,我不想论述戏剧的好坏。虽说克己是克服感情,但是,感情里也有善恶,不应该因为感情就一概压制。我要说的是,反而应该培养这样的感

---

① 以赤穗四十七武士复仇为主题的净琉璃、歌舞伎狂言的总称。——译者注

情。我的这个朋友想做一个优秀的事务官，企图战胜善恶两种感情。自己决心做一个机械的官员，对别人来说，不会有害，也无大碍，但是，以这样的用心做一个事务官也不可能做得出色。

总之，克己是控制情欲的意思。但是，这其中首先要解决的问题是理解情欲之中什么样的情是自己(即正面意义的真正的自己)的敌人，区分真正的自己与真正的敌人。佛教所讲的转迷开悟是第一阶段，其次不过是需要战胜敌人的决心，即止恶修善的意志是第二阶段。就像《菜根谭》中讲的："胜私制欲之功，有曰识不早、力不易者，有曰识得破、忍不过者，盖识是一颗照魔的明珠，力是一把斩魔的慧剑，两不可少也。"控制情欲需要知识的光辉和忍耐的力量两者协同起作用。

克服根本性的原因

社会上有这样的人，因为花钱大手大脚，

过于马大哈而苦恼。他们决心克己而节约，节约是好事，但搞不好就容易变成吝啬。同样，过于吝啬的人，强调应该留有余地，反而变成了马大哈。这难道不是因为该克服的没有克服，想要克服的却是应该克服的对象的假象吗？

我的熟人中有人蔑视妇女，平常总是痛骂"女人是敌人"，但是，女人乃敌人的道理是讲不通的。与女人相关而产生的情欲是敌人，换言之，敌人不是对面见到的女人，是自己胸中产生的情欲。这样的人往往追逐的是影子，想要战胜影子，而不顾事物的实质。"浊水也是清水，一旦澄清即成清水。客气也是气，一旦转化即成正气。逐客的功夫，只是克己，只是复礼。"一斋翁所言极是。人们看到浊水，往往不去努力去除泥土，而是连水泼掉，甚至，常常有人连盛水的器皿都扔掉。

还有人，一到人的面前，就不由自主地害怕。我收到的青年人寄来的信中，有不少是咨询如何矫正这种胆怯的。我在二十岁左右也是一个非常胆小的人,世界上,这种人肯定很多。有的人试图战胜这样的胆怯,于是,行为举止没有礼貌,旁若无人,在别人面前更加傲慢。这显得太不自然,比胆怯还可笑。

矫正这种胆怯是马上克服胆怯,还是战胜令人产生胆怯的敌人呢?探明敌人的据点在本能寺①,这是作战计划的第一步,这就是我要讲的主旨。人之所以胆怯,详细剖析其动机不止一个。在别人面前会产生胆怯,有各种原因,例如:希望别人关注自己的,或者担心被别人瞧不起的,抑或有事求对方,为了顾及对方的情绪,等等。还有人一到女性面前,立刻满脸通红,连话都说不出来。有的人会左

---

① 日语中有一句成语"敌人就在本能寺"。成语来自一个历史故事。织田信长率兵隐蔽在本能寺中,准备增援丰臣秀吉。但是,手下的将领明智光秀阵前ъ乱,谎称敌人在本能寺,率兵进攻本能寺,歼灭了织田信长的军队。史称"本能寺之变"。——译者注

顾右盼，东张西望，令人觉得不尊重对方，一点也不稳重。从外表看，完全是怕见女性，但是看一下缘由，就会发现有种种原因。Self-consciousness（自觉），也就是自己关注某件事，自然就会失去心理的中心，惊慌失措，不自在而且胆怯。所以，直接克服这种胆怯是无效的。胆怯不是根本的原因，是由于其他的原因引起的结果，必须追本溯源，克服根本的原因。

应该战胜的真正敌人潜藏在此

总之，希望给别人好感，或者希望得到别人超出自己真实价值的好评，正是因为有这样的想法，所以才胆怯。假如只需要表达自己的真实价值的话，一点都不需要胆怯。即使表达得超出了自己的真实价值，也不可能永远持续下去。所谓装模作样，只能蒙混一时。可是，人世间有许多人不看实质真相，而把没有实物的影子当作敌人。放弃实质真相，攻击人影，不会有任何效果。

所以，应该克服的并不是胆怯本身，而是潜伏在更深层的欲望，或者广义上的诱惑力。对此，如果能够矫正的话，作为结果的胆怯就会自然而然地消失。就像脸和身材各不相同，心理素质也有先天性的差异。这种差异并不是依靠伦理标准测量的善恶差异，大多是应该培养的个性。不仅人的脸没有必要全都变成圆的，而且，还应该有长脸。同样，没有必要一定要战胜自己性格当中对他人无害的、先天性的品性。既然各自心中没有邪念，个性上的怪癖由他去好了。薪庵的戏作和歌中有这样一句：

  天生横行脚，月夜螃蟹身边闹，心静如清水。

从表面看貌似真正的原因，仔细研究，就会发现大多是第二位、第三位的原因。我们应该研究发现第一位的原因，找到敌人，设法战胜它，根治其对社会的危害。

有必要从结果去克己

前面讲的是追本溯源而克己的方法。根据情况，既有从结果进攻的策略，还有从外围向中心据点进攻的办法。前面提到我在德国交往过的那个法学士，有一个奇怪的毛病，跟人谈话的时候，喜欢用指尖敲自己的门牙。我在前一年有好几次经历过这种不祥的征兆，尽管觉得对他不礼貌，还是如实地把自己的想法告诉了他。但他付之一笑，没有在乎，还跟我说："如果这种癖好像你说的那样是一种病的预兆的话，就是征兆停止了，病也不会自己就好了。就像疲劳的时候打哈欠，停止打哈欠不等于就不疲劳了。"我说："你说的有道理。以末及本很难，但是，可以使原因弱化变小。例如，患感冒时，人会感到发冷，包裹上被子，暖和一会儿，病情就会减轻一些。发冷是感冒的结果，一般认为，即便注意结果，也不会有什么效果。但是，至少可以减轻，进一步回溯的话，还是存在一些使原因弱化变小的效果。"《新约圣经》上也说："若是你的右眼叫你犯罪，就剜出来丢掉，若是右手叫你犯罪，就砍下来丢掉。"眼睛和手没有犯罪，因为是犯罪之心的工具，也就是犯罪意志的结果，所以，即使把眼睛剜出来，把手砍下来，心没有悔改之前，应该没有任何效果。但是，实际上，仍然可以由果及因。所以，作为克己的手段，努力解除第一位的原因是非常必要的。同时，从表现为结果的方面，把它解除或者弱化也是重要的手段。

三、克己之工夫在于一呼一吸之间

克己的修养不允许卑劣的方法

克己需要什么样的方法呢？只要取胜，用什么卑劣的方法都可以吗？有人说：棒球比赛，只要获胜就行，不管采取什么方法。还有，嗜酒的人为了戒酒，采用比酒更加伤害身体的方法，例如，在西洋，吸食鸦片的人不在少数，就这样，为了克服一个祸害，而陷入更严重的危害。耶稣会指出："为达到目的不问手段的善恶"，这样的观点，且不说政治上，在个人的道德上是不允许的。所以，不言而喻，作为个人道德修养的克己，必须通过正当的手段。

克己修养的六个实例

修养克己心,一开始,就以做大事为目标,选择困难,这是不对的。这样,不仅不会成功,反而成为失败的原因。所以,最好从每天遇到的,稍加注意就可以做到的事情入手。固然,如果想成为非凡的人,一开始就以从事伟大的事业为目的,也有实现目标的可能性。但是,这可以寄希望于非凡的人,而不能寄希望于平凡的人。我在这里讲的是针对平凡的人,提出的方法也是平凡人能够做到的。下面举出的是实际的例子。

一、早起床的习惯 对于好睡懒觉的人,早起可以说是克己的第一步。犯困的时候,感到冷的时候,即使讨厌起床,如果忍耐坚持的话,最终也就不讨厌了。

二、纠正弱点 据说富兰克林找出了自己的十三条缺点,每天反省自己的行为有没有重复缺点。我年轻的时候,也曾经把自己的几条缺点做成表格,每天打分,努力一点一滴地纠正自己的缺点。

三、性子急的人最好养成定时、不紧不慢的习惯。例如,吃饭的时候,性子急的人像平时那样正要往嘴里扒的时候,意识到自己需要注意的正是这一点,就及时改正。反复进行过程中,不知不觉当中,急性子也就改过来了。

四、纠正憎恶平时注意尽可能地致力于观察别人的长处、优点,憎恶也能纠正。我以前也是一看到别人就讨厌、生气,我打算纠正这个缺点,觉得讨厌的时候,就展开各种想象,努力观察别人的优点、长处。这样,只要努力观察别人的长处,即使一见面就觉得讨厌的人,后来也不会觉得讨厌了。

五、抑制愤怒在札幌农业学校教学的时候,我就下定决心,即使学生做一些让我生气的事,我也决不生气。上课的时间,每当要推开门进入教室的时候,我握着门把手,告诫自己不能随便生气:"学生很重要,即使有失礼的地方,令人生气的地方,也必须耐心地引导。"即使这样,一旦进入教室,有时也会不知不觉地忘掉自己的决心。

六、依靠他力的修养另外,借助外力,互相克己也是一种方法。我了解到一所女校的学生宿舍,同一宿舍的三五个人在一起商量后,约定伙伴之间绝不互相讲别人的坏话,同时还约定,在自己的宿舍绝不讲粗话,如果想讲粗话,到别的屋去讲,宿舍内应该保持一块神圣的地方,显然,她们取得了一些的成效。我们都是凡夫俗子,未必希望所有人都成为圣人。但是,这样一起宣誓的时候,看到一起宣誓者的面孔,就会觉得受到了激励。

总之,无论什么事情都行,如果是感觉有些讨厌的事情,遇到了就做,这样就可以加强修养。有时或许会遇到危险,但其带来的利益不止于局部。例如，练习剑术的人，竖一根木桩，假设为敌人，练习击打，对手不过是一根木桩，坚持靠它练习手腕的话，就能很好地应付突发事件。前面列出一些条目并作出的论述也是如此。其中的一条通过的话，就可以应用于其他方面，所以，一条一条的从自己手头的事情入手也很方便。

或许，有人说注意这些琐事会缩短生命，人应该做到逍遥自在。但是，如果另外有什么办法可以做到悠然自得地克己，那是再好不过了，但我想恐怕不会有。急性子的人要想做到不慌不忙，爱生气的人要想变成不生气的人，除上述方法以外，还有别的方法，那当然更好，但很遗憾，我还不清楚更恰当的方法。即使有那样的方法，我们这些凡夫俗子也还没有进步到采纳的境界。按照"勿如何如何"的教诲进步，依然是开始练习的顺序。

处大事之道在于小事的修养

只要平时用心修养,遇到大事的时候,也会泰然自若。我熟悉的一位老人说过:吃一顿饭几天不饿,把担心的事攒起来,都是无效的。这不愧为至理名言。即便是山珍海味,也不可能吃一顿后三天不再吃饭。那么做会怎么样?这样做会如何?提前担心,顾虑重重,当人的力量不能左右天灾人祸意外发生时,一切都不起作用。即使肚子饿,也不会立刻饿死,那不是因为吃过的食物留在肚子里,而是,平时吸收了很好的营养,在身体内部潜藏着忍受饥饿的力量。即使天崩地裂突然发生,也能够做到泰然自若、不害怕,那是因为平时的用心修养。微不足道的小事积累起来,会变成意想不到的力量。

我这样讲并不意味着要求只关注小事而疏忽大事,积累小事,才能产生做大事的力量。

南州格言里所说的"临事而不动",并不是发生了事情的时候,才想起来该怎么做,而是,平时培养的力量,每次遇到事情的时候,就以另外的形式表现出来。有一位医生曾经告诉我:"京都人生病做手术后,恢复起来比东京人慢。"据说这是由于平时的营养不同。修养方面也类似。留心任何小事,三番五次地自我反省,以后发生相同情况的时候,就不会困惑。为了国家、为了父母牺牲自己,欣然去死的人,不是一朝一夕就能够做到的。每日克己,逐渐做到为自己以外的事情而献身,然后,才能够做到。当然,天性豪迈的人,即使平时没有修养,遇事也能做到镇静自若,这是非凡的人,普通人是做不到的。凡人最好在任何时候,都不要把小事当作小事来修养,我在此论述的就是这个主旨。

大多数情况下,不仅遇到小事时要实践克己,而且实践时,感觉到辛苦的时间是非常短的。忍耐的时间好像较长,拿出钟表测一下,也只是一瞬间。正像一斋先生所说的:"克己之工夫在于一呼一吸之间。"一般来说,通过琐事磨炼克己之心,随着年龄的增加会增强。但是,到达一个阶段后掉以轻心,疏忽大意,好不容易构建起的殿堂也会倒塌。南州翁也教诲说:"应以修身克己为始终。克己之最高境界为毋意、毋必、毋固、毋我。凡人皆以克己而成,以自爱而败。请看古今之人物,创事业之人十有七八虽能做到,然能最终做到剩余的十分之二者稀少,原因在于初始常慎己敬事,所以功成名就。一旦功成名就,不知不觉就会心生自爱之情。"这些话很值得玩味。

四、克己的程度

克己的程度只有靠常识来判断

所谓克己，有没有克的程度呢？克到什么程度合适？例如，酒徒如果克己的话，滴酒不沾，或者适当节制都称为克己，那程度应该如何把握呢？睡懒觉的人克己，决心早起，几点起床算克己呢？五点钟起床是克己，两点、三点起床也是克己，纸上谈兵的话，不睡觉才是最好的克己。我举的是极端的例子，其他事例也必定有相似的程度。

我觉得除了依靠常识推断，不会有具体的方法。从前，两兄弟都是学生，每天早上，一起吃饭，一起上学。弟弟每次吃饭都抱怨，甜了辣了，软了硬了，那个喜欢吃，这个不想吃，经常是牢骚不断。哥哥终于忍不住，很生气地对弟弟说："哪有像你这样一吃饭就抱怨的？靠父母的照顾吃饭不用担心，有幸还能上学，这不像天上掉馅饼吗？就这样，你还发牢骚，真是岂有此理。靠自己的力量，能吃得起自己喜欢的东西，另当别论，就你现在的身份还发牢骚，太不懂事了。"后来，哥哥了解到自己的胃非常健康，而弟弟胃功能不好，哥哥也很同情弟弟。哥哥的胃什么都能接受，相反，胃功能不好的弟弟就不得不从生理上产生抱怨。对于情色也是如此，有人非常淡漠，有人非常多情。对于金钱的欲望也是如此，有人生性贪婪，也有人对金钱恬淡。不管从性格上，还是生理上，都不能一样看待。所以，克己的程度只有靠常识来判断。

克己还要善用弱点

但是，追溯事物的首要原因，端正动机的

时候，也可以善用该克服的弱点。即使被当作有害的杂草，如果不仅取得有效的耕作法，而且发现适当的处理方法，也能变为有益的作物，弱点反而能得到有益的利用。例如，天生能说会道的人，觉得自己的弱点是爱说话，决心通过克己纠正这个弱点，于是，走上极端的话，变得一言不发，虽然拥有一副天赐的谈话器官，却变得如同哑巴一样。但是，爱说话的人克己并不需要变得跟哑巴一样，纠正因爱说话引起的弊端是目的。所以，这种情况下，可以善用爱说话的特点。具体来说，爱说话本身并非坏事，不好在于嚼舌头，搬弄是非，说话伤害别人的感情，或者出言不逊，向社会散布流毒。所以，如果通过克己纠正这个缺点的话，有害的多嘴多舌就被改正，变成有益的能言善辩，舌头就成为行善的器官。

善用能言善辩也很不错。苏秦、张仪、孟子都是能言善辩的人，论述善事的能言善辩是多多益善。如果孟子忌讳能言善辩,恪守沉默的话,就不能做到治理国家、垂教万世了。所以,承认自己的弱点,从根本上制止弱点的同时,也要注意善用弱点。

最大的牺牲就是真正的克己

正如前面所述,如果端正了行为的动机,关于克服怎样的弱点、用什么方法克服、克服到什么程度之类的讨论就减少了。孔子说:"七十而从心所欲,不逾矩。"即便随心所欲也不会超过限度,我认为这是克己的最高境界。大概动机正确,外部之道与自己的内心吻合,不刻意努力而为就相当于道。一般公众认为的善与个人的利是不谋而合的,所以,不断去做自己想做的事,也会立刻成为公众的利。也就是,失去小我,以世界为大我,所作所为就不会逾矩。想要达到这个境界就必须舍弃小我,必须舍弃一般所谓自己,即舍弃与其他公共利益相反的个人利益。这是要不断克己,完全克服自己,通过抹杀自己才能够达到。当然,这种情况下,被抹杀的自己是假的自己,通过抹杀自己不断发挥的自己才是真正的自己。这是因为"身我"被抹杀,心我终于爆发出活力。

没有这种牺牲精神的话,世界的进步就没有希望。世界历史、英雄传记当中也表现出这样的牺牲。我记得列基的确讲过,牺牲是进步的法则,利己是非生产性的(Sacrifice is a law of progress. Selfishness is unproductive.)。在世上建功立业的人,必定舍弃了自己的一切。有为君主舍弃自己的臣子,也有为了贞操舍弃自己的妇女;有为了父亲舍弃自己的儿子,还有为国捐躯的勇士;也有为义舍弃自己的。正是这些为了比自己更伟大的目标而舍弃一生的故事,才是历史鲜活的一面。《忠臣藏》之所以有意思,是因为有大石这样的义士,不像九大夫那样为自己的私利打算,相反,不用说自己的名誉财产，就连自己的身体性命都舍弃了。道德的历史上最引人注目的是耶稣在戈尔戈达山上被处以磔刑的故事。这是最大的牺牲，抛弃自己的生命才得到伟大的生命，舍弃小我才得到大我。通过克己最终战胜自己的时候，才达到真正的自我。一般所说的自己就像肚子里的绦虫，或者蛔虫一样，所以，如果不清除它们，提供的饮食营养都被这些虫子吸收了。如果喝驱虫药的话，蛔虫被打掉，就会剩下健全的胃。同样，为了更大的目标，如果不舍弃通常所说的自己、小我的话，就不能说达到了克己的最高目标。

歌德说过："抹杀自己是生命之本。"至此，克己才是完整的。所以，耶稣基督即使被钉在十字架上尝到了所有的耻辱和痛苦，也要坚守自己的信念，被杀害的时候，就是完全克服自己的时刻，完全克服自己的时刻，就是将要战胜世界的时刻。他最后呼喊"我战胜了世界"的时刻，就是向世界展示了克己的最高典范。

第七章 名 誉

对哲学家而言,最大的耻辱和最大的名誉几乎没有什么区别。

必须知道获得名誉的同时必定伴有几分危险。

一、名誉并非存在于自身之外

促使人的行为的四个动机

打动普通人的心灵、促使人的行为的动机当中,最有力的东西有四个,那就是情色、利益、权力、名誉。当然,促使人的行为的不仅仅这些。热爱道德的观念,即成为圣人的愿望,或者忠君爱国的信念,或者侍奉父母的孝心等种种道德观念,任何一条都可成为行为的动机。我绝不是不顾这一切的人,但是,列出这四个动机,是因为它们具有推动人的十之八九的力量,并且,任何人都或多或少的拥有一些。

这些动机用于善意的话,会成就善事,用于恶意的话,就会贻害无穷。仅仅因为用心不同，被用于善恶，会产生天壤之别。从前讲："一金成万器，皆靠匠人之功。"善意的动机没有任何可疑之处，就像出于宗教的动机那样，只需要教导涵养这种动机，没有告诫乱用的必要。但是，被用于善恶任何一方的动机，动辄就有被乱用的可能，一定要多加注意。

作为行为动机的情色

上述的动机当中，最普通的而且每个人都有，却不愿意说出口的就是情色。但是，正是因为存在情色，人类才不断繁衍后代，继承家业，国家也继续存在，这是至关重要的。正因为重要，不仅人类有，就连所有的动物都具有这样的情色。然而，把这种情色叫作兽欲是不是合适呢？动物除此之外没有别的欲望吗？是否果真如此，非常值得怀疑。动物好像也有喜欢权力、爱好名誉的念头。而且，有着希望获得利益的观念，也是很明确的。所以，认为动物除去情色以外没有别的欲望，所以就把它称为兽欲，这是违反事实的。那么，动物在这一点上比人类更强吗？也不能这样认为。大多数动物，两性相交，有一定的季节。即使在既定的季节，看起来也是有自己的规定的。唯独人类，这种情色春夏秋冬都不会停止。根据某些学者的观点，人类在几万年以前，也和其他动物一样，按照季节发生情色关系，但是，我认为今天人类的情色程度反而比动物更强。惺斋石先生也说："禽兽若受胎则不再交，人则无期无度，亦将于此曰：得禽兽气之偏，得人气之全乎。"当然，人类无休无止的春情，就某一点而论，与动物相比，可以称为进步的证据，从另一点上来思考的话，也可以称为退化的状态。我们把纵欲滥情称为兽欲是侮辱了禽兽。从禽兽的角度看，反过来可以把它称为人欲，而大肆咒骂。

不过,两者之间存在差异的是,人类社会把情色当作秘密,禽兽却公然为之。禽兽不忌讳在其他动物面前交合,而人类社会除去低俗的报纸杂志,多倾向于避开这样的问题。但是,这不是我在此讨论的正题,只是作为促使人的行为动机的一个例子列出来为止。有关戒色的见解,留给他日再论。

作为行为动机的利益

其次,作为动机的利益,禽兽和人类都存在。自己的东西和他人的东西之区别不用任何人教,文明人自不待言,即使野蛮人也几乎是先天具有这样的本能。心理作用另当别论,只要善用这一特性,生产就会发达,物质文明就会进步。当今的社会,如果没有彼此的区别,没有财产私有制度,便不可想象。这种利益之动机,滥用的时候就变成贪婪,不正当地积累资产。不能积累财产的人只是消极地嫉妒他人，羡慕那些有财产的人。或者脾气暴躁的人甚至会抢夺别人的财产，社会秩序的紊乱，大多来源于此。只要看一看每天的报纸，就会清楚这是不争的事实。

利益的观念有可能被善用也有可能被滥用，这是尽人皆知的。然而，批评别人者，往往根据表面推断动机的善恶。例如，评价某人，甲会说："他生活节俭，认真奉戴戊申诏书。"而乙却咒骂："他是一个吝啬鬼。"有人称赞二宫翁[①]恪守"尺度"，也有人诽谤他不顾自己的体面，衣食住行简单朴素，目光短浅。总之，观察者的标准不同，同一个事物也会表现出各种不同的样子。尤其是利益的观念与情色不同，不能隐藏起来，很容易表现在其他方面，所以，大都会被提及。由于从表现出来的地方推测，

---

① 二宫尊德，江户末期的思想家。——译者注

所以，容易受到误解。原本人是一种喜欢发挥想象的动物，所以，越是保守秘密，想象力就越丰富。因为男女关系被当作秘密，所以，人们就会发挥各种想象力。因为靠想象力，所以，经常看到文不对题的批评。因此，情色与想获得利益的观念一样，不能成为考察人的标准，硬要当作标准的话，反而会产生各种误解。

想得到名的人与希望得到实的人

相反，最引人注目，或者希望引人注目的是功名心。提到功名心，马上联想到权力。要想出名就必须成就相当的事业，成就事业就需要相当的权力。所以，从理论上的关联来看，两者好像是分不开的。但是，分开也是可以的，也有的人并不是两者都要得到，而是取其中的一个。有的人并不需要权力，但是想出名，尤其是以学者居多。这样的人并非想要地位，也不想发挥权力，只是希望自己名扬四方。与此相反，所谓的野心家，隐匿名字，只想掌握实权，成为幕后操纵者，所以丝毫不把名字外露。即使酝酿出影响时代的大事，其名字也不会载于史册。什么人操纵着这一切？当时的政府为什么导致了这一切？世人丝毫不知，也不会觉得奇怪。

一个家庭也如此，自古以来，经常发生家族内部的纷争，而且，其原因大多是存在实权的地方出现问题，使权力发生动摇。也就是在正妻以外的地方，娶小妾。公开场合，正妻只不过是表面的，虽然名分存在，但是实权已经转移给小妾，以妾为中心，内部斗争就会升级。另外，古代的奸臣佞臣不想要名声，而想获得实权者大有人在。为了获得实权就要发挥其野心，所以，不仅名和实可以分开考虑，而且，有的人只想取得其中之一。

上面讲的是滥用实权的例子，如果善用实权的话，在个人来说，就应该叫作积阴德。在政界，有人处于顾问的地位，默默无闻，自己完全不露面，而成为推动政治舞台上主要角色的力量。这是政治秘史上经常可见的事实。

名誉意味着什么

我暂时不讲实权，讲一讲只想得到名誉的欲望。那么这里所讲的名誉又是什么呢？正如字面所看到的名和誉，"名"这个字的意思既可以简单理解又可以深入理解，不管是学者，还是俗人，所有人都可通用。正像"人"这个字，有时可用于高级，有时也可用于低级。例如，讲到"孔子也是人嘛"这句话的时候，意思是说圣人也有犯错误的时候，和"智者千虑，必有一失"这句成语相似。然而，有的场合讲到"石川五右卫门①也是人嘛"这句话，意思是说，那个坏家伙的黑子之情，与大千世界所有

---

① 安土桃山时代的江洋大盗。——译者注

孩子的父母之心是相同的。同样称呼为"人",但是,相互之间的分量是不同的,所以,如果不看这个字前后的用法的话,就不清楚用的是善恶当中的哪一个,是用来比喻神,还是用来比照恶魔?"名"这个字也相同,莎士比亚的著作中,也有关于名字不重要、名字是什么这一类话题的回答。"名字就是我的生命,一旦死去,身体消失了,灵魂也不知去了何地,唯独名字永远留在地上。"我国的俗语中也有"唐土之虎惜毛,日本的武士惜名"或者"雁过留声,人过留名"等,许多例子启发人们重视名声。别所友之的和歌里,有这样一首:

> 不惜性命梓木弓,千秋万代留英名。

织田信孝的和歌是这样吟唱的:

> 纵令埋骨稻叶山,不辱家名梓木弓。

相同的例子不胜枚举。有人认为只要具备实力，名声并不重要，而有的人却看重名声，例如，像正名那样的例子就是如此。讲到名誉的时候，一概用于褒义。名声之荣誉，也就是拥有这个名字的主人的事迹流芳于世，就叫作名誉。世人听到这个名字就会产生愉快的意念，对主人产生敬意。"名"这个字单独使用的时候，也只不过省略了"誉"字，与名誉相同，多用于褒义。

但是，我们经常看到社会上有的人不够享受名誉的资格，却希望受到称赞，所谓虚名就是有名无实。本来是一个胆小鬼，却有一个勇敢者的名声，虽然是一个大老粗，却希望被人当作饱学之士，社会上这类人经常可见。那么，名誉心不好吗？也并非如此。尽管有乱用的担心，把名誉心说成是坏事也不可取。根据情况，有的名誉应该接受，有的名誉应该避开。世上既有称作"过失之功名""因祸得福""不劳而获""没有拔刀却立功"之类的名声，也有孟子所讲的"不图之誉"。但是，走正道，自然来到的名誉没有必要拒绝，相反，如果影响走正道的话，可以避开它，拒绝它也没有什么不好。那要看每个人的想法，获取基于实的名也无妨，如果因为得到的名而动摇务实的话，最好是避开名。总之，伴随实的名可以取，但是，两者当中取一个的话，当然要求实，孟子也说："若声闻过情，君子耻之"。

名誉的标准应该从何处寻？

欧洲语言中的名誉这个词并不包括我国的名和誉这两个含义。英语的 honour 一词来源于 honest(正直)，德语的 Ehre 一词的词源是 Ehrlich(正直)。Ehrenhaft 的意思是相当于名誉的正直。从这些词来考虑，对名誉来说，是否受到别人的称赞是第二位的，自我反省正确与否才真正构成了它的基础。日本也并非没有这样的思想。但是，如果从文字的出处来思考的话，一般认为，日本的名誉似乎是把标准放到自身之外，或者以认识的人、不认识的人的评价为基础。相反，在欧洲语言中，好像是以自身的判断作为标准。

正像我多次提到的那样，把标准放在自己和他人的区别上并非仅限于名誉。在我国论及忠孝时，所谓忠是把对象置于自身以外，也就是说对君主尽忠，尽孝是把目标置于自身以外的父母身上。但是，在基督教当中，忠孝两方面通用一个爱字，自己心中存在的爱的感情表现对君主时成为忠，对父母时变成孝。近来有人指出忠孝的观念是东洋特有的观念，其他国家不存在。我认为这里的东洋指的是中国风格，忠孝的观念从中国传来之前，日本也存在，并没有分别用不同的词来表示。就像和歌诗人惋惜菊花没有训读[①]一样，伦理学家也会有许多人惋惜忠孝的文字没有训读。但是，日本有比忠孝更好的词，足以比得上基督教的"爱"字，只不过没有像"爱"字那样表达动作的力量。但是，可以表现不亚于爱的心理状态，那就是"诚"字，这是大和民族固有的语言，不是来自别处。这个"诚"字对君主实施便成为忠，同样的诚对父母就是孝。我认为，名誉也不应该脱离诚字，不管是否受到别人的褒扬，只要心符合诚之道，就不必介意。已经尽到相当于名誉的诚时，即使默默无闻，或者反而受到诽谤，或者失去名誉，仍然可以获得高于名誉的心中的名誉。我认为，这个观点包含在"诚"字当中。

---

① 汉字的日语读音。——译者注

二、获得名誉的同时必定伴有几分危险

不要受名誉心驱使做事

在缺乏宗教观念的我国,相信灵魂不灭、未来的天国或者极乐世界的人很少,也许是为了弥补这个缺陷,许多人把活在世上名声远扬、死后流芳百世当做是无限的幸福。拿破仑把灵魂不灭与声誉同等看待,有哲学家嘲笑他的思想极其浅薄,可是,在我国,与拿破仑相同的思想,而且,更加浅薄的思想却广泛流行。我们幼年时代,也许由于实业没有今天这样发达,或者由于我出身于士族,总之,还没有养成创造财富的观念。相反,经常受到教育,说作为臣子应该尽到忠孝。为什么必须尽到忠孝呢?

令人怀疑是为了获得名誉。

我也讲一讲自己的经历。我想一定有人和我的经历相似。我不幸很早就失去了父亲,是由母亲一手抚养大的。从我的口中说出来,听起来有些自吹自擂,但是,母亲真的可称为"巾帼不让须眉",我非常尊敬母亲。现在,虽然母亲早已经去世,但是,遇到喜事的话,我会让母亲看,希望她和我一起高兴,遇到灾难时,我会与母亲商量,希望和她一起体会悲伤。虽然年少时没有好好孝顺母亲,但是我现在思念母亲的感情不亚于任何人,而且,每年一两次必读母亲以前写的信,来悼念母亲。每一次读信,我都会感到有一个美中不足的地方,那就是母亲非常注重扬名,并作为最高的教诲。当然,也许母亲还有更高的思想,或许,她认为把更深奥的思想讲给一个不到十岁的少年听,也不见得懂,也就没有讲。母亲心中是如何想的,我不得而知,从八岁到十八岁之间,母亲寄给我的信里表现出的最高思想是:"不要做坏事。做了坏事,不仅你的名声受损,还会玷污家族的名声。要做善事,做伟大的人。你成为伟人的话,你的名声、父亲的名声、家族的名声都会流传于世。"这样的精神一直贯穿其中,因此,所有的事情不是为了事情本身,而是看成了弘扬家族名声的手段。老实说,我十四五岁的时候,为人生的目的就在于扬名这样的观念费了不少的心思。到了十六岁,开始关注宗教以来,断然认为名誉心绝对不是善的。如果做某件事的话,会自我反省这是不是为了受赞扬才做的。如果稍有一点这样的心思,就会停下来。好像近似自我刁难,但是,伸出的手也要尽力收回来。这样的做法到底多大程度获得了成功,还是交给观察者来判断,总而言之,我这三十年来经常告诫自己的一件事就是,不要受名誉心驱使做事。有时受到报纸等媒体的表扬,稍有一点自鸣得意的时候,我甚至觉得报纸上写自己的缺点最终对自己有益。

读到我写的这一切,人们会觉得我只讲自己,也有朋友会怀疑我是为了得到别人的赞扬才写这些事的。如果写作的过程中,心中有这样一丝念头的话,我就会主动地删掉,稍稍留心阅读的人不会认为我写的这些话是自我吹嘘,反倒会觉得这是在暴露家丑。如果家丑能够成为读者中少数人的参考,我也就满足了,这正是泰尼森①所说的"杀掉我,踏着我的尸体登高"的志向。

近乎病态的名誉心

受到父母或者长辈的教诲,认为人生的目的在于获得名声,世上像我一样的人不在少数,更有甚者认为只要名声在外就好。我不止一两

---

① 泰尼森(Alfred Tennyson,1809—1892),维多利亚时代的英国诗人。——译者注

次听人讲:"做盗贼也可以,能像石川五右门那样扬名后世的话……"也有人说:"或者做一个傻瓜,如果留给后世的历史一个大愚(big fool)的名声也合算。成不了孔子的话,倒不如当盗寇。"如此极端地追求名声,应该说近乎病态。对哲学家而言,最大的耻辱和最大的名誉几乎没有什么区别。这样的观点从理论上并非讲不通的。即使给世上散布毒害也不在意,只要自己的名字众口相传就行,这样的观点,即使用极其稳重平和的语言评价,也必须说其冷酷无情之极。即使行为无害于世,但思想是有害的。不惜用非常离谱的观点迷惑别人,夸夸其谈地煽动别人,用猥亵的笔调使人堕落,只要自己扬名于世就万事大吉,这样的做法是一时的广告手段,只能说浅薄。

为名誉心所驱使的自我宣传

正如前面讲到的那样,一般认为名誉并不存在于自身之外。莎士比亚讲过:"荣誉并非附属于高贵的条件,如果每个人都各尽其职的话,荣誉全都存在其中。"但是,我们总是忘记这样的教训,为了荣誉,打破心理的平和,疏忽作为人应该尽的义务。因此,我要列出追求名誉者容易产生的弊病,供人们反思。

急于追求名誉的人为自我宣传费尽心机,每时每刻都在想用什么方法可以使自己出名。不该出面的时候出面,没有受到邀请却抢着出席,在受到干扰的时候出风头,为了得到名声而四处奔走的样子,从旁边看来,也让人贻笑大方。我常想,正在这样做的人,如果稍加反省的话,自己也会忍俊不禁的。不管老年人还是年轻人都有这样的缺点,青年人更甚一些。

对此,我也有出丑的教训。我前面说过,

三十年来我总是告诫自己无论做任何事都不应该出自名誉心,遇到每一件事都要稍稍停下来,反问自己为什么做这件事。这只需要动一动脑子,不需要太多的时间。例如,受到邀请,登台演讲的时候,或者上了讲坛向听众鞠躬的时候,也能做到反省:自己是为了受到这些听众的赞扬才登台演讲的,还是为了卖名才来的?问一问自己并不费事,写文章或者作调查研究也是如此。例如,我现在作为专业研究的是殖民问题。打开书本时,反问一下自己为什么专攻这样的问题,如果有被人称赞自己很了不起的意图的话,就不做了。商人也是如此,不必说抛弃利益,或者舍弃名誉,如果有企图获得超出自己的商品实质的声誉,得到高出自己价值的名誉的想法的话,那就必须特别注意。

企图获得超过实际价值的名声,是不自然的行为,是失去了善意的天真烂漫。我之所以特意提到善意,是因为世上有人往往容易滥用善意。在人面前举止无礼,在长辈面前随便讲话,人们却表扬他是一个天真烂漫的有趣的人。但是,礼就是礼,施礼过头了,等于阿谀奉承,失礼并不是天真烂漫,而是粗鲁。想要超出自己的真实价值宣传自己的人,失去天真,装腔作势,讲一些不合身份的话,即使自己相信做得巧妙,明眼人看来,那样的做法就像移花接木,缺少恬淡之处,看起来令人厌恶。

"不知己"比"人不知"更可忧

《论语》中有这样一句话:"君子不患人之不知己,而患不知人也。"如此简单的句子,每个人都能解释出各种超过字面的意思。尤其是孔子的话自古以来有各种解释,广狭深浅,理解起来变化多端。但是,从表现在文字上最简单的,而且是大多数人理解的一般意思来看,这句话是说自己的名字不被世人所知没有多大关系，但是，自己不了解别人是很遗憾的。这是君子的思想。世人提不提自己的名字丝毫都不值得介意，所以，不会致力宣扬自己的名字，也根本不会想到做广告。如果这句话就这样解释的话，这点事不用什么君子，一般人也能做到。为什么这样讲呢？希望别人了解自己者，应该是平均数以下的人，不担心别人不了解自己的是普通人。如果仅仅不担心别人不了解自己的话，并不具备君子的资格。前进一步，到了担心自己不了解别人这一阶段的话，才接近君子的资格。即使这样讲也没有什么了不起的，正像我多次讲过的那样，我的解释是自己的观点，也许是错的。假如这个解释正确的话，我想进一步讲，君子担忧自己不了解自己。

古希腊神的启示说："要知己"。这句话被称为古今通行的箴言。知己是最重要的。知人、格物、知神等等，一切都是以知己为本。了解自己的不足，知道自己的满足之处，了解自己之所欲,了解自己之所不欲,了解自己有益的,知道自己无益的,了解自己的大小长短、优劣轻重的话,别人了解不了解自己也就不会成为喜悦或者悲伤的起因。不会成为喜悦的起因也许有些夸张,德不孤,必有邻,任何圣人君子,如果有朋友自远方来都必定会高兴的,这是因为找朋友是人的天性。但是,这和追求抬高自己的名气是不同的,这里并不包括卖名的观念。这和名誉心、功名心有许多关联,是一个有趣的问题,现在不合时机,将来见机叙述愚见,以求教于世人。

为名誉心所驱使的卑劣手段

其次,追求名誉者把贬低别人的荣誉作为抬高自己荣誉的手段。高下是比较性的语言,即使不用抬高自己,只要贬低他人,自然自己的地位就提高了。尽管自己已经堕落,如果别人比自己更加堕落的话，结果是自己依然处于比较高的位置上，所以，追求名誉高的人，尽量努力降低别人的名誉。我们每天从遇到的人那里听到各种令人不快的话题，听到他们散播别人的缺点，大概也是出于这样的目的。你以为他们是在挑剔不相识者的毛病，十有八九是为了抬高自己的名誉。我曾经听到过这样的故事，说某人到另一个人那里去求他给自己一个位置。于是，他就说现任者名声怎么不好，评价怎么不高，如果还继续留他在这个位置上或许会影响到你本人。旁敲侧击地谴责现任者，希望解除他的职务，让自己顶替。据说那个人静静地听完他的一番话，然后说："的确如此，他也许不适合这个位置，但没有像你这样随便诽谤别人就算高尚了。除非有比他更合适的人选，如果没有的话，目前还保持原状。"讲别人的坏话，只不过是坦白自己的卑鄙，听起来让人很不舒服，没有比为了抬高自己而贬低别人更心术卑劣,更丑陋的了。尽管名誉本身并不丑恶,但是,为了获取名誉而陷害别人是最可恶的。然而,这样的事,我们在日常生活中,经常见到。

例如,假设甲说乙的坏话,比较乙而言,我反而怀疑甲的人品。甲为何要说乙的坏话呢?有什么私怨吗?如果真的有私怨的话,他必定是一个小人。想要争夺乙的职位吗?果真如此的话,他就是一个卑鄙的人。没有任何目的,只是随口说说,以讲别人的坏话为乐趣吗?如果是真的,他是一个最轻率的人。另外,调查别人的缺点,然后暴露出来,是为了展示自己的长处吗?果真如此的话,他就是一个没有任何长处的人。如此思前想后,反而觉得被诽谤的人是正确的。但是,每当这样想的时候,我也会自我反省,这是不是自己的别扭脾气在作怪,人家说右,我偏要说左?总而言之,当我听到有人在我面前讲别人的坏话时,我不会完全相信他的话。

讲别人的坏话,这是我们经常存在的弱点,尤其是当今日本人的国民性弱点。对长者缺乏尊敬,见到有地位的人,马上逢迎拍马,把针鼻儿大的事吹嘘成棒槌大,完全颠倒黑白,或者,完全捏造事实,这成为当今多数报刊维系生存的手法,世间的读者也倾向于喜欢这样的报道。也有人担忧近来的报刊格调低下,道德败坏,但是,报刊登载这样的报道是反映了读者的愿望,谴责报刊的记者,倒不如谴责欢迎这种报道的社会思潮。通常所说的井台会议[①],是婆娘们凑到一起互相讲别人的坏话;有身份的人则躲在大厦的隐秘房间里,悄悄地讲同事的坏话;公司的员工在休息室里讲社长或者其他公司的坏话。他们全都是出于相同的动机,没有丝毫的差别。无论到哪里都有人传播谣言,

---

① 过去使用水井,家庭主妇围在井台边聊天儿。——译者注

损害别人的道德,中伤别人的名誉。也许有人站出来辩护,主张惩处这些恶劣行为,但是,为了惩恶的话,还有其他有效的途径,无须触及谣言。可是,这不属于在此谈论的话题,留给日后再论。

为自己辩护的两种方法

前面所讲的说别人坏话的背后,十有八九隐藏着宣扬自己的目的,剩下的一二分含有为自己的错误辩护的意图。一旦自己心中有鬼,就会担心别人知道,别人知道的话,关系到自己的名誉,于是,往往就要假借别的口实制造事端,牵连别人。我们经常看到有的人就是这样把标准降低到自己的水平上,自我辩解说:他做了这样的事却还能保住堂堂的地位,自己做这点事有什么不妥呢?我的熟人当中,有人的确没有做多大的坏事,但是,因为阴差阳错触犯了刑法,被关进了监狱。后来,他的家人都不认为穿赤褐色囚衣是什么坏事,他们还说穿过赤褐色囚衣的人也有人过得很好,甚至公开说即使没有触犯刑法的人,如果揭发的话,多少会和触犯刑法的人一样,或者做过更严重的坏事。还有被称为道德模范的人,担忧父母或者孩子的放荡,劝告父母,警告孩子,可是都不奏效。一旦世间不断地传闻那家人很放荡的话,这位道学家就辩解说,放荡的不光是我们家里的人,任何人都放荡。有一个人平时总是一本正经的样子,可是,有人在某花街柳巷看到过他,就说他不正常,便开始怀疑他。有许多人从为自己辩护的角度去评价别人,不见得是为了损害别人的名誉,而是希望把标准降低到自己的水平上。

　　以上,我讲了通过讲别人的坏话为自己的缺点辩护的事例。但是,还有消极地为自己辩护的情况。自己的行为受到这样那样不好的批评，自己也会为自己的行为辩解，我本人也始终不由自主地希望为自己受到的误解辩护。最近，每当看到报纸杂志上对我的诽谤，我总是想既然受到如此荒唐的误解，还不如把事实弄清楚，为自己辩护。但是，每当此时，就会想起我平时喜欢吟唱的那首和歌：

任凭观者心自变，高山顶上秋月明。

随它去吧。假如我辩护的话，听到辩护的人又会随意解释，事情越来越麻烦，倒不如任凭每个观察者心里去判断。纵然没有人看到，上帝一定会看到的。我想不如随它去吧，不再辩护。

关于这个话题，我想到了白隐禅师的逸事。也许很多人都知道这个故事，但是，因为是一个美谈，我还是想讲一讲。曾经有一个施主的女儿还没有夫婿就怀了身孕，父母知道以后，又惊讶又羞愧,训斥打骂,让她讲出男人是谁,女儿就说自己怀的是白隐禅师的孩子。父母听说是自己笃信的白隐禅师的子嗣,更加惊讶,不胜惶恐,惊喜万分。过了一天又一天,女儿顺利产下一个白玉般的男孩儿。父母抚养着这个婴儿感到自豪,四处吹嘘这是白隐禅师的子嗣。但是,不太信仰白隐禅师的人当中就有人诽谤禅师是花和尚,其中一个人就去拜访白隐禅师,向禅师查证这是否真实,禅师只回答了一句话:"啊,是吗?"据说胜安房①读到这一则故事的时候,评价说:从回答"啊,是吗?"这句话中可以看出白隐禅师的大度。禅师即使被诬陷奸污了人家的女儿,也不主动去表达自身的清白,也没有去探究姑娘的人格,只是任凭世间这样传闻。

然而,几年过去了,姑娘内心为自己的不

---

① 胜安房(1823—1899),胜海舟的别名。江户幕府末期到明治维新时期的武士,政治家。——译者注

检点感到有些耻辱，于是，向父母坦白："实际上这孩子是某某人的子嗣，当时，羞愧难当，就想到如果讲出是禅师的孩子的话，我不会受到太多的责备，人们也不会太谴责我，结果，玷污了禅师的名声。"曾经谴责禅师品行不轨的人听到这话，也感到羞愧，就去向禅师道歉，此时，禅师还是只回答了一句："啊，是吗？"

"名誉是死者的食物"

当自己的言行受到指责的时候，如果想要一一辩护表明自身的清白，那是有限度的。我认为不如放任自流，光明总会到来的。正如盖棺定论一样，人世间没死之前解决不了的事比比皆是。前些时候，我看到一本英文杂志上刊登的一首很简单的诗，其中有一句话一针见血的。那句话说："名誉是死者的食物。"(Honour is a food the dead men eat.) 非常耐人寻味。活着的人所受到的名誉并不单纯,今天觉得太甜,明天就会产生苦味辣味,很难确定下来。活人所享受的名誉的变化比米价都剧烈。胜利归来的儿玉[①]将与打砸抢骚动中的儿玉大将,三次得到王冠的恺撒和连尸体都被扔到台伯河[②]的恺撒,真是天壤之别。我们活着的时候,即使不会像恺撒和儿玉大将那样,在任何谦卑的位置上工作,也会获得一些名誉。但是,必须知道获得名誉的同时必定伴有几分危险。

虽说盖棺定论,但是,世间即便盖棺后,难以定论的例子也很多。像克伦威尔[③]那样,死后二百年才得到平反昭雪;像拿破仑那样,至今还留下许多不解之谜。即使在我国,平清盛、足利尊氏、石田三成等人的是非功过,众说纷纭,莫衷一是。至于像德川家康那样,可以定

---

① 儿玉源太郎,陆军大将。——译者注
② 流经意大利中部的河。——译者注
③ 英国军人、政治家。——译者注

论的材料至今也不完整,依然是甲论乙驳,处于争论的漩涡之中。像林肯那样,历史上的例子很少,随着研究的深入,材料越多越表明他的道德高尚。其他的学者、英雄,活着的时候不用说,直至死后,能够定论的也很少。这样说来,因为受到一些指责,难道就要为自己辩护,证明自己的清白吗?自己相信是可行的、正义的,就去做,其他的一切除了依靠上天的判断,没有其他途径。

三、名誉是手段还是目的?

值得当成一生目标的名誉

正如前面所述,我国的国民之中,许多人把名誉当作人生的目标,就像我的母亲那样,把扬名于世当作人生的最大目的来鼓励我。如果把名誉当作人生的最终目标的话,就会令人担心。为了追求这个目的,不顾任何方法,只要达到目的就行,这是前面已经讲过的内容。但是,名誉到底是不是我们生活的最高目标呢?这是一个很难断言的问题。之所以这样说,是因为所谓的名誉被解释为两种意思。赋予名誉、名分或者单纯的名这样的文字深远的意思,对此附加人格精华的话,名誉就变成具有多重价值的东西。我经常想,名声难道不是接近人的灵魂的观念吗?身体受时间和场所的限制,一时不能同时出现在几个不同的地方,也不能永远存在于一个地方。相反,灵魂好像(对于唯物主义者、科学家来说,灵魂也许是禁忌,我所说的灵魂绝不是迷信方面的幽灵)具有可以同时游离几个不同地方的力量,而且,能够无限制地在一个地方或几个地方停留。虽然不能说绝对可以做到,但是与肉体相比的话,灵魂具有这样的力量,连科学家也是首肯的。

"名"是基本具备灵魂作用的。《圣经》上经常出现以神的名义做这、做那的说法,这样的情况下所用的"名"意味着神的力量或者神本身,也就是所说的神的精华。尽管人不是神,既然具备类似神的灵魂,其名是否也具有心灵的作用呢?我每当听到平时景仰的人的名字时,立刻就会联想到他的人格,眼前就会浮现出他的肉体。另外,听到自己尊敬的父母的名字时,就会情绪高涨,被叫到姓氏的时候会感到一种心灵的作用,全都是这个原因。那么,我认为"名"是通过观察而实在,比实际表现更有力量。实在受时间和场所的限制,其实的作用完成了的话,就会消失。但是,名存万代,即使肉体消灭了,名也不会消失。英国的莎士比亚在戏剧《奥赛罗》当中,借伊阿古的嘴说出了下面这段话:

> 无论男人女人,名誉是他们灵魂里面最切身的珍宝。谁偷窃我们的钱囊,不过偷窃一些废物,一些虚无的东西,它只是从我的手里转到他的手里,而它也曾做过千万人的奴隶;可是谁偷去了我的名誉,那么他虽然并不因此而富足,我却因为失去它而成为赤贫了。[1]

---

[1] 《奥赛罗》,朱生豪译,收入《罗密欧与朱丽叶》,人民文学出版社2003年版。——译者注

名如果赋予如此深远意义的话,以此称之为人生的目的——而且是最大的目的,也并非夸大其词。

不用追求就自然而来的名誉

假如以上所讲的是真实的,名誉是人生最高目标的话,希望得到它是最合理,而且是高尚的。同时,得到它,必须采取非常谨慎的态度。把名誉当做人生的最大目标的话,不管采取什么手段也要得到,这种"不管采取什么手段"的观念是最危险的。这种危险我已经讲过,而且也讲过采用正当手段的话,得到名誉也无妨。但是,名誉与廉耻之心好比同一事物的外部与内部,舍弃内部的廉耻,只想得到外部的名誉是不可能的。换一个例子讲,心是根,名像花。树木开花结果需要依靠根部的力量,只要养根的话,叶、花、果都会接连不断地发出

来。因此,有人在和歌中吟唱:

> 丢花弃果不贪心,我劝世人专养根。

开放为花朵的名誉,是作为根的廉耻之心修养的结果而得来的,所以,只要养心,名誉自然会到来。如果没有到来的话,那证明修养还不到家,所以,名是不应该追求的。名誉应该是自然接受的,不该追求的。孔子教导的"富贵在天"可以有种种解释,可以解释为,孔子告诉我们:达到高贵的职位、尊贵的名声,皆存在于天命中,是自己求也求不到的。

虽说名誉是人生的目标,也不是努力马上就可以实现的。只要自己积德行善,当名誉到来的时候,就不至于为接受名誉而惭愧。《菜根谭》中有下面一句有趣的话:

> 富贵名誉自道德来者,如山林中花,

自是舒徐繁衍。自功业来者，如盆槛中花，便有迁徙废兴。若以权力得者，如瓶钵中花，其根不植，其萎可立而待矣。

不值得尊敬的名誉心

正如前面讲到的那样，由于自然而来的名誉接近灵魂，所以，总觉得损害名誉就是玷污神灵。既然如此，世上做坏事的人，不敢大摇大摆地做，而是偷偷摸摸地做，理由无非是自己做的坏事传出去的话并不好。尽管处心积虑地不让恶名远扬，不让名声受到玷污，依然做坏事，这是因为存在尊重名声的精神，即使做了坏事，其间还有值得原谅的地方，比不知廉耻的人反而好。但是，行为在名誉之下，就像做器械体操的人吊在单杠上一样，其行为吊在名誉这根单杠上。当中也有许多人做出的举动备受称赞，受到世人瞩目，名扬天下。这些人比普通人优秀,作为伟大的人物受到世人尊敬。但是,他们的秉性与前者相同,为了获取名誉,以获取名誉为目的做事,所以,仍然没有离开名誉这一器械体操中的单杠。拘泥于名声这一点上,虽然与吊在单杠上相比有高低之别,但是相互之间的差别很小。我总是引用《菜根谭》,这本书里规劝名誉心的话随处都是,我还要引用一句,此话说:"为恶而畏人知,恶中犹有善路。为善而急人知,善处即是恶根。"通常认为为名誉的人比为私欲、为色欲行动的人高尚,但是,从纠缠于欲望这点上来看,只不过是五十步笑百步。我对这种行为绝对不会怀有敬仰之意。

作为手段的名誉容易被滥用

那么,不把名誉当作人生的目标,而是当作手段又如何呢?得到名誉后,为道义、为社会做贡献的话,会怎么样呢?换言之,把追求名誉并非作为人生的最终目的,而是作为达到其他目的的手段怎么样?解释起来,也是仁者见仁,智者见智。

我还是先讲一讲实际所见所闻的例子。我从教育界的一位朋友口中,经常听到这样的说法:"对这样的地位和名誉,我并不满足,但是,这种事很难做。""按照日本的风俗习惯,没有位置官阶的话,同样的话,效果也不一样。""学位无所谓,因为有用,所以我才争取。"这样的话,我并没有觉得不好。如果没有滥用学位、官职营私舞弊,或者,骄傲自满,目中无人的话,其言没有什么不对,但是,实际上很难说出口。有地位的人看不起没有地位的人,有学位的人轻视没有学位的人,说人家不学无术。即使这样的想法没有表现出来,内心当中,这样的念头就像蛇的脑袋一样时不时地伸出来。这可以称为名誉的滥用,其关系非常微妙，需要洞察人的心底，非人力所及，所以，我不想多讲。

然而，把这种名誉当做为人处世的手段，最需要注意的是不要滥用。前面讲过，且不说内心的作用，就表现在外面的事件而言，名誉往往容易滥用。尤其，名誉是一种权宜之计。如果荣誉"作为达到其他目的的手段"这一观念正确的话，那就越发令人担心会被滥用。我们经常听到这样的话："以我之名，这样的事做不到。"如果被用于道德意义上的话，也不会产生弊病。但是，如果用于社交上，就容易导致不好的行为。例如，奢侈的恶习多产生于这种意义上的名誉心。德国经济学家罗歇尔把物品分为必需品和奢侈品(decency)。所谓奢侈品，举例说，从必要的角度来看，衣服穿棉织的也可以，但是，我要参加宴会的话，如果穿小仓①和服裤和棉布衣服，人家不喜欢，我也感到

---

① 小仓生产的棉布。——译者注

不好意思。于是，就穿上仙台平①的和服裤和绫罗的和服外罩。因为我穿上了这身衣服，人们也不会觉得奢侈，而是认为与身份相符。所谓"就我的地位而言，不能这样做"，如果停留在这个程度的话，也无妨，因为保持了体面。如果自我估计过高，超过限度，就变成奢侈。就像小费那样，最容易产生弊端。对于我的身份而言，付一元或者五角的确说不过去，付两三元就算是体面。如果满足这种程度的话，没有什么妨碍。可是，没有这个财力的人却超出这个程度，付十元或者五十元。小费是小事，怎么定都不会给别人添麻烦，但是，夸大自己名誉的观念，或者近乎病态地重视名誉，像付小费那样做的话，不仅轻视自己，而且给别人添麻烦。即使不添麻烦，在有心人看来，非常滑稽。

---

① 纺织精美的和服裤布料。——译者注

前面举的服装或者小费的例子都是小事，可是，与之相似的事例非常多。总之，把名誉当作处理其他问题的手段或者标准的话，存在善恶之分。把名誉作为进一步达到一个高度的跳板来使用的话，是真正的善用名誉。如果炫耀自己的名誉，藐视别人，或者满足于名誉，疏忽大意，自我堕落的话，不言而喻，这就是名誉的滥用。

善用名誉是崇高的

如果善用名誉的话，与自重具有相同的力量，"我受到如此的信赖，受到如此的赞扬，就是为了这些信赖、赞扬，我也不能做这样卑鄙的事。"讲这样的话，是因为受到社会的推动，而产生自我尊重。我并不认为这是道德上最高的动机，但是，因为把名誉当作修养的方式，所以，不能轻视修养的方法。水户黄门有一首和歌是这样说的：

攀登位山老身苦，山麓村舍曾仙居。

所谓"位山"[①]就是世间的名誉地位。登上这样的地位也不要满足，反而要怀念以前地位低贱的时代，涵养谦虚的观念，或者想想地位低贱者，涵养同情心。如果如此用心的话，地位越高，就越清楚其地位并不低贱。这是因为以爵位为跳板就会提高到爵位之上，以"人爵"为跳板登上"天爵"。我希望名誉也用于这样的手段。

然而，稍一麻痹大意，我们往往就会陷入滥用名誉的弊端。一旦获得名誉地位，就会想："虽说做了这样的事，但不会有人对自己说什么，世间的人也会原谅我的。"自己也感同身受，这样开始堕落的人，世上比比皆是。假如阅读拙见的人当中，存在相应的身份者的话，可以体会到有多么危险？

---

① 日语词，把职位的提升比喻成爬山。

为什么名誉心受到重视呢?

前面已经讲到,人做事的动机之中,最有力量的是四个。分别思考每一个的话,多数人会认为名誉心最清高,并且具有男子汉气概。但是,那是与色欲、贪欲相比而言,也就是说,那只不过和更差的相比,可以称为好的。我们的道德观念薄弱的时候,一般认为名誉心是好的,而不是坏的。在梦想兵卫[①]参观人的种种弱点的记录中,虽然看到贪欲国或者色欲国,但是,关于野心国和贪名国,没有任何记录。没有相关记录大概是因为马琴[②]并未认识到追求名誉是应该谴责和警示的。一般的教育家也是鼓励,而很少谴责获取名誉的野心。这是因为当时人们的道德观念和现代人不同,不清楚行为

---

① 文学作品中的人物,出自曲亭马琴的《梦想兵卫胡蝶物语》。——译者注

② 曲亭马琴,江户时代的文学家。——译者注

之中存在比名誉更大的动机,所以,才希望鼓励这种精神。

莎士比亚戏剧中展现出的名誉观

断绝获取名誉的欲望非常困难,如果不是超凡脱俗的人,或者宗教上的修养功夫深厚的人士,一般人难以企及。所以,引导人们达到高尚的地位,使其超然于名誉之外,这无论如何也不是我等凡夫俗子能够做到的。莎士比亚在他的戏剧《亨利八世》当中,劝诫希望获取名誉的野心时,使用的句子最切中要害,这些句子的力量足以打动读者的心。古时候,伍尔习大主教受到国王亨利的恩宠,职位逐年上升,最终戴上了宰相的印绶,到达人臣名誉的巅峰。可是,一朝触怒国王,身陷囹圄,成为阶下囚时,他对以前作为他的秘书官侍奉左右的克伦威尔说:"克伦威尔,人生无常,你要以我为鉴。一个人今天生出了希望的嫩叶，第二天开了花，身上开满了红艳艳的荣誉的花朵，第三天致命的霜冻来了，而这位蒙在鼓里的好人还志得意满，以为他的宏伟事业正在成熟呢，想不到霜冻正在咬噬他的根，接着他就倒下了，和我一样。依靠帝王的颜色而生存的人是多么可怜啊！你一定要听我的嘱咐，把野心抛掉，天使们就是因为犯了野心的罪而堕落的。安于卑微，完成每天谦恭的使命就是幸福。"这是劝诫他要明白怀有野心的危险。

避免误解的一番话

前面，我所讲的有关名誉的话都是我平时的心得，也许有的读者觉得像和尚念经。于是，血气方刚的男儿会说：来到这个世上，没有追求名誉之心的话，厚颜无耻地活着有什么价值？也会有女子叹息：得不到人家赏识的话，生活在世上有何幸福可言?我希望读者不要误解我前面讲的话。我并不是仅仅认为"消极地舍弃欲望,舍弃名誉的欲望"就满足了,而是有意暗示:既然存在欲望,就应该保持比名誉更高的愿望。《菜根谭》讲:"十语九中未必称奇,一语不中则愆尤骈集。十谋九成未必归功,一谋不成则訾议丛兴。君子所以宁默毋躁,宁拙毋巧。"不能说:因为名誉存在许多诱惑,所以,有一个好处也要把它舍弃,那还不如什么都不做更好。因此,处世的动机应该置于名誉之上,仅仅一味地舍弃名誉心也不够。那么,对待名誉,应该持有怎样的动机呢?对此我也有一些心得。下面我将进行论述。

四、即使达不到目标也要把理想置于高处

领先实的名和推动实的名

说起野心或者名誉心,听起来并不顺耳。要说脸面,或者社会评价的话,使人觉得高尚,而且表现出好的一面。我们先不谈这些名称的对错,暂且一概命名为名誉心,做进一步的探讨。

原本,名誉心是人作为社会动物生存的必要条件。像《鲁滨孙漂流记》里那样,完全孤立于人类之外的话,对此就不需要任何名誉心,但是,与多数人交往的时候,名绝不是空的。正如名为实之宾,作为实物的人,在与他人交往之前,如果是一个善良的人,他的名字必定先出现。即便名没有先出现,也是从后面

推动的。所谓名领先于实物,普通所见到的就是,初次见面的人先要寒暄:"久仰大名。"或者,在书信的开头写上套话"尊名拜承"之类,这就是名领先于实的例子。名出现在人之前,这不需要再解释了。关于名从后面推动的说法,也许有人觉得好奇,我需要在此作一番解释。例如,我们第一次与陌生人交往的时候,往往得到一种印象:对这个人很感兴趣。得到这种印象后,即使和他分手以后,也会永远保留在记忆里,即便他去世以后,如果提起他的名字的话,必定在思念其人的同时,联想到愉快的感觉,还会向别人讲述关于他的故事。然后,除自己以外,遇到尊敬他的人,又听到他善良的故事,就会更加对他怀有愉快的印象。也就是说,即使活在世上时不出名——至少我不知道——的人,因为他的实是善良的,所以,名是从后面追随他的。

> 故人化作青烟夜，盐釜浦名更亲切。

这是紫式部①所作的闻名于世的和歌，至于和歌的含义谁都理解。

名誉受到损害时的精神准备

如上所述，即使实体显现不出来，名是维系心与心的关系的，既然人是作为社会动物而存在，无论善恶，必定与名相随相伴。不想得到名誉的人也必须接受，即使自称舍弃名誉的人，即使自己不想追求名誉，因为误解，名誉受到损害的话，至少心情不会感到愉快。这好比不想过吃遍山珍海味的奢侈生活，粗茶淡饭就满足的人，有人把稻草拿到他嘴边，然后对他说："你说粗茶淡饭就满足，这你也能吃

---

① 日本古代女作家，《源氏物语》的作者。——译者注

吗?"说是满足于粗茶淡饭,但也要吃饱。稻草不能维系人的生命。即使不希望得到名誉的人,有人故意让他感到不光彩时,他也会感到不愉快。就是圣人君子,因为误解,名誉受到损害的情况下,或多或少地会去努力化解,何况我们这些凡夫俗子,当名誉受损,感到不愉快的时候,弄清真相是理所当然的。因此,尽管不特别高尚,但是,当自己的名誉受到侮辱时,应该以怎样的心情来对待呢?我确信需要加倍的修养。尤其,在当今社会,在报纸杂志当中,常常以损害别人的名誉作为一种娱乐,或者,认为这是一种赚钱的方法。在这样可怕的社会当中,也就是说,在不能保证不受侮辱的社会中,任何人,即使妇女和儿童,或者,总是默默无闻,很少在社会上抛头露面的人,当名誉受到损害的时候,应该怎么办?这是大家应该认真思考的问题。

毁誉褒贬总是伴随人类社会

丧失名誉是很难过的。所以，有的人灰心丧气，会说："这样活着，已经没有意义了。"但是，把勇气放在第一位的话，一定能够恢复过来，我相信正义最终会风靡于世。无论道德怎样沦丧，道会一直实行，善会成为最后的胜利者。尽管有人哀叹世态炎凉，世间绝不会永远无情，同时，任何晴天也不会持续一年。意大利被称为世界上晴天最多的国家，但是，也不会永远是晴空万里，既会下雨，也下冰雹。纵使天空万里无云，也会发生像地震那样房倒屋塌、人畜受损的灾害。古人也说："霁日晴天忽变成迅雷闪电，疾风暴雨忽转为朗月晴空。气机何有常？一毫凝滞太虚何常，一毫障塞人心之体亦正如此。"月有丛云，花有雨，这是人间常情。虽说乔木易被风刮倒，但是，被风刮倒的不仅仅是乔木。连肉眼看不见的草木也会被风吹倒。即使幸免于风灾，低矮的草木因为低矮，会被人畜践踏。地位和名誉高的人会受到报纸的中伤，住在大杂院的洋车夫家的老婆婆也会成为主妇们井台会议的议论对象。佐藤一斋先生所说的"毁誉得失真是人生之云雾"也是这个意思。我们既然在社会上生存，毁誉、褒贬、爱憎等，就会附着于生命，不会脱离的。就像活着人都要呼吸空气一样，在社会上活动的人，不可避免毁誉。如果人生在世，不可避免毁誉的话，重要的就是注意不至于为此失去心理的平衡。所谓失去心理的平衡有三种情形：第一是怒气，第二是悲观，第三是自暴自弃。

这三种情形是一般人都经历过的。一旦受到诽谤中伤，或多或少的会生气，这无须赘言，大家都明白。一帆风顺的人，意志薄弱的人，尤其是妇女，一旦名誉受到损害，就会哀叹"可怜啊"，或者"窝囊啊"，哭诉遇到这样倒霉的事，活着也就没有意义了。稍微遇到不顺利的事，就对人生感到悲观。第三种情形的自暴自弃与第二种情形在某一点上正相反。世人既然这样议论自己，自己不这样做反而亏了，于是一不做，二不休，做了再说。从这种逆反心理出发，毅然决然地去做不光彩的事。极端地说，本来没有此意，由于名誉受到损害，于是就按所损害的那样去做了。英国有一句谚语叫：因为被称为小偷，所以才偷盗。(Call one a thief and he will steal.) 自己受到这样的评价，所以，不这样做就亏了，于是，就产生做给他们看看的自暴自弃的念头。这三种情况，从纤弱的娇小姐到站立庙堂决定天下大事的英雄豪杰，多少都能感受到。

我们已经知道人不可避免毁誉褒贬，假如为此容易失去心理平衡的话，在毁誉褒贬面前，超然大度一些是非常必要的，同时，也需要特别的修养。这不是我能讲明白的，但是，在此我想讲一讲自己的观点。我面对的不是圣人君子或者英雄豪杰,而是与我们相同的凡夫俗子——把读者称为凡夫俗子有些失礼,也就是普通人的意思,请读者见谅。如果有不对的地方,请批评指正。如果能够为和我感同身受的人提供一丝安慰的话,深感荣幸。

藐视别人,自我安慰的方法

名誉受到损害的时候,该用什么心情对待呢?我想至少可以分为四种方法。

第一种方法是,诽谤自己的家伙究竟是何许人?他是一个不足挂齿的傻瓜,或者是想占便宜的无赖。总而言之,不足以当对手来看,就这样来抬高自己,贬低对手。这种方法是世人常用的。尤其是性格豪爽的人,经常说:"燕雀焉知鸿鹄之志。"或者吟唱:庭前跳梁寻饵雀,焉知雄鹰栖息地。

藐视对手,聊以自我安慰。这不失为对待

名誉受到损害时的一种方法，但不是最好的方法。而且，这种方法是消极的。对手是蠢货，鄙视为一个执迷不悟者也很容易。我们这些凡夫俗子，一旦生气，就容易产生这样的想法，这就是以短攻短，以顽成顽。单纯停留在藐视对手的阶段，不怎么伤害自己，也不会伤害对手，可以原谅。从逻辑上更进一步思考，此等恶人就这样弃之不顾的话，会危及社会。为了社会公益，应该给予惩罚，或者加以天诛，有时以恫吓的行动结束，其结果，未必不发生更可怕的事情。这是名誉受到损害时自我安慰的一种方法。我相信这恐怕是最低级的方法。

视为世间之常情的消极方法

第二种方法同样是消极的，但是，比第一种方法温和得多，是被动的。这种方法，对于性格倔强的人很难，性格温和的人比较容易采纳。也就是说，对于损害自己名誉的人，他们讲别人的坏话，自我快活，以咒骂诽谤作为家常便饭，不值得介意。活在世上，行走当中也会蒙上灰尘，也会挨雨淋。没做善事，却受到别人的称赞，所以，没做坏事，受到诽谤也是人间的习惯，人生就是由这样的正面与负面构成的。所以，受到他人诽谤的时候，完全不必介意，采取极其冷淡而不在乎的态度，完全不必放在心上。性格豪爽的人也会这样，但是，还是温和的谦谦君子居多。

混浊也是水习性，偶然畅想月晶莹。[1]

偶尔也有人吵吵嚷嚷制造事端。自我清高，全然不必顾及，达到这种境界并非困难。经常受到诽谤、责难，自然就成为达到这种态度的磨炼。所以，达到这样的层次，我们这些凡夫

---

① 和歌。——译者注

俗子也能做得到。

把诽谤当作反省材料的方法

可是,单纯消极的思维还是不能令人十分满意,我希望更上一层楼。所谓更上一层楼,就是说,当名誉受到损害时,不要单纯停留在原来的层面,而是,把这些不愉快的经验作为跳板,获得更高度的积极的方法。对此就需要第三种方法。

第三种方法是,把别人的谴责诽谤作为自我反省的材料。这是任何人都知道的,例如,我们经常听到这样的话:"这不过是捕风捉影的谣言,但是,流传这样的谣言也是自己的不道德所导致的。"这句话的意思是说,虽然谣言与事实不符,但是,应该反省自己的无德,受到这样的误解是因为自己道德肤浅。但是,他究竟是否从内心深处那样想,这是很难讲的。事实上,发自内心感到自己无德的人是少数。大多数人反过来攻击指责自己的人,认为对方"太不像话"。

古代和歌告诉我们:

你憎我憎他亦憎,憎憎相报何时休。

总而言之,人一旦受到指责,不是主动地反省,而是把对手作为自己的敌人来憎恨。因为你憎恨别人,又会受到对方的憎恨,你又报以憎恨。冤冤相报无休无止,最终无非培养了无限的憎恶之感。

前面讲了受到无根无据的诽谤时的注意事项,不过,任何诽谤中伤,如果自己确实不知道的话,心底不会产生怨恨的念头,即使受到侮辱也不会动容。俗话说:"丢丑如挠头,看情况。"根据丢丑的情况,耻辱有时并没有刺疼心灵的力量。这种情况下,世间的误传和谣言带有一种滑稽的性质，有时变得令人好笑。假如因为自己承认的事实而留下坏名声，就要以此促进自我反省。

反省承认自己的确不对是很难的。尤其，如果与外国人交往，就会发现日本人非常缺乏反省的习惯，就连自己有错的时候，也很少说："我错了，请原谅。"一定是设法找一些理由为自己辩解。欧美人——即便不是圣人君子，而是被称为绅士的人——发自内心，痛痛快快地说一句"对不起"并不稀奇。当然，日本人也会说这样的话，但是，大多是无任何意义的，很少是发自于内心深处的。

忏悔，也就是反省的结果。坦白自己的过错，能够滋润自己的心田，舒缓对方的心理。然而，日本人非常缺乏这样的习惯。某个热心的教育家在一所普通学校工作，他和学生约定让大家写"自白状"。据说被迫而写的学生心理发生了明显的变化，心情如青天白日一样明朗，忏悔具有如此巨大的力量。天主教有一种叫作"忏悔"的仪式，如果犯下罪行的话，每周一次，到牧师那里去忏悔。我无意让世人也照样去做，而且，是否有必要向牧师忏悔也值得怀疑，但是，我认为承认自己的缺点，产生自己错了的想法时，把它告诉别人是一件好事。

把理想置于高处

当受到指责，自己的名誉受到损害的时候，如果善用它促进自我反省的话，我相信得到提高的益处比受到指责的害处要大得多。思想进步到这一点的话，就进入了一个很高的境界。但是，当蒙受自己不应该承受的耻辱时，会激发更高的思考。也就是说，当有人指责或者侮辱自己的时候，就会感到可悲，同情他们，不，让思想提高到甚至爱他们的程度。例如，古时候，基督受到磔刑，当行刑者站在十字架下，大肆咒骂他的时候,他泰然自若,用最后奄奄一息的气力,为他们祈祷:"上帝啊!怜悯他们吧!他们不知道在做什么。"达到这一境界,就是对待不光彩最好的方法。这样的做法,且不说凡夫俗子,一般的君子也很难做到。

　　就像打算升天而爬上屋顶,即使达不到目标,也要把理想置于高处。如果我们的名誉受到损害或者侮辱的话,尽管达不到很高的境界,但是我们要努力怜悯这些侮辱者。即便达不到爱他们的程度,至少可以放弃怨恨。如果心生憎恨之念的话,就会感到自己的心灵被注射了毒药,自然就会感到不快,对待周围的人,这种不快之感自然会流露在脸上,表现在言语中,像病毒一样传染。

第八章　储　蓄

　　一个人是否开始储蓄，显示着那人是否具有先见之明。

　　"储蓄"并不一定仅仅限于物质或金钱的积聚，而是可以扩展到能够增强人的能力的所有事物。

一、文明是精力的储蓄

文明是精力的储蓄

有位西方学者给"文明"这两个字下的定义是:精力的储蓄。我认为,这并不是完全没有道理的解释,野蛮人就没有富余也不会储蓄,仅仅是过一天日子算一天。举个最简单的例子,他们不会为了明天、后天——如果能活到明年、后年——储备食物,即使其重要性对他们的生存是不言而喻的。要是今天捕获了十头鹿,他们也只会在当天晚上满满当当地填饱自己的胃,剩下的部分则会悉数丢掉。这样一来,一旦他们遇到捕获不到食物的不幸时刻,就只有接连断食两三天。在他们的头脑中,丝毫也没有存在为了将来稍做储蓄的概念。因此,可以说,文明始于人类懂得储备食物之际。食物的储备意味着精力的储蓄。虽然我并不是一个唯物论者,但也赞同从某种意义上来说食物就是精力的说法。所以,野蛮人开始建造茅草屋,在里面储备谷物,熏制吃剩的猪、鹿,也就意味着文明的起步。因此,我也相信"文明是精力的储蓄"这句话的合理性。

储蓄所必需的第一要素

一个人是否开始储蓄,显示着那人是否具有先见之明。假设丝毫不为将来的事情考虑,只是一个劲地将收入积攒起来,这是吝啬。如果一个人喜欢在身边堆积如山的财宝,并且享受积聚的过程,只要不是巧取豪夺,这样的行为也无可厚非。只不过,这种享受很容易给别人带来危害,所以也并不是值得褒扬的事情。

不过，能够未雨绸缪，事先储蓄，必须是意识超前的人才能做到的。正如斯宾塞所说，知识和能力的发展其实就是对时间和空间的适应。一个人的智能越低下，对时间的把握就越目光短浅，对空间的把握就越狭隘。孩子们就是最好的例子，他们说不出今天和明天的区别，也不会考虑周围哪怕是仅仅隔着一条胡同的事情。随着逐渐成长，他们慢慢地能分辨出明天、后天的不同，也能够关注一些周围的事情了。随着他们更进一步的成熟，基本上已经能够想象明年、后年的情形，对于十几里、二十几里以外的村子里的事情，也逐渐能知道一些了。随着人的智能的发展，对时间和空间的概念也在不断扩展。今朝有酒今朝醉，丝毫也不考虑将来的事情，这是最低水平的想法，基本上等同于野蛮人。在日本人当中，很多人看到有人在年轻时就开始制定将来的养老计划，就认定那个人老气横秋，不健康。当然，要是为年老以后的事情忧心忡忡，甚至因此而损耗健康的话，并不是什么值得推崇的事情。但是，在健康的时候考虑以后的养老，这是一种先进的思想，和一味地贪财有着天壤之别。

日本人和西方人在先见上的巨大差别

日本人和西方人的明显差别除了表现在工作上外，还有就是在做一件事的时候是否制订计划。日本人固然也有针对国家大事的百年大计，或者每个地区都会制订十年或者二十年规划，但是，对个人来说，却很少有人会制订一个计划，或者严格按照计划行动。即使有这样的人，大概人数也不多。若是谁论及以后的事情，就是"空谈来年事，鬼也笑你痴"，因此，很少有人会想到制订一个来年计划。很多时候，我们会听到父母谈论孩子未来的事情：十年后，这孩子就小学毕业了，二十年以后又怎么样了，几十年以后又怎么样,到那时,自己就可以享清福了。有类似这样计划的人不在少数。但是,这些其实是消极的计划。我佩服外国人作计划的地方在于:他们的计划清楚明晰,细致周密。例如,在欧美,有由家庭主妇做好一家的每日计划的习惯:星期一洗衣服,星期二接待客人,星期三亲戚来访,星期五招待朋友,等等。虽然每家的内容各异,但往往都会计划得详细而周密。安排好时间以后,主妇们就能够知道,在今天十点之前,除了鱼店、蔬菜店的老板和邮递员以外,别人不会到家里来,所以至少在十点之前,即使是穿得像女仆一样打扫清洁,也不用担心会被客人看到。就这样,所有的事情都能够有条不紊地进行。我认识的一位夫人,她制订了三年的计划并且平日严格按计划执行。她甚至计划好了三年以后的七月三日会坐船到哪里,八月的哪一天会在哪里。要是有事的话,就根据时间调整日程,写信通知到相应的地方。

就这样，对三年之后的事情都做了详尽的计划。

与之相反，日本人的生活显得很没有计划。即使有，社会也不具备能让计划准确施行的条件。正吃着早饭，有客人来拜访了，在接待的时候，门铃再次叮叮当当地响起来。这样一来，就不能按时吃完早饭，接下来的工作也不能按时完成了。日本人的生活方式就是这样没有规律，所以，即使是制订了计划，最终也还是不能按照计划来行事。

很多人会说"今朝有酒今朝醉"，对制订计划之类的事情不屑一顾，其实，这样的想法是很愚蠢的。对于人的生命，既然有今天，就要相信有明天才是合理的。虽然不知道会幸福还是不幸，要是动不动就想到以后会一死百了，如果到时候仍然健康地活着，就会因为毫无计划而茫然不知所措。日本人思想消极，觉得即使有今天，也许就没有明天了。与之相反，西方人相信，正因为有今天，所以才会有明天，也会有明年。基于这样积极的思想，他们制订计划，积极为将来做准备。假设个人只相信有今天而没有明天，那国家也是一样，而一个只知道今天、不知道明天的国家将会一事无成。也许会有一些人同意这样的看法。

不甘于不足，积极储蓄余力

关于储蓄和先见这一点，我动辄就爱批评日本人的思想流于消极。说到这里，我想起了世上一首广为流传的道歌[①]。我虽然屡次引用过这首道歌，但总觉得其中包含着一种消极的思想，让人在某些地方感到某种不足。这首和歌是这么说的：

> 事随知足事不足，不足而足身自安。

---

① 日本和歌的一种。多为道德、精神方面的内容。——译者注

很多时候也许会认为我们已经对这首和歌的意思了然于胸,事实上,玩味这首和歌的意思,会让人感到储蓄的不可行性。如果以不足为理想的话,就只能以每天勉强度日为目标。比起这样的想法,我觉得争取超过满足度的东西,为了明天或者他人而储存起来更为可取。这首歌的意思本来就是告诫人们,如果凡事都花好月圆,反倒有被滥用的可能性。金钱富足则易奢侈,美味丰盛则易伤胃,著华服则易炫耀,侮辱他人,身体健壮则易放纵。若任何事情都圆满无缺,定会不加珍惜,所以我们应为事物的不足而欣喜,每一天都有所欠缺更值得称颂。但是,教育的功能就在于:让人著华服而戒骄戒躁,强壮健康但不放纵,山珍海味虽堆积如山却不暴饮暴食。如果能做到这些,拥有超过满足度以上的东西也会是一件好事,而绝不会带来危险。

总之,根据这一点来区分,人可以分为三

类。第一类是只要有一点余力就要全部挥霍殆尽,这是最劣等的人;第二类是害怕挥霍,尽量留一些余力,为不足而欢喜的人,这是中等之人;第三类人是越有余力越能有节有度,为了他人或者今后的需要,把现在不需要的东西储备起来,以备日后之需,这是最上等的人。人若是达不到这样的水平,就难免会遭遇类似于动物一样的命运。并且,一个国家的国民要是达不到这样的高度,即使善战,这个国家也永远不会成为傲立世界的强国。

正如我前面讲到的那样,"储蓄"并不一定仅仅限于物质或金钱的积聚,而是可以扩展到能够增强人的能力的所有事物。将这样的思想进一步拓展,具体地说,首先就是金钱的储蓄,这自不待言,第二是体力的储蓄,第三是思想的储蓄,第四是精神的储蓄。对于要在社会上安身立命的人来说,这些东西当中的任何一个都是至关重要的,以下我将逐一进行说明。

二、有储蓄意识的人大多是思维缜密的人

所谓的英雄豪杰之后都是乞丐

大部分的日本人似乎都对储蓄金钱这件事情抱有一种轻蔑的态度。一说到储蓄金钱，很多人总是妄自猜测这是谨小慎微、没有气概的表现，而褒扬那些大手大脚、喜爱挥霍的人，认为他们具有伟人的气魄，自己进而也效仿起来。但是，往往又不可能从头到尾坚持下去，在兵精粮足的时候，这样的人俨然像个英雄豪杰一样，大放豪言壮语；一旦得了病，或者发生意外事故，急需用钱的时候，所谓的英雄豪杰马上就原形毕露，其狼狈的丑态不堪入目。昨日的英雄成了今日的丧家犬，落魄之极，

这些都是我们平日里经常亲眼看见的事情。英雄豪杰们在留下豪言壮语为国捐躯之后，其遗属的凄惨之状，让人不忍卒睹。他们生前的好友实在看不下去，同情说："某公为了国家鞠躬尽瘁，无暇顾及自己的家事，不能为子孙留下良田美宅。我们既为同志，就应该互相商量筹谋，为他的子孙筹集教育经费，希望大家能够响应。"就这样，昨日的英雄豪杰之后变成了今日的乞讨者。父辈虽然精忠为国，在他们故去以后，子孙悉数沦为乞丐，成了国家和社会的负担。他们中的人会认为这是丢人现眼吗？为国家立下了丰功伟绩的人另当别论，若非如此，却又不得不接受接济的话，着实是可怜。

据说已故的大久保利通就是一个不为子孙留良田美宅的人。如果身居大臣这一要职，大多数人多少都会有一些积蓄，到了那样的地位，拥有巨大的财富也并不是一件难事。而且，在那样的情况下，很多时候即便自己不积极敛财，财富也自动会滚滚而来。据说大久保利通是一个对敛财非常淡漠的人,那么,他的收入都花到了哪里呢?我对于他的家庭财务不是很清楚,稍作了解后得知,他为了国家可谓是两袖清风。这虽然仅仅是一个例子,但确实说明了他不为子孙留良田的作风。他虽然为国两袖清风,但也没有让子孙成为社会的累赘。虽然没有听说他特意为子孙谋取荣华富贵,但也没有听说他为了国家而让子孙沦为乞丐。与之相反,最近,在报纸的广告栏里经常看到为了某人的遗孤筹集教育经费的启事,而一问起这些人生前究竟为国家尽了多少力,花了多少钱,却往往让人心生疑窦。往往听到更多的,反而是这些人生前挥霍无度、花天酒地的事情,让人想同情也同情不起来。

日本人在做某件事的时候,动不动就会打出"国家"的旗号。敛财的人可以说为国聚财,亏损了的人可以说之所以会亏损是为国家做了贡献。让别人来照顾自己的遗属，接受友人的钱财，都可以说成是为国家牺牲的结果，所以给别人添麻烦，接受救济似乎都是理所当然的。在乱世时代，军人身上经常会发生这样的情况，情有可原，但是，对于此时此刻的当事人来说，仍然要做好心理准备，不让家族的名声受辱。他们害怕受到世人"吝啬"的指责，贪图"豪爽"的美誉，所以索性一掷千金，殊不知，这样却让后代成为社会的负担，反而有辱家门，是极其缺乏先见之明的愚蠢做法，并非是真有大志之人的所作所为。我们平时经常听到有些往日大手大脚的人，在得病而卧床不起的晚年，如何穷困潦倒的故事。每当这时候，我对这些人丝毫也萌生不出同情之念，反而觉得他们很可笑。

父亲一人受责难，子女皆成善良市民

虽然颇为惭愧，我在这里又要举自己的亲

身经历为例，以作为那些缺乏储蓄意识者的反省之资。我从少年时代起就非常缺乏储蓄意识，每每在得到一周的零花钱以后，就马上拿去买煎饼之类的零食，和学友们胡吃海喝，狂欢一晚上。一到周末，就连去澡堂洗澡的钱都没有了。还在父母身边的时候，我倒没有因为这种事特别感到困扰，但当我远离家乡以后，却暗暗地为此受了不少苦，也给别人添了很多麻烦。我在北海道求学时是公费生，同学中有人非常富有储蓄意识。他将每年公家发的物品一一仔细收藏起来，到了毕业的时候，积攒下了一些簇新的衣服、好几双一次也没穿过的鞋子，堪称是和我相反的另一个极端的代表。

同学之间对他的评价不怎么好，唯一的原因就是因为他储蓄意识太强，他从来不和我们一起玩，更没有和我们胡吃海喝过。那时候，我作为没有先见之明的挥霍派的代表，还当面指责过他。

从那之后过了十余载,我们虽然互相不通消息,但听说他已经拥有说不上几百万,但也有数万的家财,在自己的土地上建了房子,成了五六个孩子的父亲,奉养双亲,让妻儿生活无忧,悠闲度日。而且,和几厘几厘存钱的学生时代不同,现在他已是动辄就几百几千地开支票送人的身份。朋友当中如果有经济发生困窘的人,他都会给予通融。久别重逢,他竟然对我说,如果缺钱的话,他会借给我的。有一天,他笑着对我说:"我现在也过上了这样不愁衣食的日子,上学的时候你可是还忠告过我的啊!"当时真是让我无比汗颜。

他的孩子们都衣食无忧,生活优裕。虽然他以前过的是艰苦的日子,但是,他的子女可能是因为在优越的条件下生活,所以,每个孩子都是健康茁壮地成长。孩子们能拥有这一切,都得益于有一位当初因为节俭而受人诟病的父亲……而且,他受到指责并非是因为对他人有什么不道德的行为，是因为他对未来充满希望，忍受着别人对他的恶言冷语，坚持贯彻了自己所信仰的东西。到了他的下一代，为国家培养出来的是几位善良的国民，这也是对国家的贡献。像我同学这样的父亲，比起那些自以为是，最后让后代沦为乞丐的人，不知要强上多少。

有储蓄意识的人都是好国民

在几年的时间里，我和多位学生有过交往。那些在做学生时有吝啬之名的人，到后来往往颇有成就。这并非是仅仅从三四个人身上得出的结论。与之相反，有一些人在当学生的时候是貌似洒脱的"豪杰"，不拘泥于金钱，毫无顾忌地将别人的东西视为己有，按道理，这样的人到后来会成为真正的豪杰，比那些积极储蓄的"抠门"之人会大有作为。事实上，这种人真正成大器的概率很小。有人非但没有成为豪杰，反而变得堕落放纵，成为社会的负担。

有储蓄意识的人大多都思维缜密，做任何事情都不会轻率为之，会有始有终，值得信赖。但是，那些作风豪放的人却不能这样让人放心。到了日后，若是将天下国家托付给他们，虽然他们有远大的抱负和一腔热血——天下国家如果有好多的话还好办——但是，就像人的生命那样，天下国家只有一个，怎么能放心地托付给他们呢？所以我经常想：寡廉鲜耻的吝啬行为固然不值得佩服，在不至于吝啬的前提下，有储蓄意识的人都是思维缜密的人，日后必然会成为能为国为民做出贡献的公民。

有储蓄意识的人都是大度、有韧性的人

正如我屡次说过的那样，日本往往看不起会储蓄的人。能够忍受这些轻蔑，正是表明一

个人意志坚强的证据。当然,储蓄超过一定的度、演化成了吝啬的情况另当别论,那些并非真正的吝啬、又能经受责难的人,才是真正有气量、有韧性的人。再进一步讲,能够胸怀大志、对吝啬的骂名甘之如饴的人更是了不起的伟人。

在前年(明治四十二年)的报纸上曾经刊登过这样的新闻:某一位议员为了施行自己的政见,需要笼络一些党羽,据说他以结交同志需要经费为名,为了得到两三千块钱,赌上了自己的身家性命。议员推行自己政见的目的值得赞赏,为了达到这个目的去结交同党也无可厚非,从某种意义上来说,这甚至还是值得赞赏的事情,为此需要经费也是理所应当的。但是,这个议员筹集经费的方法却是错误的。其实,作为达到这个目的的方法之一,他可以将自己的年薪积攒起来,哪怕很少,做一个周密的收支计划,暂时减少一些娱乐项目,如果以这样的方式达到目的，他反而会得到人们的褒扬。虽然积攒年薪可能会是杯水车薪，但我想强调的是，重在此举中包含的意义。假如这个人在筹集、储蓄经费的过程中，遭到了各种各样的非难，只要他有"这是为了实施我的政见"的自信，即使眼前有可以得到不义之财的机会，也会严词拒绝："我不取不义之财！"他有这样的坚定信心，一段时间指责他的人，过不了多久也会闭上嘴巴。

　　美国人约翰·霍普金斯为了创立一所大学，捐赠了六百万美元。后来，为了建立全美最先进的医院，又捐赠了一千万美元。他为了筹集资金完成这两个目标，不仅没有娶妻，而且连五分钱的电车也舍不得坐。有一个和他关系很好的银行家劝他说："您已经上年纪了，到远处去的时候，就算不坐马车，至少也坐一坐电车吧。"据说他自言自语地重复了这句话作为回答："我将要做一件大事情，我将要做一件大事情……"(I've a great work to do.) 创立一所大学，为数以千计的青年传播知识，创立最先进的医院，救治数以万计的患者。心中怀有这两个伟大的目标，他甘愿承受别人议论他吝啬的风言风语。比起那些因为出手阔绰，受到身边寄生虫一样的党羽、"茶店"的女招待夸奖而洋洋得意的人，有谁不承认他的伟大呢？

三、储备体力不是虚张声势

挥霍体力不是一件小事

在日本人身上还残留着战国时代的道德观,很多人都将"只有今朝,没有明日"的山樱花当作理想的状态,"考虑今后的事情是可耻的"风气还颇为流行。提到"江户人不留隔夜钱"这句话,就包含着赞扬此人是个豪放、爽快、有气概的男子汉的意思。金钱虽然不那么重要,但青年们任意挥霍自己的体力,却不是一件小事。他们往往一时兴起,就放歌豪饮,喧闹不已,明明知道消耗体力,却还是执意为之。为此得病以后,还自我安慰说:"生死由命,非人力所能控制。……人活一世,不知道什么时候会死去,担心将来的事情又有什么用呢?空谈来年事,鬼也笑你痴。"很多人就这样任由自己过着放纵的生活,不知不觉将自己的健康挥霍一空。

在我的朋友中,有一个人学问、人品兼而有之,是当今社会罕见的人才。不过,他的健康状况往往却不尽如人意。我稍微年长一些,有时候会苦口婆心地劝告他:"你要好好注意身体。"这是朋友却一笑了之:"反正人是要死的,就是注意也未必长寿。"我给他讲了自己的痛苦经历后,感慨地说:"要是因为身体不好,索性早早死去的话,那倒没有什么。若是像我这样死又死不了,活着又只能做半个人的事情的话,实在是太难受了。"

如果在读者当中也有身强体壮的青年,和前面我所说的人有同样的想法的话,我会将讲给我那个年轻朋友的那些话再啰唆一遍,以提醒他们注意和反省。幸运的是,你们有健康的身体，一定要有为了今后的大事业而保存好体力的意识。假如以明日不可知为理由，糟蹋自己的身体，导致死不了但又不能正常生活的地步，对他人、对自己，都不是一件好事情。在明治四十三年元旦的《实业之日本》当中，刊载了这样一则桂公①的座右铭：

> 一日行十里，莫如十日行十里，悠闲自在乐趣多。②

正如这句话所说的一样，比起一天做十个人的事情，花十年做十个人的事情更是长远之计，而且，我们需要为此储备体力。

在青年朋友们当中，有的人也许会仗着年轻体壮，囊萤积雪，勤奋苦读。有人每天食粗粮，在昏暗的灯光下夜以继日用功学习。这样

---

① 桂太郎，明治时代的军人、政客。——译者注
② 和歌。——译者注

的精神诚然让人感动,但因此也会损害自己的健康,在日后做大事时而始觉体力不支、力不从心,这样的例子可以说是俯拾皆是。

也许还有一些青年为了到陆海军当兵入伍,严格要求自己,不再过奢侈的生活。有人为了苦练身体,在严冬的时候甚至光脚不穿袜子,只穿着薄薄的夹衣和单衣,在寒风中冻得瑟瑟发抖。奢侈也就意味着和身份不相称,是青年们最忌讳的事情。说到锻炼,众人大多会举手赞成,但对身体还未发育完全的青少年们来说,若是只凭着一时的意气用事,体力会因此而受到严重的损耗。

正如前面所说,看那些夸耀自己"我年轻时候身强体壮,连石头都能啃得动"的老人,他们所有人都镶上了假牙。如果他们在年轻的时候好好保护那些坚硬的牙齿,到了年老时也许比一般人的要好上一倍,只因为凭着一时的意气胡乱使用,曾经那么坚硬的牙齿也咬不动东西了。像这样的例子还有很多。不管自己的身体是健康还是羸弱,最好不要逞一时之强,损害自己的健康。要是因为一时的苦学损坏了身体,到了日后需要体力的重要场合而力不从心,就得不偿失了。那些立志要进入陆军、海军部队的青年们,更需要好好地保护身体,为将来成为一名合格的军人做准备。类似的事例在现实生活中随处可见,我殷切希望青年朋友们要好好地反省自己。

储备体力不是虚张声势

要储备体力,最好不要逞一时之强。日本人为了得到众人的当场表扬,或者为了所谓的义气,往往爱争一时之勇,胡乱挥霍自己的体力。很多人以交际应酬身不由己为借口,为自己酗酒、熬夜作辩解。其实这种情况不仅仅限于日本,在西方也是一样,欧美人也经常在酒吧里喝酒熬夜。同为恶劣的习惯，并没有什么两样，区别仅仅在于：日本人是在酒馆，欧美人是在酒吧。并且，日本人在恶劣程度上比欧美人还更胜一筹。受到日本人诟病的欧美人的个人主义在这样的时候反而能发挥作用。欧美人只要觉得违反自己的原则，无论怎样被劝，都具有拒绝的能力，而对个人权利和义务观淡薄的日本人来说，只要说是为了"社会"或者"交际"，就会抹杀自己的个性，觉得"这就是社会的习俗"，明明知道对健康有害，还是要强迫自己吃喝。所以这样一来，对健康的损害就更加严重了。要是退一步想，就会明白，这样的行为是用一时的迎合换来永久的伤害。如果总是屈从于这些陈规陋习，身体永远都不会得到休养的间歇。这样的行为，犹如经营公司时将所有的资金都用于流通，不留一点储备金，导致基础非常脆弱，一旦遇到紧急情况就岌岌可危。

精力在无形中会损耗

有关储蓄体力的问题,我想促使青年进行深刻反省,不要因为一时的健康,采取不自然的方法,贪图享受一时的快乐。在十个青年当中,大概会有九人都有这样的经验。但是,这种事情青年们自己往往羞于出口,父母也很难启齿,医生们也忌讳明白地说出来,教师基本上也会避开这个问题。这样一说,相信读者们大概都能够知道我要说的是什么了。虽然其害处众所周知,青年也了然于心,但忌讳谈论这样的事情,就算是偶尔听到,也唯恐污染了耳朵一样。我在北海道管理一所中学的时候,每年必定会在学生中间召开一次谈论这个话题的秘密会议,争取向他们提醒一些注意事项。青年们往往容易疏于养生,挥霍体力,消耗精力。人在年富力强的时候,也许并不知道精力在无形中会损耗的,正如西洋有一句话所说的:

天这盘大磨转动虽慢，但是，磨出的粉末非常细。

　　虽然在一年两年之内也许不会有感觉，身体健壮的人也许在十年二十年之内也若无其事，但早晚难免会身受其害。身体素质不好的人也许到了三十岁的时候，就会感觉到体力减退。现在神经衰弱的或者受到其他种种病痛折磨的人，寻找其根源，大半都与此有关。

　　在我所收到的青年朋友的来信中，时不时会有人和我商量以下的问题："我不注意染上了恶习，无论如何也摆脱不了，请问有什么戒除的良方吗？"实际上，精力过剩的人更容易染上这种恶习，所以需要加倍注意。对这样的来信，我总是推荐给他们以下的方法：洗冷水浴，适当运动，定时定量吃饭，作息时间也要规律，上床后争取在邪念产生之前入睡，醒了之后立即起床。

我常常这样思量：如果青年们的精力不会为这些恶习所消耗的话，那国民的健康该怎样发展呢？即使效果不能立即显现，若是能够养精蓄锐，一旦有个万一的时候，该会起到多么大的作用啊！这些能量虽然不能具体统计出来，但假设能够用数字显示的话，该是何等庞大的一个数目。

消耗体力的虚荣心

关于储蓄体力，我还有一点想说的就是：虚荣心。"虚荣心"这个词在最近动不动就容易用到女性身上，其实这绝不仅限于女子。很多气量小的男子也有虚荣心。每当看到那些为了一些无聊的小事而神气活现、奢侈浪费的人，我就明显地能感觉到他们的虚荣心，觉得他们很可怜。在和人交往的时候，虚荣心和胆识是成反比消长的。在我认识的青年中，有很多人或者腕力过人,或者剑术高超,有人甚至是柔道达到了好几段的高手。这样的人要是能够达到深刻领悟到武艺的精髓的境界固然最好,但很多人动不动就将"武艺"和"技术"混为一谈,不求上进。在这样的情况下,他们要么就恶作剧似的夸耀自己的技艺,要么就虚荣心高涨,挑衅别人,顶撞警察,甚至无故殴打无辜的人,而且还觉得自己很伟大的样子。在以前,这样的行为被称作"蛮勇",而且,和以前相比,这样的人到现在仍然有增无减。真正领略到武艺精髓的人,自然会显现出凛然的气势,不到关键时候,或者是不到必要的时候,都会收敛锋芒。他们自尊自重,认为没有必要显示"蛮勇"的时候,就不会轻易显露身手:"这样的事情,没有我动手的价值。"像这样的人,才可以称得上是真正懂得储备体力的人。

说到这点,我想起了大阪城的名将木村长

门守重成[1]。一个司茶人[2]故意踢了重成的腰刀,一边踢还一边挑衅:"尔等懦弱武士的腰刀弄脏了我尊贵的脚,真是岂有此理!"并且握紧拳头狠狠地打了重成的头。重成力敌千钧,要杀死他可谓是轻而易举的事,但是却一点也没有显现出愠怒的样子,只是默默地离城回家了。这件事情在城内迅速传播开来,重成被众人斥责为没有骨气的武士。重成的同僚听到这件事后也大惑不解,询问他为什么不狠狠地惩罚司茶人,以堵住众人之口。重成笑着答道:"那个司茶人不过如同一只苍蝇,没有必要因为苍蝇的攻击而发怒。武艺是在你我的危难之际才最能显示出价值的东西,用在苍蝇身上岂不是浪费?"不知道这样的故事是不是说评书的编出来的,但确实是一个能够从中得到诸多教训的

---

[1] 日本战国时代的武将。——译者注

[2] 室町至江户时代,侍奉武士主持茶道的剃发者,或者僧侣。——译者注

美谈。只因为重成确信武艺只可为忠义所用,就能够忍受司茶人的无礼,即使是被众人责骂为懦弱的武士,也能够坚守忠义,忍受诽谤。重成在大阪城陷落的时候壮烈地阵亡,证实了他的体力过人,也正是在这样的时刻,他储备的体力才得到了最大意义的彰显。我在这里所说的储备体力,指的就是平日里积极储备体力,在一旦发生紧急情况的时候,能够具有英勇报国的心理准备。

储备体力所必需的锻炼

要储备体力,我们必须磨炼自己,让体力对外显现出来。人的体力只有对外显示出来,才会越来越发达。对击剑柔道来说,只有选择合适的对手,将自己的体力表现到外部才能涵养并储备体力,这是再明白不过的事情。所以,"磨炼"是储备体力的必要前提,而"磨炼"又必须要通过将其显露在外面的方式。要储备体力，我们就必须遵守卫生规则，适度运动，洗冷水浴，让身体保持正常的健康状态。我虽然不是医生，不能够一一描述这些规则，但却知道不应该将宝贵的体力浪费在没有价值的地方。我们应该有坚强的意志，不要因为一些无聊的小事或虚荣心、一时的快乐而逞一时之勇，而应该将体力储备、保存起来。至于应该如何使用体力这一点是一言难尽的，这只有靠体力以外的东西来判断。在这其中，知识的储备与其关系最为密切，下面我将会进一步谈到这一点。

四、将储备的知识显露出来的机会至关重要

在劝诫大家摒除虚荣心的时候,我指责了诸如炫耀臂力的行为,其实这并不仅限于臂力。那些有一些小聪明,或者小有学问的人往往最富有虚荣心,动辄就想在众人面前炫耀一番。

爱宕、鞍马天狗虽恐怖,乡下小天狗更狰狞①。

只要有一点点学问,马上就想显露出来,这是很多人的通病。从前有一位儒学者曾经说过:"学问实际上是很臭的东西,犹如煮萝卜,

---

① 爱宕、鞍马:位于东京和京都的地名。天狗:日本传说中的妖怪。——译者注

会越煮越难闻，只有到煮得烂熟以后臭味才会消除。"在禅师们看来，半瓶子醋的人经常以豪杰自居，他们打着"脱俗"的名义，对人无礼，以"大功不拘小节"为借口，无故冒犯他人，并且自己还洋洋得意。外行都能看出他没有真正入门儿，也就是所谓的"徘徊在禅寺的厨房，一身酱臭味"[①]。那些真正领悟了禅学真谛的人，反而不会处处显露出精通禅的样子。他们所说的话听上去也平淡无奇，和普通人没有什么两样。那些有眼力、有见识的人，在听到和看到他们说话行事之后，会觉得他们在某些地方与常人不一样，他们走路的姿态都是含威而不露，虽然同为屏声静气，却与盗贼的蹑手蹑脚大有区别。他们无论遇到何种奇谈怪事都只会微微一笑，那笑绝非带有嘲弄之意。有时候他们也会发怒，却并不会憎恶他人，即使他们有时候

---

① 引申义为：冒充大师。——译者注

会豪爽直言，也不会令人生厌。他们的话风雅俏皮，让人回味无穷。他们之所以能达到这样的境界，并不仅仅是因为在禅宗中得到了开悟，正所谓殊途同归，异曲同工。

如果身为学校教师，经常将自己的专业挂在嘴上的话，从职业的角度来看并无大碍，但作为个人来说就没有什么价值了。我在德国留学的时候，曾经访问过一位堪称学术界泰斗的博学之士。他虽然在全世界也是赫赫有名，但却不妄谈学问，假如被问到的话会多少回答一些，不被问到的话就一句相关的话也不说。虽然他的学问深不可测，但平日说话和普通人并无两样。不仅仅是做学问的大家，政治家或者有度量、有智慧的人都是如此，也就是"威而不猛"，他们自有一种不可侵犯的威严，但绝不是鲁莽强悍。在林肯就任总统期间，国家持续四年内乱，全国都陷入深深的忧虑之中。曾经有一次，在内阁会议上讨论完一件重大事项，会议结束以后,他说道:"这下会议结束了,我来说一些私事。"他一边说,一边把长长的腿放到桌上,然后讲起自己从前的趣事,逗得在座的人开怀大笑。他这样做,并不是不将国家的忧虑当作一回事。当他回到自己的住处之后,也会为了国家大事而愁眉不展,甚至为了国民还放声哭泣过。他殚精竭虑,忧国忧民,却并不表露在外面。我认为,这才是真正的伟人。

将储备的知识显露出来的机会至关重要

从前有句谚语说:"雄鹰藏其爪,真人不露相。"有智慧的人不会轻易将智慧显露出来,而是养精蓄锐,伺机一展宏图。正如有人说过的"抓住机会,发表高见",无论多么好的言论,要是错过了发表的合适时机,就不过仅仅是愚蠢之人的胡言乱语。俗话说"事后诸葛亮",小人物即使有等同于圣人君子的智慧,但展示出来的时机滞后，也成不了事。一旦失去展示智慧的时机，君子也如同小人物，而一旦抓住时机，小人物也能比肩君子。

我认识的一位老人经常说，平生之事中，唯有把饭攒起来吃与担忧最无用。无论什么人，都不能在一天之内吃完三天的饭，将之存储起来。但是，若是平日里营养均衡的人，即使断食三天也不会太虚弱，而平日就营养不均的人，即使断食一天，也会变得非常虚弱。担忧也是如此，虽然担忧的种类各不相同，但是，即使不停地担心这件事该怎么办，那件事又如何应付，大多也不会起作用。比如，假如有人问小偷会不会从房子的那个地方进来，有时要想到怎么回答他。这样的担心有时会起作用，但是多数情况下都归于无效。杞人忧天虽然无用，但一旦遇到灾难，有应对的大致的心理准备就起作用。做到遇事不慌，就需要平日里未雨绸缪。因为未雨绸缪需要智慧的积蓄。我的意思并不是说要记住很多事情，而是说需要储备一些在现实生活中有用的知识。

应该在平日里有意识地储备一些智慧

无论是记忆历史事实、统计数字，还是动植物的名称，都能从中体会到储备知识的乐趣。这些也许会在某个时候起作用，也许仅仅只会作为一种装饰，但我还是希望，比起具体的知识，我们更应该在平日里有意识地储备一些智慧。我在札幌求学时，有一个名叫藤田的同窗好友。听说他毕业后不久就得了肺病，虽然多方寻求名医治疗，但医生都对他的病束手无策，甚至没有一个人能保证他还能活一年的时间。但实际上，这位被医生们宣告活不了一年的病人，后来一直活了五年。医生们都非常惊讶，认为这堪称是奇迹。他之所以能够获得多过预期五倍的生命，首先要得益于其夫人无微不至的照顾。他的夫人给我讲过当时他们是如何利用她还是孩童时候学习的知识来渡过难关的:"我在学生时代就酷爱学习英语,嫁到藤田家以后,英语似乎没有什么用了。虽然我已经觉得在今后的社会生活中,英语已经起不了什么作用,但这次丈夫得病又让我重新认识到英语的重要性。其中一个原因就是我当时订了英语报纸,经常念给病床上的丈夫听。他虽然身体患病了,但头脑变得越发清醒,报纸让我们学习到很多新知识,这对病床上的丈夫是一种莫大的慰藉。我们看某一个地方的新闻的同时,会看到很多关于治疗肺病的药品和方法的广告,这些都会引起我的注意,一个一个地订购来试用。既然医生不能保证能超过一年,但总不至于会更短,万一有效,还能超过一年,这么想,我就邮购了各种各样的药物。就这样,也许这种方法对度过这个时期有效,药物又能够延长几分生命。因为长时间卧病不起,有的时候,不仅是病人本人,连看护的我也变得意志消沉,在这样的时候,英国文学比起日本文学就更加能够鼓舞自己。很多时候,我都会因为英国的文学作品而重新振作起来。"我认为,这就是储备智慧的例子。假如夫人认为英语毫无用处而荒废了的话,事情就糟糕了,不仅不能安慰自己和生病的丈夫,也不能将原本只有一年的时间延续到五年了。

我们不知道自己储备的知识什么时候能够用上,虽然不能预测,但早晚会派上用场。只学习眼前急需的知识,也就是德国人所说的"面包学问",面包只能短时间地起作用。我们平日就要有充分的思想准备,去储备那些无论在何种场合都能用得上的知识。

要养成这样的修养、储备这样的知识,需要看好书,听有益的谈话,和水平比自己高的人交往,或者是静坐默想,将学到的东西消化之后深藏心中。说得高尚一点,就是做学问的方法，这些方法除了现在提及的以外，还有很多很多。

但是，一味地做学问度日处世，也许会感到异常孤独。放眼世间，没有一个同样有智慧，能与自己交流的人，看谁都会觉得他的行为很愚蠢，达不到能够和自己谈话的水平，因此，会觉得生活在社会上很苦闷。这样的人也容易对人耀武扬威，傲慢无礼。所以，比起知识的储备，道德的储备显得尤为重要。

五、积德不论人和时间

我等凡夫俗子应该如此储蓄德行

一点一点储蓄的善行,到何时都不会腐烂,所以能够无限制地储蓄。不过,要是稍不留神,也容易消逝或者后退。虽然行一件善事,就会积下相应的德行,但若是第二天又做了破坏这件善事的行为,昨天的善行也就随之消失,积德行善也就化为泡影。假如右手行了四分善,左手行了六分恶,一相减还堕落了两分。就像这样,对我们凡夫俗子来说,积德行善到底是一件很难的事情,反而作恶很容易。所以,要是今天行五分的善、作三分的恶,一相减还能剩下两分的善。第二天再行五分的善、作两分的恶的话,一减剩下三分的善,两天相加就行了五分的善。很多人都是每天多多少少行一些善,再作一些恶,即便一相减剩下的全是恶,也不要因此而失望,而是要有积德行善的意愿。孟子说过"我四十不动心",我不能完全明白这句话的意思,按照我的理解,应该是"心不再为恶而动"的意思。要是达到了这样的境界,就非常理想了。但在达到这种境界之前,往往是想去行善,但马上又会涌起相反的念头,从而妨碍善行的实施。使徒保罗曾经叹息道:"在我的思想中,常常都有两颗心在争斗。往往在我想行善的时候,立即又会升起作恶的念头来破坏它们。"这犹如堆砖一样,并不是日复一日地越堆越高,总存在有不断破坏它的力量,削减这个高度。就像孩子们在河边玩的堆石子的游戏一样,好不容易堆高了,在一瞬间又会全部倒塌。在倒塌的时候,他们会非常失望,叹息道:"哎,不行啊!到底还是不行啊!"而他们是否会为此变得自暴自弃,正是关系到他们将来命运的分歧点。

有一些人生来天性就很纯真,他们没有妒忌、羡慕之念,基本上也没有恶的观念。只不过,这样的人非常少。在十个人中大概有八九个人是与此相反,如果他们不潜心修养,善就会停滞不前。兼有善恶两面的人,应该不松弛、不绝望,努力积德行善。正如我们储蓄一样,如果今天能存十块钱,明天再继续存一些,多多少少用一些,到了第二个月,至少也还能剩下一块钱。然后再一厘、两厘地存,渐渐地就会积蓄一些财产。德行的积累也是一样,如果能从注意最细小的事情、改正小缺点小毛病开始,渐渐地就会积累起巨大的德行。储蓄德行是所有的储蓄中最重要的事情。

德行带给人的愉悦之感

前面说过，储蓄德行犹如储蓄财富和知识一样，在这个世界上没有谁能够保证永远的荣华富贵，那么也不知道能不能得到好的名声，挣到很多薪水。挣工资的人相当于卖了自己的知识，得到了金钱，但是，道德却不能像知识一样买卖。不会因为某个人品行好，公司或单位就会多给他工资。但是，假如德行能够换算为金钱，一百元的道德，一千元的道德……德行也就失去了德行的特点。不过，德行的保存力和带给人的愉悦之感却是黄金、名誉不能比的。有钱的人，也许会因为一次失败，在一夜之间失去所有财富；有知识的人，在生病以后可能会忘记以前的知识。有时也许还会被人妒忌或者羡慕。但是，有德行的人却不会忧虑因为火灾而失去德行，也不会遭人妒忌。即使会遭到妒忌，也不会永远持续下去。毋宁说，他们反倒拥有教化妒忌之人的力量,并且,他们还能体会到不为人知的愉悦。他们从来不会畏惧黑夜,每天早上起床以后会迎来灿烂的朝阳。其实阳光已经映照到他们的心中,即使刮风下雨,他们心中都洋溢着喜悦之情,仍能感受到犹如晴空万里的欢喜,在他们心中,到处都犹如乐土,能够体会到常人体会不到的快乐,可以说,就像和别人吃不同的食物一样。因此,他们既没有必要和别人竞争面包,也不用嫉妒、陷害别人,可以平和安宁地处世度日。他们即使遭遇了灾难,心灵受到了伤害,仍然能够在生活中感受到喜悦。这样的有德之人既没有聚集数万财富,也没有很多学位证书或者荣誉称号,抑或是加官晋爵的任免证书,但他们能够得到无与伦比的满足和快乐。所以,能够从这一点着眼的人,既不会对社会感到不满,也不会对职业抱怨不休。

积德不论人和时间

只要有积德的意志,无论什么人,处于什么样的地位,都能够实现这一点。"卖纳豆"的若是决心储蓄,存下的金钱也许数量会很少,挑粪桶的农夫即使想储备知识,也许会难免狭隘浅薄,但若是储蓄德行,则不分职业的贵贱,财力的多寡,社会地位的高低,体格的强弱。而且,每个人都拥有最初的种子,可以立即开始,甚至可以从今天晚上就开始。一个人若想要储蓄,首先至少要有哪怕是一厘钱,没有资本就不能进行,要增进健康也必须以病愈作为契机,所有的这些事情都需要最初的种子,而德行的储蓄却能随时开始。我常常想的是,最重要的事情也就是任何人都能够做的事情。德行的储蓄也正是这样。每个人都拥有作为人不可欠缺、生命所必需的东西。当然,人的生存离不开环境,每个人都各自具备适应环境的能力。比如,为了适应空气环境,我们拥有能够呼吸的肺，为了进食，拥有进行消化的嘴和胃。和这些事情一样，适应环境的能力是根据个人的努力，经过勤奋修养之后才得到的。如果没有努力，即使是进了宝山也会空手而归。我们应该善用境遇，留意平日的所见所闻，利用所有的人生经验，将此作为前进的工具，只要有这样的意志，改变"境遇"就不在话下。

如此能得到人生幸福吗？

虽然每个人都能够锻炼出适应境遇的能力，但是人很容易懈怠，在达不到自己的目标的时候，往往将原因归咎于自己以外的事情。回顾过去，总觉得再没有比自己不幸的人了！某某人真让人羡慕啊！但是，我觉得在回顾自己过去的经历，细细品味种种所谓的"不幸"之时，其实其中也包含着难以言传的甘甜。梅特林克[①]

---

① 梅特林克(1862—1949)：比利时诗人、剧作家。代表作有《青鸟》。——译者注

说过:"比起过去,我们总是在不断进步。"也许我们曾体味到各种艰辛,但也能从中得到别人所得不到的经历。道路近在眼前,说是近,是因为路就在每个人自己心中,求助于他人的做法本来就是错误的。

有的人会埋怨天道不公,这样的人其实是看着地,在抱怨天。若是心能放在地上,眼睛凝视天空,就不会怀疑天道的是非。对每个人的人生最重要、最不可欠缺的东西,其实每个人早已经拥有。所以,我们既没有必要埋怨天,也没有必要诅咒地。

第九章　阅　读

　　看书这件事情，并不是只要有看的行为就一定会有所得，若不是带着兴趣去看，就不能有所收获。

一、我从读书中学到的

我亲身体会到的多读书的得失

我在孩童时代非常活泼多动,和书籍几乎绝缘。上大学预科的时候,也极其活跃,以至于被冠以"活动家"的绰号。十五岁的时候,我去了北海道,那时的自己变得异常热衷于看书,每天埋头苦读,被同窗们取了"闷和尚"这样一个和以前截然相反的绰号。

我到了北海道以后,犹如患了"狂读症"。我野心勃勃而又有勇无谋,立志一字不漏地看完北海道农业学校图书馆的所有图书。那些我决心一字不漏看完的图书,并不是什么"正经"的科学丛书,尽是一些关于历史、地理、传记、政治、经济的杂乱的东西。我依次将它们看了一遍。虽然号称一字不漏，其实只是大略地进行了浏览，完全是没有思考、漫无目的地乱看。当时脑子里一个劲儿想着"看书""看书"，活像中了毒一样。

这样多看书的结果是：第一，对眼睛有害，导致我现在看书的时候必须戴着眼镜；第二，不加区别地乱看一气，让我的头脑变得浮躁粗糙，少了严谨缜密；第三，因为见多了种种众说纷纭的观点，导致自己丧失了独立见解。比如，现在往往在一种新的学说出炉以后，马上就会出现一种相反的学说。这时候，我就会在脑海中犯迷糊："不全是那样的吧？"所以，对于任何一种学说都不能敏锐地判断其对错。说得不好听一点就是：变得没有见识了。

多看书固然带给我很多害处，但唯一的益处是：我看书的速度加快了。经常听到前辈同事们抱怨说："我看书看得慢，真是伤脑筋。本来应该翻阅参考书籍，作详细的调查，但时间有限，总也办不到……"但对我来说，情况却不一样。因为书看得多，自然而然养成了快读的习惯，即便是文字再细小的外语读物，只要看上两至五分钟，我就能大概明白其意思。一页三十二开的英文读物，我能在两分钟之内毫不费力地看完。虽然我也觉得读书时间少，但并没有感到特别困扰。看书多带给我很多害处，但这一点确实是一个莫大的益处。

什么样的阅读方法才有益

必要的时候，我会时不时地捧着许久不看的大部头书埋头苦读。翻开这些书一看，到处都有以前看的时候做的记号。看着看着，就会涌上曾经看过一次的亲切感。既然做着记号，那确信无疑肯定是曾经看过了。所以，在看这样大部头的书的时候，我心里常常会涌起对自己的钦佩之情。杂志之类也是如此，重新翻看的时候，时不时地也会觉得自己很了不起。其实，这些一点用也没有，仅仅说明看过一遍而已。反之，还会落下毛病：听到大部分人的学说以后都感觉不到新鲜，变得漠然。虽然记得不确切，总觉得在哪里见过，而且，要是不仔细回忆，根本就记不起这种学说的出处等等，总之，就像是脑子里塞满了一团糨糊。这样似乎是在对自己吹毛求疵，实际上是对漫无目的、乱看一气的行为感到后悔。

读书枉顾习技巧，无人自知主心骨。

广川禅师所咏的这首和歌，就是这个主旨。

所以，我奉劝青年朋友们，从我看书的经历中多吸取经验教训，趋利避害。说到何为正确的做法，那就是：制定一个标准，选取最好的读物进行精读。首先选取一本有精读价值的书,然后反复阅读,从封面开始,中间内容部分自不待言,到最后的出版年月、发行的书店,仔仔细细地精读。集中精力阅读这一本书,将其他的书作为参考或辅助读物来阅读。总之,把作为标准的书深刻地映到脑海里,以此为中心,再补充从其他书籍里学到的知识。例如,将《论语》定为标准书,而把其他的诸如斯宾塞和穆勒等人所著的书作为参考读物。

那么,如何来确定作为标准的书呢?这是一个非常重要而且困难的问题。根据每个人的目的、性格不同,标准也千差万别。虽然做出选择非常困难,但这确是博览群书的时候最有益的方法之一。

做研究时参考的读书方法

要研究某个事物,必须要多看与这个事物相关的书籍。在这种情况下,多看书很有益处,但同时也产生了一个问题:在这样的时候必须要防止误入歧途。以我自己为例,在下周(明治四十一年)要在帝国大学作一个关于亚当·斯密的《国富论》的演讲。在演讲之前,我想查阅一些关于亚当·斯密生平的传记资料。首先,我注意到在英国,"亚当·斯密"这个人名非常常见,萌生出想调查一下这个姓氏起源的念头,所以,由此看了很多相关书籍,甚至连《国富论》一时都忘到九霄云外去了。亚当·斯密出生在一个叫卡考第的小镇上,卡考第是一个什么样的地方?它在一百八十年前亚当·斯密出生的时候是什么样的状态?它在历史上有什么关系?史书上关于这个地名的记载究竟是不是真的……这些问题缠绕在我的脑子里,以至于不自主地想翻阅苏格兰古代史中和小镇有关的史料了。而且,亚当·斯密的父亲好像是个律师,英国的律师制度和日本的似乎有很大的不同。两者的异同在哪里?为了调查清楚这个问题,我又有点想看英国的法院构成法了。像这样,虽然最开始只想弄清楚一个问题,但接着就想知道更多别的问题,没完没了。现在我正准备进行计划已久的关于农业发展史的调查,实际上在这个过程中也遇到了同样的问题。荷马的诗中多处提到了农业,赫西奥德①也有类似的主张。如果要考察这两个人与农业的关系,就必须仔细考察古希腊文学。苏格拉底的言论中,也有相当多的内容与农业有关。苏格拉底居住在雅典市,他会懂得和农业相关的事情吗?他的和农业有关的言论究竟是他自己说的,还是像社会上所流传的是后人添加的呢?抱着这些疑问,我在八九年前就翻看了古希腊的书籍,越看越觉得有意思,后来甚至手不释卷,看得越来越起劲。看到我这样热衷于古代的诗歌,妻子觉得有点不可思议,问我:

---

① 古希腊诗人,是最早歌颂农民生活的诗人。——译者注

"你为什么这么喜欢那些古代的诗歌呢?"妻子这么一问,我才意识到自己的初衷是调查农业史,这才停了下来。事情往往都是这样,岔路上的风景总显得比大路上的更有意思。因为有意思,所以开始在岔路上流连忘返,忘了最重要、最根本的东西。但是,即使是在岔路上走,最后还是要再次回到大路上来。我在演讲的时候,经常会跑题,最后离题万里。但是,最后终归还是能再次回到正题上来。有人评价说:"新渡户的演讲不得要领。"还有言辞甚至更加激烈的。不过,我自己心里能够把握,无论怎样讲和主题关系不大的内容,最后还是会回到正题上来,不能像箭那样有去无回,而一定要像大雁那样飞走了还能飞回来。我在写论文的时候,总会先拟好提纲,或者至少在头脑中有所规划,以便后来"误入歧途"时也能很快纠正回来。我们在看书的时候也必须注意到类似的事情。

如何看待新发行的刊物

新发行的刊物(英国、德国等)每个月都有好几种,我终究还是没有每本都细看的精力。所以,只能将这些刊物从头到尾粗略地浏览一遍,在有所疑问的地方做上记号,以后再回过头去看那些作上符号的地方。若是丝毫不假思索地粗读,有可能看完以后记不住任何东西。但若是有选择地做上标记,今后再看就有可能一直记得这本书的要点。

通读一本书时必须要有的心情

在看一本书的时候,我们需要努力弄清每一章的段落大意。为了避免过分注意细节而忽略主旨,我们必须时时注意思考:这一章是为了什么而写?大概意思是什么?像这样集中精力阅读每一章,到了最后合上书的时候,务必仔细在脑子中思索一下:这本书是为了什么而写的?大体的目的是什么?为了达到这个目的而安排的论点是怎么架构的?这样一来,只看目录也会觉得就像看到了整本书一样,目录也变得很有意思了。立志看书的人就应该有这样的心情。

二、一生受益的阅读之法

当今的学习方法错误百出

但是总的来说，日本人的阅读能力很弱。学生往往只看必要的书，即便如此，量也不多，对普通人来说，几乎就是不看。很少有人会在坐火车的时候看书。和欧美人相比，日本人在这点上有很大的不同。在学校里，不要说以大学为首的高等学府，就是在高中，学生们只顾埋头记录老师的讲义，连教科书也不看一眼。即使是仔细阅读教科书，目的也只是为了保证考试能够过关。老师也一样，只有学生按笔记上讲的方式回答问题才让及格通过。一般来说，若是按别的参考书回答问题，考试的时候不会让你及格通过。但是，我们在学校受教育的时日毕竟有限，在那时无论怎样被精心教导，也不能体会学问求取的乐趣。所以，与其在学校时给学生灌输知识，还不如培养他们出了校门也能继续学习的能力。这样一来，他们即使毕业了也能够自主学习，继续进步。现在的学校往往成了这样一个场所：老师按照讲义把知识呆板地灌输给学生，学生只要看一遍讲义就能够考试及格，而没有必要再看别的书籍学习。学生在学校的时候就已经不读书，毕业以后就更不会看书学习了。当他们走上社会以后，一旦遇到讲义上没有出现过的新问题，马上就束手无策、一筹莫展了。

忙人受益的读书方法

日本人似乎并不那么乐意与书亲近，其实人应该和书有更亲密的接触才是。在文明世界中，很少有像日本人这样不爱看书的国民。即使每天只有短短的五分钟或者十分钟，每个人都应该养成看书的习惯。作为培养这个习惯的方法之一，我想推荐的形式之一是类似于"家庭读书会"(Family reading)这样的聚会，即以家长为首，无论是年少的学生还是女佣都聚集在一间屋子里，每天朗读五分钟或者十分钟。我在日本现在还没有看到适合这样场合的书籍，但在西方却有诸如 *Daily Strength* 这样适合短时间朗读的书籍。一般来说，在西方，《圣经》经常作为这种场合的读物。我也曾经尝试过这样的方法，因为毕竟东西有别，全部照搬的方式(连女佣也加入)有点困难，所以打算稍微改变一下方式来进行。要是没有适合的读物，就是俳句、谚语、警句，只要是有益的图文刊物都可以。比如，日本有一句名言"急性子吃亏"，其实在进餐的时候可以由家长简单解释一下这句话的意思，然后让大家记住，以后互相提醒遇事不要急躁。要是之后有人因为什么事情做得不好要发怒的时候，就提醒他说："等等，今天不是说了吗？急性子吃亏！"或许他就能压制住怒火。因为吃早饭的时候他自己也亲口说过类似的话，所以就会尽量控制自己。这样的事情经历几次以后，性子急躁的人在控制脾气这方面的修养自然就提高了。我们都是普通人，不能够一蹴而就成为了不起的人物，只有从小处和改正自己的缺点开始做起。

其实这个方法不仅在家庭，在商店职员之间也是行之有效的。比如，在每天早上开始营业之前，将店员们聚集在一起，由老板来训诫："忍耐是成功的基础！"如果能让他们每天像例行功课一样掌握这句话，他们在接待客人时的忍耐力就会在不知不觉之间变强，即使是面对无理取闹，或者是多少让人生厌的事情，也不会生气了。

虽然看上去有点走火入魔，但一个人要是

养成在每天的某一个合适的时候读书的习惯，就会不知不觉地变得喜欢阅读，另一方面，这样的习惯还能提高整个家庭的修养水平。

恍惚记得在我的孩童时代，大概五岁的时候，父亲每天晚上都要把一家人召集在火炉旁边，大家一边吃盛冈产的豆沙包，一边听他读书。母亲坐在旁边做针线活，兄弟姐妹都在一边细心聆听。我还听不懂，但是也会在分到自己的那份豆沙包后加入进去。就这样，父亲给大家读完了《八犬传》。我从心里暗暗地佩服父亲做的这件事。

虽然这么说，也许有人会反驳说，这样不一定就能收到效果啊！但是，我们本来就不能指望人的任何行为都一定能收到什么效果。瞎猫也会碰上死耗子，在我们每天做的那么多事情当中，即使只有一件有效，不也是很好吗？怎么能够总想着一步登天呢？

实际生活中听来的知识尤其必要

听来的知识往往容易受到人们的轻视。但是，我认为这些知识是必不可少的，也想奉劝世人，要充分认识到它的重要性。日本人一说到"学问"，就联想到在学校的教室里，坐在冷冰冰的椅子上，听老师一板一眼地在讲台上讲课，而在其他场合听到的东西，即使是有用的、能够解决实际问题的，也只是当作耳边风，并不情愿承认那些是"学问"。其实，在慈母的殷切叮嘱，严父的半开玩笑之间，也包含着很多学问。例如，在朋友寄来的国内外的明信片中，有很多记载着当地风景历史的照片。我们在看到这些明信片的时候，这些照片就成为讲述当地历史地理的生动教材，会深深地印在我们的脑海里。我们在谈笑之间，都能收集到很多这样的"知识的珍珠"。但是，遗憾的是，很多人迷信书本，固执地相信："实际上可能不是这样的，书上是这么说的。"这样，白白地放过了学习珍贵知识的大好时机。人们不能将书本知识和实际生活结合起来。知识分子往往脱离实际生活，而实业家又和书本相疏远。为什么欧美的知识都比较实用，学问和实际生活能够紧密结合，我想就是由于他们善于利用实际生活中的学问的缘故。所以，我也希望各位不要一味迷信书本知识，也多注意学习一些实际知识，这样一来，看书也变得妙趣横生了。看书这件事情，并不是只要有看的行为就一定会有所得，若不是带着兴趣地去看，就不能有所收获。若是能够充满兴趣地去看书，就会获得非常显著的进步。

密友之间的读书方法

我在这里还有一点对于学生朋友的期望，也就是互相召集起来举行读书会。人数不宜太多，二十个人太多，十个人最为合适。每个月召开两三次，互相分享自己平日看过的书的梗概。即使是每个人只通读了一本书，十个人各自通分享自己的情况之后，参加者收到的效果就相当于看了十本书。而且，在听了别人的报告之后，要是觉得和自己的研究相关，就会发出诸如此类的疑问："那本书里写到这样的内容了吗？"看过那本书的人也许会回答"完全没有写到"，或者"虽然我对这个问题不是很感兴趣，所以不是很了解，但里面大概说到了这样的事情"，等等。如果听到里面有相关的内容，自己也许会去看一看。这样一来，大家不仅知道了十本书的内容，而且还了解到在这些书里面有没有和自己的研究相关的内容。

我也时不时地在家中召集一些大学生或者高中生，召开读书会。这时候，我让他们一边喝茶，吃着煎饼等点心，一边交流。一个人发言十分钟的话，十个人大约需要一百分钟，差不多有两个小时就足够了。这样一来,既没有耗费很多时间,也没有耗费很多经费,是非常行之有效的读书方法。除此之外,还能够和志同道合的人和睦交往,所以,我想在青年朋友中间提倡召开这种形式的读书会。

第十章 逆 境

看似身处顺境,其实是在逆境中开始,在逆境中奋斗,最后在逆境中结束的人不在少数。

在自己还没有活到人生尽头的时候,以过去的经验对今后作出的推断不一定完全中肯。

一、没有人不会身处逆境

得志之人也多身不由己之事

看到社会上志得意满、一帆风顺的人,世人多会予其溢美之词,羡慕其幸福。不过,若是询问本人,却不一定是这样。细细体察他们的内心世界,会发现纵有多少艰难困苦,他们也不会从外表显露出来。正如"树大招风"这句话所说,试看那些名扬天下之人的身后,随处都能听到对他们的诽谤中伤之辞,他们借以成就功名的大小之事也被别有用心之人横加责难,成了推倒他们的借口。即使是区区无名之辈,想默默地做一些善事却不能遂心如愿的人也不在少数。就算好不容易避开了众人的耳目,悄悄地做了善事,也会立即被报纸披露出来。他们本该因为这些善事得到褒扬和好评,结果却受到了意外的攻击,工作进程也因此受到耽搁。随着一些本该隐藏之事的曝光,很多人惹上了麻烦。虽然每个人因身份不同而情况各异,但是不得不承认,人行走社会,确实有很多不能随心所欲的时候。

所以,感情细腻的人会厌倦俗世烦扰,立志追求幸福平和的生活。有人为了避开尘世的纷扰,甚至远离尘世,隐居山林;还有一些人不得已,将"处世多学万年龟,轻易不要惹是非,人情世故脑中藏"之类的话作为处世箴言。

不幸的是,生活在社会中的人在成就一番事业的过程中,总要遇到一些不如意的事情,遭遇一些从未预料的逆境。不过,世人所说的"逆境",多半指的不就是这个意思吗?如果这也算是逆境,那"逆境"的意思就过于宽泛,几乎每个人都不能幸免了。《言志晚录》一书中有这样的话:"人一生之顺境和逆境互为消长,此本不足为怪。于反省自身,自觉顺中有逆,逆中有顺。身处逆境应愈加超然,身处顺境亦不应生出怠慢之心。"

顺境也有想象不到的苦衷

看到别人拥有自己缺少的某样东西,很多人往往会生出艳羡之心,甚至不满。不过,自己所缺少的东西,真的就那么值得羡慕吗?比如,就金钱来说,贫穷的人也许会对三井岩崎那样的富豪艳羡不已,由衷地感慨:"这人好幸福啊!"假如询问那些富豪,恐怕他们更多的觉得金钱上过度的富足,带给自己的是困扰吧。没有学问的人看到有学问的人,会想:"那个人什么都知道,一定很快乐吧!"羡慕不已,但若体察对方的心情,大概像《浮士德》里所描绘的一样,是快乐的反面吧。探究导致这种现象的原因，学者们总会被一些一时难以解决的难题所困，比起你我这些平庸之辈来，不知要多耗费多少心神。怪不得古人感叹："识字是人生烦恼的开端。"丑女见到美人感到自愧弗如，自己为什么就不能拥有那样的美丽呢？殊不知，美人也有很多丑女想象不到的烦恼；老百姓羡慕位高权重之人的荣华富贵，却不了解，登上权力峰顶的人也许还羡慕普通人的悠然自得。与此相似，越是地位高的人，胸中越是埋藏着难言的苦衷。名震一时的大人物们虽然为万众瞩目，但是往往多为各种义理所束缚，南洲翁不就没有寿终正寝吗？就拿最近来说，伊藤公爵死于非命也是其中的一例。

有人在和歌里吟唱道：

　　花不开，不为折；樱之仇敌，樱自身也。

世间很多事都是这样，旁人艳羡不已，当事人却倍感苦恼。所以，由此看来，不管什么样的人都会遇到所谓的逆境。很多人表面上看风光无限，内心却在偷偷地哭泣。

美国的林肯是一代伟人，被暗杀逝世时受到举国哀悼的礼遇。仔细想来，他其实是一个何其不幸的人。他出生于贫寒之家，小时候经常衣不蔽体，连一双像样点的靴子都没有，再加上住的地方非常偏远，不要说受正规的教育，就连见到书籍都很困难。他为了借一本《华盛顿传》而步行了十几里。在看书时遇到有不认识的字，既没有可以查阅的字典，也没有先辈可以询问。他幼年丧母，是由继母抚养长大。在普通人看来，这样的境况下长大的林肯，确实是生长于逆境当中的一个人。

据林肯的传记记载，继母很疼爱他，而他也从心底里尊敬继母，可见继母是一位善良的人。不过，如果林肯是一个凡夫俗子的话，即使继母再和善，他也可能会乖张顽劣，无视其好意。在我看来，正是因为林肯能够圆满地处理好母子关系，所以，后来才能够将母亲的美德发扬光大。

一说逆境，很多人认为一旦身处逆境，就只能束手无策，苦于当前的境遇。比如，很多人实现不了好不容易才确立的远大志向，将之归咎于家境贫穷，或是没有高人教导等。林肯最终超越了逆境，终成大器，我想这既和他本身的天赋有关，还与他面对逆境时候能够潜心修身养性有关。林肯当上总统以后，虽然显赫一时，但也绝不是所有的事情都随心所愿。在他组建内阁时，对他不服气的内阁成员远不止一两人。休华德学识渊博，家境富裕，在当时很有名望。可他却在南北战争时，向林肯隐瞒前方送来的战报，自己发号施令。像林肯这样看似身处顺境，其实是在逆境中开始，在逆境中奋斗，最后在逆境中结束的人不在少数。

然而，林肯最终入主白宫，成为世界瞩目的焦点。外人只看到他作为世界最大共和国的统治者的无限风光,或者听到他举重若轻地谈笑风生,他们也许根本体会不到这位伟人埋藏于心的忧愁。水户黄门隐退以后,蛰居太田村,春赏花,秋观月,冬望雪。据传听闻有人羡慕他悠闲之时,公提笔在纸上挥毫写道:

> 蹁跹水鸟,看似无忧,繁忙鸟腿,犹如吾思。[①]

所以,看上去很春风得意、幸福无比的人,也许风光的另一面是身处逆境时不为人知的艰辛。

身处逆境的两个原因

以上我说了所有的人都会身处逆境,不管是看上去春风得意的人,还是贵为总统的人,

---

① 和歌。——译者注

一定都有各自不如意的地方。这种不如意换句话说，也就是灾祸。这灾祸又分为两种：一种是天降的，一种是自身引起的。总之，人的一生中既会得到意想不到的荣誉，也会遭遇到出人意料的诽谤，吉凶、祸福、贵贱、贫富、生死等尽管都是天命，但是，有的也是自己造成的。换言之，一种是所谓的自作自受，另一种就是所谓的"命运"或者"宿命"。

神的行为 (Act of God)，不期而至的事件，或者是自然灾害，都不是自己能把握的，是外部的不幸。很多人都遭遇过类似父母兄弟姊妹患病、离世，自己受伤，火灾烧毁家产等不幸，从而陷入困境的经历。这时候，很多人都会抱怨不已："我已经尽力了，为什么还是要陷入如此困境？上天究竟有没有公道？"或者是："有人说是善恶有因，我没有觉得自己前世做了什么亏心事，为什么总要无端受到惩罚？"于是开始怀疑天命。我亲眼见过很多人因为突发事件引起心境发生根本变化的实例。

很多逆境都是自己制造的

要说世上的天灾和人祸哪一类更多,恐怕还是后者更多。世人不去好好思考逆境的由来,所以常常会怨天尤人。人又往往见识浅薄,只要结果不太理想,即使是自己的错,也容易将过错推诿给他人。比如,赴宴后要是回家感冒了,就会埋怨:"要不是那个人叫我出去吃饭,就不会遭遇夜间的寒气患上感冒了。"而根本不反思自己的疏忽之处。明明是自己不能够克制私欲,却总是归因于遗传的罪过,觉得是父母的缺陷,祖先的过错。像这样,愚蠢地将自己的过错转嫁给他人的例子不胜枚举,而越没有智慧,越容易将自己的过错转嫁给他人。

想到一个古老的故事:甲乙二人交情甚笃,共同饲养了一百只绵羊。有一天,甲从牧场放牧回来后,发现死了一只绵羊。于是,乙责备甲:"是因为你今天选的牧场不好,羊吃了有问题的草才会死。是你杀死了这只羊！"甲辩解说："不是的，羊会死不是因为当天吃的草的原因，是因为前几天你给它吃的草有问题！"两人互相推卸责任，相持不下。最后，他们决定把羊群分开来各自饲养。每人分了四十九只，还剩下一只两人共同所有。

不久，春天来了，到了剪羊毛的季节。甲认为已经到了剪羊毛的时候，于是将归他饲养的羊的羊毛都剪了，但是乙认为还不到剪羊毛的时候。因为分配的时候有一头羊是两人共有，现在围绕这头羊两人又起了争端。结果是甲剪了羊右边的毛，而乙让羊另一边的毛还原封不动地留在身上。第二天，这头羊死了。于是，乙愤愤地指责甲，说是因为他给羊剪了一边的毛，羊感冒了才会死。而甲也寸步不让，说是因为乙没有剪左边的毛，左边的毛过重才让羊摔死的。两人各执一词，最后闹到对簿公堂。

这虽然是杜撰的故事，但是，人世间类似于发生在这对友人身上的事例却是不胜枚举。人们互相推卸责任，拼命地将过错往别人身上转嫁，从而导致争端由小到大。暗暗留心孩子们说的话，会发现他们都会以各种各样奇特的理由，来推卸自己的责任。比如，他们在跑来跑去的时候摔了一跤，弄得浑身是泥，这时候他们往往闭口不提自己的疏忽，而是埋怨把东西放在这里的人。要是摔跤的时候穿的是簇新的和服，而不是一件破了也没关系的普通衣服，他们会懊恼为什么穿的是这件簇新的和服呢，这时候，他也不会好好反省自己，而是一味地埋怨妈妈今天给他穿的是这件衣服。像这样的事情在日常生活中不胜枚举，只要平心静气地仔细想想，那些看似是天灾或者是别人的原因而引起的灾祸，其实大部分还是由于自己的原因引起的。

自己想象出来的逆境

还有一种情况就是不会带来现实的灾祸，只是在思想中存在的逆境。很多人都觉得自己怀才不遇，总是感到不满足，于是在头脑中给自己建构出来一个逆境。这也就是所谓的得陇望蜀，认为自己既然有统治千乘之国的能力，所以也一定能做万乘之国的君主。任凭欲望这样无限制地放大，自然就会感到有诸多不满。不足之感本来就是这样的东西，要是一开始思量，就会无休无止。比如说，即使是让路边一个流鼻涕的毛头小子完全心满意足，也是不可能的事情。如果给他一袋子花生，告诉他"这已经是最好的了"，他一定会欢喜异常，但是，如果每天都给他花生，他逐渐也会厌烦，盼望着要是有粗点心就好了，而且心中会暗暗诉苦："没有像我这样可怜的人了，天天尽吃花生，看别人都能吃糖……"他会抱怨每天只能吃到花生。但是,假如给他粗点心,持续三天以后,他又会感到不满意了,开始盼望着得到蛋糕或者是更精细的点心。像这样,再美味的山珍海味,连续吃上十天八天就会让人生厌;再舒服的旅店,住上一年两年也会感到厌烦。据说当初亚历山大大帝征服世界以后,曾经望着月亮哭泣:"为什么我就不能去征服月亮呢?"人往往都是这样不知道满足。

我现在之所以很少抱怨,是因为曾经经历过一些特别的事情。十年前,有两个学生从北海道来东京看我,一人是北海道人,一人是我的同乡。我花一天的时间陪他们逛了东京有名的浅草等地,两人后来各自回家了。北海道的书生对我感激不尽:"您那么繁忙,还特地抽出一天的时间来陪我们。不但为我们付车费,饭钱也花费不少吧。"与此相反,我同乡的书生好像对我很不满意,理由大概是他觉得自己从那么远的地方到了东京,我却只抽了一天的时间作陪，在偌大的东京市内，让他坐慢腾腾的公车，请吃饭也只是普通的鳗鱼饭，实在是招待不周。其实，也并非是我对这个学生有所亏欠，而是他对我的要求过多了，也许他期待我抽出好几天来陪他，让他坐着马车尽情地将东京游览个遍，再请他吃精养轩或八百膳的大餐。但是他没有意识到，我既没有这样做的义务，他也没有这样要求我的权利。他没有考虑到我一个月能领到多少薪资，还有多少其他的用途，他认为我能领到不菲的薪水，应该请他吃更高级点的饭。诚然，要是我没有家人，不需要花钱买书，也不需要跟别人交往的话，也许可以请他们坐马车，但是我既有家庭，又要花钱买书籍和交际，所以不能如他所愿。这样一想，就能看出我这同乡书生的要求之无理。

不过，现实生活中很多人和这个书生相比都是五十步笑百步。在我耳边，就经常有这样的抱怨："我那么辛劳，为什么社会还要虐待我，容不下我呢？"想必诸位也一定听到过类似的抱怨。其实，社会绝对是不会虐待人的，大部分情况都是自己虐待自己。不过，本来能领悟到这一点的人就不多，也有人了解自己的恶习，比如喝醉以后会滋事，总是给别人添麻烦，老是欠钱不还，声名狼藉。但是，即便是知道这些缺点，也不会积极地改正，反而拿"人非圣贤，孰能无过"这样的话来为自己辩解，觉得即使是有缺点，社会也会原谅自己的，若是社会不能原谅，那就是社会不够宽容，就这样将过错转嫁给社会。如此一想，人真是怯懦的。为什么明明知道是自己的错误，却不能像个堂堂正正的男子汉那样去担当呢？在因为自身的缺陷而不能为社会承认的时候，为什么不好好反省自己、积极改正呢？明明是自己让自己陷入了逆境，却总是归因于他人从而埋怨社会，对此我感到非常遗憾。

二、苦难磨炼一些人,也毁灭一些人

人间万事都是塞翁失马

从前,塞上有个老翁丢失了马,邻居们很同情他,说:"你丢了马,真是不幸啊!"但是,老翁一点也没有显出为丢失马而悲伤的样子。几个月后,这匹马突然带着一匹骏马回来了。这下邻居们都为他高兴:"丢失了的马又带回来一匹好马,真是可喜可贺!"但是,老翁一点也没有表现出高兴的样子。只因为老翁的儿子酷爱骑马,有一天,骑着这匹骏马出去游玩,不小心从马背上跌了下来,把身体摔残废了。"真是好可怜啊!"附近的人再一次为老翁感到难过,但是,即使这样也仍然不见他悲伤的样子。就在这时,国家与邻国发生了战争。敌兵来袭,官府为防御敌人到处抽壮丁。战争异常激烈,被召集去的士兵十有八九都在战场上死去了,只有老翁的儿子因为是残疾人,免除了服兵役的义务,和父母在一起平安度日。

这是自古以来广为流传的一个故事,塞翁失马,焉知非福。其实,人世间的所有事情都是这样的。看上去辛苦,其实苦中有乐,看上去是灾祸,有可能祸会变成福。正如"祸福如绳,互相纠缠"祸与福是会互相转化的。《菜根谭》里说道:"子生而母危,镪积而盗窥,何喜非忧也;贫可以节用,病可以保身,何忧非喜也。故达人当顺逆一视,而欣戚两忘。"得道之人能够同等对待顺境和逆境,不管是喜悦还是忧愁,都能将其忘掉,超越它们,安享天命。一般的人如果遇到逆境,只会一个劲儿地怨天尤人。殊不知,喜能转化成忧,忧能转化成喜,如果能善用逆境,就能使其成为修身养性的资本和达到顺境的手段。

身处逆境之人容易自暴自弃

值得注意的是,身处逆境的人在精神上免不了会受到各种各样的影响,这是身处逆境中时最应该注意和警戒的事情。

人陷入逆境,容易因为自己的处境感到悲伤或怨恨:"我已经这么努力了,还要遭受这样的灾祸,陷入这样的困境。看来没有什么努力的意义了。"不少人充满这样愤懑的情绪,不去想如何超越逆境,反而变得自暴自弃、自甘堕落。人若实现不了最初立下的大志,最终碌碌无为地度过一生,虽然有很多理由可供开脱辩解,但是更多的原因在于,因为一时的困难而自暴自弃,缺乏克服困难的勇气和智慧。而且可以肯定地说,十有八九都是这样的情况。

陷入逆境而恼怒的人大多目光短浅,目光

远大的人大多都不会自暴自弃。目光短浅的人只看到眼前的困难,看不到更远一点的地方,因此,他们的心灵也容易变得粗暴,或者成为心术不正的人。受了教育的人,或者是经历多的人即使是陷入逆境,也很少会自暴自弃。没有受到多少教育的人,或者是经历少的人,往往最容易在陷入逆境后自暴自弃。

自暴自弃的人哪个国家都有,在欧洲南部的拉丁人,也就是法国人、意大利人、西班牙人当中最多。而日本国民在这一点上和这些人非常相似。

人越要是陷入困境,就越容易失去理智,顾前不顾后,一个劲地想:怎么办啊,怎么办啊……从而破罐子破摔。有人可能会赞赏说这是豪侠气概,但是我觉得这不过是由于他见识短浅,看不到更远的前方罢了。其实只要稍微踮着脚向前眺望,就会发现前方有一条光明的人生大路,闪烁着希望的光芒。然而,目光短浅的人往往为一时的黑暗蒙住了眼睛,轻率地断定前方到处都是黑暗,见不到光明,也丧失了希望,从而变得消沉。

"那么,以后会是怎样的呢……"

在这时,假如退后一步,想一想:"那么,以后会是怎样的呢……"就能朦胧地看到前面的路,承认还有光明和希望。这样一来,在逆境中消沉的人肯定会比现在少得多。我极力奉劝身在逆境中的人不要仅仅因为眼前的事情而迷失方向,踮起脚看得长远一些。

在我认识的年轻人当中,有人考试落榜了,有的人违反校规被开除了,有的人经商不成功破产了,有人当了别人家的养子后和家人合不来,还有人被医生告知得了重病。这些人往往都自怜自哀,不能深谋远虑,只是一味地为眼前的不幸所困扰。在他们看来,一次落榜就意味着做学问之门永远关闭,被一所学校开除就等于被世界上所有的学校拒之门外,和家人暂时合不来也等于以后永远也享受不到天伦之乐，其实所患的疾病只需休养一阵就能痊愈，却把医生告知休养的注意事项当成是死亡通知，像这样悲观地看待前方的路，是这些青年的通病。这个时候若是冷静地思考一下："那么，以后会是怎样的呢"，光明的前途也许就唾手可得。我曾经在后藤男爵那里听说过这样的故事：有一次，他去拜访胜海舟翁的时候，翁说道："你们是学医的，对于肌肉的作用多多少少都知道一些吧。有很多人对此都一无所知。明明知道脖子是能够前后左右转动的，但是，一旦发生了什么事情，很多人都不知道把脖子伸长一点往前看……"确实如此，大多数人一遇到事情马上就不知所措，不能够平心静气地想一想："那么，以后会是什么样子的呢……"所以，古人教导说："事穷、势衰之人应常问其初衷。"

前一阵子，我收到了一封信，是一位因为一些小事被学校开除的外地青年写来的。信的内容大意是：我因为一些小事被学校开除了，错误确实是自己犯下的，所以也没有什么可以怨恨的。只是我的母亲为了给我筹集学费，每天四点就起床，浆洗缝补忙个不停。虽然只是一点小错误，却被开除了，想到辛勤的母亲，我真是于心不忍，也觉得无颜面对社会。真想就这样了此一生，只是想到母亲才下不了决心。先生，您说我还有在社会上抬头的机会吗？窘迫之情跃然纸上。我马上给他回了封信，信的大意如下：假若你犯的错误如你信中所说，那在让你退学的理由当中，没有哪一条是你应该感到羞耻的。仅仅从信上所说的这些事情来看，你没有必要因为被开除就觉得无颜面对社会。只要你深刻地表达了悔恨之情，挽回被开除的坏名誉也不是不可能，学校也一定会让你返校的。两周以后，这位青年又来信了，字里行间充溢着喜悦之情："谨遵先生的教诲，学校又让我返校了。"虽然只是一件小事，由此却可以得到启发：从现在的境地退后一步看，就能看到光明的前途和解决问题的方法。

社会不是无情的

在逆境中的人常常会抱怨："人性本恶，墙倒众人推。"我也不是没有那样的念头，所谓的"一犬吠虚，万犬传实"，只要有一个人说谁坏话的话，大家都会争着传播，最后弄得那人四面楚歌。而成为众矢之的的那个人会觉得没有翻身之日，觉得与其活得这样辛苦，还不如一死百了。

但是，我觉得"人性本恶"这句话并非百分之百的正确，也许有它一定的道理，但是有的话，也只有四分，另外还有六分让我相信社会有情。所以，我相信，那些身陷逆境而愈加竭尽全力努力的人，早晚有一天会走出逆境。能够忍辱负重的人，最终会为社会认可，即使不是当下,早晚也会被承认,就算是生前不能被理解,死后也一定会得到平反昭雪,有些人甚至受到世人超过神明一般的敬重。

苏格拉底在监狱里服毒自杀后,来收取他的遗骨,为他流下悲痛泪水的,不过是少数几个门徒而已,周围很少有人对他们师徒抱有同情之心。不要说同情,有的人还拍手称快,甚至口出讥讽之言:"他以前那么高傲地教人这教人那,还不是就这样死了吗?"这时候的苏格拉底的门徒们,犹如身陷四面楚歌之境地。但是,就在他死后的第二天,国人开始意识到他的伟大之处,扼腕叹息:"可惜了这么一位伟大的圣人啊!"因为他的逝去,全国上下举国哀悼,人们到处称颂他的德行,把他当作神明一样祭祀。这些行动,不正等于谴责宣判他死刑的审判长、证人们为叛逆者吗?

也有的人认为,死后如何并不重要,重要的是在活着的时候就应当得到相应的好处。我很惋惜自己没有能力说服有这样想法的人，但是，我觉得，大部分行善之人，在活着的时候都会得到相应的善果。不过，我的意思是，不管来得多么晚，早晚一定会结出善果的。谢林说：世界的历史也就是世界的审判。确实如此。人只要这样一想就会明白，无论是怎样的艰难困苦，一旦为其自暴自弃就是见识短浅，只要忍辱负重，迟早有一天会得到善报。常言道："悲哀之人有福。"苦难不会永远持续，所以，在身处逆境的时候，要经常勉励自己："就差一点点，就差一点点了。"这样一来，境况迟早会好转，总有一天会看到光明的前途。

身处逆境之人容易嫉妒

身处逆境的人，看到别人的出众之处很容易嫉妒，希望自己不努力也能够像他们那样生活。《言海》中说，嫉妒就是看到别人的好之后，也想变成那样，是一种心病。正如字面上显示的一样，嫉妒是一种心理上的疾病。在英语中，"嫉妒"(Envy)一词的字根是"Vision"，和"看"是一个意思，也就是从侧面看事物，为"偏见"。有意思的是，日语当中"嫉妒"这个词和其字根之间也有联系。

针对同一个事物，病态地看就是"嫉妒"，健全地看就是"激励"。比如说，看到比自己优秀的人，模仿他的行为就是"激励"。见到学者，自己也立下志向：要像他们那样治学；见到圣人，就努力勉励自己也像他们那样积德修行。这些都是看到他人的"善"以后健全的表现。与此相反，要是总想：他们也不比自己优秀多少，为什么会比自己成功呢，这就是嫉妒别人的成绩了。更有甚者，会想自己本事出众却平庸无为，别人的成功背后难道是做了什么手脚吗？莫非阿谀奉承上司，讲了自己的什么坏话？像这样胡乱猜疑、憎恶别人的病态行为进一步发展就成了嫉妒。

总之,身处逆境中的人,往往不能够从自己现在所处的立场来看别人,而容易从更低的角度来看待别人。前面说到,踮起脚尖能够看到远方,陷入逆境中的人因为所处的位置更低,所以目光难以达到远方。这样一来,这些人就不能够堂堂正正地从正面看人,而是从阴暗的角落,或者是背后看人,人们有可喜可贺的好事,也不会为之喜悦,反而心生嫉妒。

去年,我家来了一个乡下的老太太。我带她在东京观光、看戏之后,问她说:"带您去镰仓看看江之岛怎么样?"老太太说:"乡下还有很多比我年纪大的老人都没去过,我一个人去的话恐怕不好。""不要那么说嘛,还是去看看吧。在老家,您天天都在厨房辛辛苦苦地劳动,去江之岛这样的地方游览一下,权当休息。您好不容易来了东京,到别人没去过的地方看看,回去讲给老人们听,大家一定会高兴的。"虽然我百般劝说,她还是说:"我要是看了回去,比我年龄更大的人会说,你一个人去镰仓看江之岛,算是什么事嘛!"最终她还是没有听我的话。

别人的愉快对自己没有什么损害,应该与他们一起分享喜悦。然而,总是有很多人看到别人高兴就跟自己吃了亏似的,这样的狭隘思想进一步恶化,就成了幸灾乐祸。

嫉妒是因为心胸狭隘

嫉妒他人是因为心胸狭隘。我认为,应该摒除嫉妒的念头,将心胸放宽阔,努力把别人的好事当作自己的好事来庆祝。经济学在尚未成熟的时期认为,在商业活动中,甲得益必定就是乙的亏损,对外贸易是双赢的想法尚未产生。比如,米店的人到鱼店去买鱼,带着的现金是卖米的把米卖给了卖鱼的人以及其他人得到的,所以,即使是拿着钱去,也是卖米的在卖鱼的那里用米交换鱼。这个时候，要说卖米的和卖鱼的得与失的话，谁都没有吃亏。假如谁要是觉得吃亏，生意就不会成交了，人们只有觉得有利，才会进行交换。人与人之间的交往也是这样的，在和他人交流的过程中，把自己会的东西教给别人，又从别人那里学到自己不会的东西。把知识教给别人后自己的又不会减少，这和交换东西一样，是双方互利互惠的行为。人情世界也和这个没有什么两样，将自己的喜悦和他人分享，喜悦不会有丝毫减损；对别人的喜事发自内心地感到喜悦，自己也不会吃什么亏。就像经济学领域还存在这种封建迷信一样，在人情世界也存在类似的封建迷信：总觉得他人的所得就是自己的所失，他人的储蓄就是自己的亏损，他人得到了好名声就犹如自己的名声受到了侮辱，他人要是学到了新东西就像自己的知识被夺走了，听到别人加工资了就像自己交了罚金，别人的擢升就犹如自己被贬谪。这些其实就是所谓的嫉妒。

要考虑共同的利害关系

与其说现在已经到达全世界的人同生共存的时代，还不如说尚且处在原始时代更加贴切，人们还缺乏"连带责任"（共同一致）的观念。人和人之间的关系还没有达到亲密无间的程度，比如火灾的时候，多多少少就会产生这样的感觉。在发生火灾的时候，要是不齐心协力的话，就不能扑灭大火。这个时候要是还自私地认为自己的家都着火了，别人家烧到了也无所谓的话，那就是心胸狭隘的极端例子了。一般人要是看到邻居家着火后，快要危及自己家的时候，都会把火当作敌人一样同仇敌忾，和大家一起全力灭火。这个时候就应当把灭火当作当务之急，模糊他人与自己的分别。战争期间，不管是平日里有龃龉的文武官员，还是曾经为了擢升钩心斗角过的军人，都应该忘记互相之间的私怨，共同御敌，为了国家安如泰山而不遗余力。总之，人如果能够超越小我，考虑到大的利害关系，嫉妒之念就会减弱。假如站到国家的立场，挣脱从一个村子出发考虑事情的小家子气，就能竭力维护本国的利益。即使同僚得到擢升，自己失去提升的机会，或者，平时从个人的角度看，自己与某个人就像敌人一样，互为对头，意见也总是不同，只要想到他也是一个增强国家的实力、能够显示国威的人，自己不仅不会气恼，反而会欣然为他助威。人若能这样想就不会起嫉妒之心，而且就算是思想没有进步，也不把他人的幸福当作自己的损失，只要相信好运最后一定会转到自己一边的，嫉妒之念也会变得淡薄。

就像前面所说的，就互相之间联系的紧密程度来讲，现在的生活状态还相当于原始时代的水平，人和人之间的紧密程度还不充分，但是，不可否认是有变得越来越强的趋势。比如，我没有亲眼见过桦太①的渔夫，甚至连他们的名字也不知道，但是，如果今年渔业丰收，我就能从无线电里听到他们拍手庆贺的笑声。就算是听不到他们的欢声笑语，第二天鱼价下跌了，我本来只能吃上一条鱼，现在能吃上两条了。再比如，要是台湾的百姓遇到了旱灾，无论怎样祈雨，雨水还是一滴不降，他们的哀鸣也会通过无线电传过来。无情的是，我们或许会因为体会不到他们的悲伤而无动于衷。但是，大米因为旱灾而歉收，米价上涨后，我们恐怕也不得不像台湾人那样发出哀鸣了。

所有的事情都像这样，村庄、国家、世界的联系越来越紧密。所以，圣人的话很有道理：我们应该"与喜悦者同喜，与悲伤者一起悲伤"。乍一看，别人的利可能对我来说是害，别人的损失对我来说是收获，其实不是这样的。

---

① 萨哈林岛的日语名称。——译者注

不仅如此,其实一个人的利是万人的利,一个人的苦是万人的苦,一个人的乐是万人的乐。这样看问题,世界才会和谐而美丽。

人如果生来就是圣人的话,毋庸置疑,能够知道这些道理,然而,一般人多为迷信驱使,想不到这一点。我们这样的凡人面对是非的时候,如果能从共同利益点出发考虑问题,嫉妒的念头肯定会变得越来越淡薄。

身处逆境之人容易怨天尤人

处于逆境中的人容易有怨恨的心理。这里的怨恨又分为怨天、怨别人、怨自己三种。这三种类型中,怨天尤人就是为陷入逆境找借口,推卸自己的责任,将过错转嫁到别人身上。这种人会认为现在的局面不是自己不好,而是上天要降灾给自己,好像自己没有一点过错,完全是被别人欺骗了一样。由此,从内心深处企图将责任转嫁给他人。而"怨自己"的说法，可能在文字的使用上有些欠妥的地方，这里姑且使用了这样的说法。我想表达的实际意思是"悔恨"。有人犯了错误以后才扼腕叹息："唉，坏了！都是自己不好才会这样！"这其实也就是后悔。因此，"怨自己"其实也是指抱有很大希望的一种心态。当然，越是后悔越是说明现在的不满足。基督教所说的"悔过"，不是"Regret"而是"Repentance"。既然说到"后悔"，也就表明了抱有很多希望的心态。我们在这里姑且先不论"自己后悔"的情形，先说一说关于怨恨"他人"或者怨"天"的一些情况。

逆境中的人在怨恨他人时使用最多的借口

世上有许多人常常把自己的缺点束之高阁，而一个劲地埋怨他人。这和前面所说的嫉妒类似。人生存在社会上，相互之间的关系变得越来越紧密,好事或者坏事都不能仅仅由一个人完成,每一件事多多少少都一定会牵扯到其他人。因此,即使完全因为自己的失败而陷入逆境,也容易在其他人身上寻找理由。比如,自己不留神得了感冒,却处处抱怨别人:去做客的主人家里不暖和,妻子做的棉衣太薄,人力车车夫没有搭起车棚而让自己受了夜间的风寒,一个劲儿地将罪过转嫁给别人。按照这样的想法推论起来,说不定还要怪罪到绸缎庄卖的布料质地太薄,纺织工厂只顾节省成本用了劣质的棉线,进而还可能牵扯到纺织工厂选的棉花有问题,等等。用这样"所有的东西都是'绣花枕头'"的理论来推论,只能得出结论:世界上所有的东西都是坏的,只有自己一个人才是好的。

但是,他却忘了,做客的主人家的屋子太冷的话,可以早点回家,没有必要久坐不归,出门的时候妻子嘱咐他要多穿一件衣服,而是他自己嫌穿得太厚，臃肿难看；车夫也问了要不要支起车棚，而自己嫌闷得慌拒绝了；质量很好的东西数不胜数，也是自己嫌贵不买，非要去买便宜货。其实，所有的事情都是自己有能力控制的，但是，发生事情后，却对自己的愚蠢视而不见，将所有的过错都怪罪到别人身上。这里我只是列举了看上去最滑稽、最不可思议的例子，但是，实际上这样的例子在生活中数不胜数，而绝不仅仅只是一个笑话而已。

刚才，我这里来了一个人，想请我帮助他找工作。他给我说起事情的原委，显得非常愤愤不平：某某人非常过分，本来可以到手的好工作因为他而泡汤了。

据他所说事情的始末是这样的。因为种种原因，他一直没能在一个地方安定下来好好工作。这一次他好好地反省了自己，决定无论如何都要在一个地方安顿下来，于是，他去拜访了一位很有名望的人，诉说自己的决心,请求那位人士帮忙介绍一份工作。那位人士也同意了,向某个公司说明了情况,把他介绍了过去。

于是,他抱着很大的期望,在家里度日如年地等待回音。但是,那个公司由于经营不景气,不能招聘新人,这件事最后还是搁浅了。事情没有办成,本来是因为公司不景气的原因,但是,这人却怀疑是那位有名望的人士的过错,是因为他过于强调自己频繁更换工作,才导致事情没成。所以,他对那位人士颇有怨言。

毋庸置疑,这就是为人乖戾的一种表现。虽然他自己说下了决心,但究竟能不能真在一个地方安定下来,那位人士也不能保证,而事实是,他在过去确实是换了不少工作。告诉公司他以前频繁更换工作固然不是很好,但求职的时候,只有交代清楚过去的事情才能说明现在的境遇。我相信那位人士的做法不无道理,但是,由于他多年都身处逆境,性格也变得乖戾，就产生了对那位人士的怨恨。

人应该有被以怨报德的心理准备

很多受人所托的人都有这样的经验：因为受人所托而帮了忙，后来反而受到请托之人的怨恨，这几乎成了人之常情，大家已经见怪不怪。今后帮助别人的时候务必要注意这一点。虽然这样有点蔑视人的意思，但实际上，十人当中有七八个都像前面所说的那位青年。

我有时候也多多少少会帮别人的忙。别人在拜托我的时候，一定会说："绝对不会给您添麻烦。"这也几乎成了一个模式。实际上求人帮忙的时候，确实有人是不想给人添麻烦，但是在事情过去还不到几年，往往都会招来那人的怨恨。我曾经把这样的想法讲给一个师兄听。这位师兄身居高位，他曾经照顾过几十个人，不，几百个人。我跟他说："人应该有被以怨报德的心理准备。"他拍手表示赞同,认为我的话确实是至理名言。

虽说如此,看到人身陷困境的时候,就会油然升起一种英雄主义情结,总想着去帮一把。身陷困境的人来请求帮助的时候,哀求说哪怕是钱少也没关系,能不能帮忙找一个合适的职位,这个时候要是听说有合适的工作,就会不辞辛劳地帮忙,介绍他担任那个职位。前两三个月的时候,被帮助的人还非常感激:"真是多亏了您的帮忙。"过一段时间以后,那人往往就会心生不满:"好不容易被您介绍过来了,却得不到总经理的重视和信任,自己也被另眼相看……"一年以后又会说:"要是薪水能够再涨一点就好了。要是您不能帮忙的话,还不如以前的工作呢。"如果让他辞职,他又会埋怨,说:"这不是戏弄人吗?"

我虽然平生信奉不要说别人坏话的原则,但是事实上确实如上所述。所以,如果没有被以怨报德的心理准备，根本就不能帮别人的忙。有这样的心理准备，不是说就不要帮别人的忙了，而是说帮忙要在力所能及的范围内。在社会上，大家还是需要互相帮助的。遇到困难的时候，要去请求别人的帮助；别人有困难的时候，也应该去帮助别人。只是，就像前面讲到的，当自己受到指责的时候，我会提醒自己不要去抱怨别人。

反省身处逆境的理由

要是能在自己身上找到身处逆境的理由，分析遭遇当下逆境的自身原因，承认原因全在自己身上，假如有这样的观念的话，也许就不会抱怨别人了。其实，逆境大多数都是由于自己的失败造成的，虽然历史上有很多人因为被人诬陷而陷入逆境，但是，不管好坏，自己确实存在那些被当成把柄的缺点。

要承认"这是我的不好，是我自己太失败

了"，本来就需要有宽大的度量，若不是很成熟的人，根本领悟不到自己的不是。想一想孩子们的情况最能证明这一点。大人和孩子们在一起的时候，他们要是因为什么事情哭了，多数大人都会想："是我不好，原谅我吧。"不会把责任推给孩子。与此类似，自己成了首领或者是当了带头大哥，成为受人敬仰的人时，才会意识到应该经常承认自己的过错。这样的人即使是受到世人的虐待，也会觉得这是自己的不对。基督耶稣被钉在十字架上，汗流浃背、痛苦不堪的时候，还叫喊："天父啊，宽恕这些虐待我的人吧，因为他们不知道自己在做什么！"只有到了这个境界，才不会怨恨他人。

只要努力，人人都可以做到

我们这些凡夫俗子，也并不是不会说：我错了，请原谅。但是，发自内心地承认都是自己的过错，还是不情愿的。

但是，我觉得只要是努力的话，这样的境界对凡夫俗子来说，并非就是望尘莫及。那些被抽象地运用到普通场合的一些思想，比如佛教所倡导的慈悲之心、基督教的爱心、儒教的仁慈之心，可以培养一些普遍适用于所有场合的思想，也就是用这些推论性的主观的方法，来消除人们的怨恨之心，这并非不可能的事情。不过，这些想法听起来不错，但是每个人付诸实际并不容易。假如摒弃了这些方法，遇到事情能够客观地、归纳性地思考"这件事情是我的不对"，深刻地反省自己的错误，不也是一个能够避免归咎于他人的方法吗？

为了方便起见，在这里我举个具体的例子来说明。假设有一个人因为事业失败而陷入了逆境，他慢慢地回忆过去，思索一步步走到失败境地的经过，比如，是怎么开始创业，当时和某某人商量了，那人非常赞赏自己的想法，于是觉得是由于那个人的竭力劝说,自己才下定决心开始创业的。一般的人在这个时候也许就会想,如果不是那个人劝我,自己也就不会开始创业了,而将对别人的建议采纳与否的决定权在自己手里这一点抛到了九霄云外,自然,他也不会去想,听从了别人建议的自己也有不对的地方。他也许觉得,这个时候反正都是难以决断,不能辜负了别人苦口婆心劝说自己的好意,那就开始干吧。但是,要是自己觉得不好的话,不管别人的出发点多么好,也要委婉地拒绝,甚至违背自己的意志,也要接受这个建议是错误的。虽然自己也许不够心诚,但是,仅仅因为别人是好心,就觉得一定要言听计从,其实是一种虚伪的表现。应该想一想自己究竟对不对,就是失败了也是因为自己判断失误,所以,也只能责备自己,而不能怪罪于给自己提建议的人。不管怎么想,事业失败的原因在于自己而不在别人。所以,怨不怨恨别人,很多时候都取决于自己。

两种身处逆境的"怨天"者

接下来说一说身处逆境怨天的情况。也许有人会抱怨，自己已经竭尽全力了，还是陷入目前的逆境，这难道就是老天的因果报应吗？其实说到老天的因果报应，已经是开始在埋怨了。有的物质用火烧时会溶化，失去原来的形状，有的会变得更加坚硬。虽然大部分东西会被烧化，但是确实也有鸡蛋那样越烧越坚硬的东西。人在艰苦的环境中锤炼也像被火烧一样，有人会变得坚硬，愤世嫉俗，也有的人会变得柔软，尝到人世间的无常和空虚。这里所说的变得坚硬，当然用的是负面的意思，也就是冷酷、不近人情、与天和所有人为敌的意思。

变得柔软是指，在逆境当中深深地感到人生的寂寞，世间的无常，从而遁世避俗。伯夷叔齐就是其中的一个例子。从前的佛教徒当中也有很多这样的人，基督教徒也是。他们或者是隐藏在深山之中，远离人世，或者是像希腊的迈泰奥拉一样，在五十丈高的悬崖峭壁上筑舍而居，为了避免和俗世有所沾染，每天只靠一个竹篓和一条绳子上下出入。

同样是怨天，有以上两种类型，因此，表现出来也是两种截然不同的行为。一种是艰苦努力后，仍然看到失败的结果，开始怀疑神佛的存在，扬言说："老子再也不信什么神佛了！"变成无神论者，觉得人世间既没有德，也没有义，最后成为激进的破坏分子。这是强者容易犯的错误。弱者要是陷入逆境，不与世间抗争，容易变得卑躬屈膝、郁闷悲观，对所有的事情都满口怨言。

这两种怨天的类型因人而异，但就将自己的失败转嫁给上天这一点上，两者都是一致的。

逆境中的人为什么要怨天

从前,司马迁在论及伯夷叔齐的时候,发出了天道是否公平的质问,语气中流露出对天道的埋怨。今天的学者们提倡"天本来就没有是非",其实,用道德的尺度来衡量天,在学理上本来就是不成立的。英国的赫胥黎主张,"自然",也就是"天",不是"不道德的",而是"非道德"的。道德观是人为创造出来的东西,"天"或者"地"本来就不是客观的东西。所以,有关天道是否公平的讨论,自古以来没有任何的进步。而且,可以假定这是人类的智慧还不能解决的问题。因此,就像上面所说的一样,人一旦陷于逆境就想把自己的过错转嫁给别人,向外界转嫁的最终结果就是连天也开始埋怨。虽然要阐述清楚这个问题必须借助宗教的力量,但在这里我想提醒青年朋友注意:人往往会把逆境或者灾难看得过重,这是一种弊病。

将逆境放大的弊端

举个例子说,有钱人假如因为丢了钱而陷入逆境,开始埋怨上天,但是,丢钱真的就称得上足以抱怨天的逆境吗?假如因为贫穷怨天是正确的话,那么是否可以得出"金钱是上天的恩赐"这样的结论呢?可是,翻开古代的历史或者英雄传记,并没有记载:有人把钱当成上天的恩赐,因为得到了金钱才认识到上天的眷顾。

扪心自问,我们在能否得到人生的幸福,或者能否达到人生的目的这点上,是否把金钱的因素看得过于重要了呢?据说罗斯福每天祈祷的时候,都希望不能贫穷到食不果腹的地步,也不要拥有影响自己上进心的金钱。虽然不能说贫困是上天的恩赐,但是,也不能相信富贵就是特殊的天恩。所以,富豪们要是因为丢失了财富而埋怨上天,只能说他们犯了把金钱看得过重的错误。名誉也是一样的,假如一个受到世人赞赏的人由于某种原因变得名誉扫地的话,这到底是不是灾祸?对于名誉本身究竟是否就真的代表幸福这一点,我是持怀疑态度的。人要是在出名后,能够善用名誉来造福社会,可以说这是上天的恩惠。要是因为出了名而傲慢无礼,说不定会因此而招来灾祸,这时候,名誉反而成为祸害。假如果真如此,人不出名反而是一种幸福。如果出名后滥用名誉,失去名誉反而等于脱离了逆境。由此类推,别的事物是不是也能用同样的逻辑来解释呢?

我相信天绝对不会虐待人。《圣经》中说:"神会试探他所爱的人。"即使身患疾病,也不能断定这一定就是逆境,健康这个东西,不一定就等同于顺境。同样,也不能仅仅依靠失去了地位这一点就认为陷入了逆境,就业也不一定就代表顺境。总之,只要是天给的东西,出入进退、贫富荣辱,一切都不是顺境也不是逆境。把心交给天的人,在这方面意外地豁达,凡夫俗子因为不能安于天命,常常怨天尤人。所以,我们在遭遇失败、灾祸的时候陷入逆境,很有可能夸大了失败、灾祸本身的缘故,也许摒除了这些固执的念头,就会走出怨天尤人的狭小天地。

身处逆境之人容易丧失同情心

处于逆境中的人,总是觉得周围的人好像都在和自己过不去,在给自己施加苦难,因此,他们对别人没有多少同情心,也体察不到别人对自己的怜悯之心。所以,这样的人容易失去一些柔软的感情,变得不近人情。他们一味地觉得自己如此乐善好施,却屡屡遭遇坎坷,别人做了那么多坏事,倒霉也是应该的,更有甚者,会起一些诸如希望别人也像自己一样遭遇厄运的念头。

我想，这或许也是日本人最大的缺点。在日常生活中有很多小事可以为例。比如，孩子想要布娃娃、衣服或者玩具的时候，很多人会想，自己还是个孩子的时候也想过要这些东西，但是，当时大人没有给买，现在的孩子想要这些东西简直是太奢侈了，于是，一口回绝。惭愧的是，我自己也有过同样的经历。

在我认识的美国人当中，有一些信仰教友派的人。教友派是一个非常严格的教派，这个教派要求信徒们生活要尽量朴素，衣服的颜色必须是黑色、深灰色等素淡的颜色，绝不能穿红色、蓝色等鲜艳的颜色。帽子要比一般人的小，不能引人注目。规定能看的书也只能是科学、宗教类严肃的书，莎士比亚、狄更斯等的作品因为是以小说居多，所以不允许多看。在这个教派的教徒中，很多人一辈子从没看过戏剧。

我其实也是这样，在孩童时代曾经非常想

要某个玩具，但是，最终也没能得到，所以，觉得现在给孩子买同样的东西是浪费。有一个属于教友派的朋友听了我的话，就对我说："其实这样是不对的。自己想要而没有得到的东西，现在的孩子们也一定很想要，我们应该体会到他们的心情。对比自己当时渴望的心情，当然应该满足孩子们的愿望。因为自己没有得到就不给自己的孩子买，这种想法是错误的。"我觉得他的话非常有道理。

但是，很多陷入逆境中的人，觉得别人遭遇和自己一样的境遇是理所当然的。

失去了母亲和孩子后所感

逆境中的人之所以会有这样的念头，是因为在逆境中失去了同情心。他们看到逆境中苦苦挣扎的人，心中暗暗地得意："那算什么啊，想当年我也是那么过来的。"他们不同情别人的境遇,反而养成了一些逆反心理。说起来很惭愧,我在失去了母亲后的很多年,都不能从这样的想法中走出来。

我怀着阔别多年后重新和母亲享受天伦之乐的期待心情,从北海道回到了故乡。让人意想不到的是,在我到达的时候,母亲已经去世三天了,而且葬礼也在前一天刚刚举行完。家人往札幌发了电报,但是,那时我已经出发在路上了,于是错过了电报。我回家后才听到母亲去世的消息,犹如晴天霹雳。从那以后,不知道为什么,我就对失去母亲的人不怎么抱有同情之心。假如逝去的人比母亲年长,我就有一种与其说是怜悯,还不如说幸灾乐祸的感觉;要是丧母之人的年龄比自己大,就会羡慕他们享受了更长的由母亲养育的幸福时光;对于和母亲分别的年限比自己少的人,也会觉得他们丧母理所当然。就这样,不会羡慕比自己好的人,也不会同情比自己差的人。羞愧的是,二十几年来，这样的感觉都在我的脑海中挥之不去。

我在失去孩子的时候也是同样的情形。明治十九年初次的丧子之痛，让我永远也不能痊愈。直到五年前，我在说起这件事的时候，心上的伤痛才不那么明显了。虽然这件事也许并不适宜公开说出来，但以我自己的缺点来推测，我相信世上一定会有这样的人。和他们接触总会感到一种冷淡的感觉，他们在批评人的时候言辞刻薄，好像因为自己心情不好，也要让别人心情不好一样。这样的人就好像身上揣着一块冰穿行在人世间，要冰冻所有接触到他的人的心。

以狭隘之心揣测他人之危险

我经常听到这样一句话："年轻人，社会可不是你想象的那么简单啊！"说这话的人也许自以为已经看透了人生百态，实际上，人生之路越走越没有尽头。人生犹如百合的根，剥了一层又一层之后，里面还是有内容。剥到中途的人，再往里剥的时候容易深入体会到人生。但是，即便剥了很多层，只要没有到最里面，都不能说是真正懂得了人生。只是剥到中途的人，动辄就说些好像已经剥到了最里面的话。有人经历过苦难，或是在人生半途体会了很多艰辛，于是预料到最后也会全是艰辛。在自己还没有活到人生尽头的时候，以过去的经验对今后作出的推断不一定完全中肯。

　　我一直坚信，上天在默默祝福每个人，也坚信，人不管是遇到过怎样的灾难，遭遇过如何艰难的逆境，最后还是会到达极乐净土。不知道这算不算迷信，反正我一直是这么认为的，也不主张以悲观之心来对待人生。我虽然经历过丧母和丧子之痛，两三次深深地体会到了人生的痛苦，但是我知道，若是因为这些就认定人生的全部内容是痛苦的思想是错误的。比如，要是被一直当作好友、非常信赖的人欺骗了，很多人也许会从此不相信任何人，觉得曾经那么信赖的友人都欺骗了自己，别人也一定没有一个是真心诚意的；也有人遇到过一个不忠诚的仆人就认定所有的仆人都不忠诚；一个本来以为有信用的人赖了账，从此就认定这个人是窃贼；一个自己非常敬重的人误会了自己，或者仅仅是从别人那里听说好像是误会了自己，就认为世界上再也没有值得敬重的人……我觉得，就这样以自己狭隘的经验为准绳，来衡量一切事物，是陷入逆境中的人应该高度警惕的地方。

只是，人应该有用不同的眼光来看待世界的信念，坚信彤云密布之后会有阳光普照。欺骗自己的友人也许他自己也非常懊悔，而且，世上真心对待自己的友人也数不胜数；没有还钱的人过两年一定会还给自己，即使这个人不还,也有不少有借有还的人;正如"智者千虑,必有一失",那位自己敬重的人也是因为一时的失误而误会了自己。假如能这样想,眼光就能变得比以前更加长远,若是怀着善意观看人生,就不会觉得这是一个悲观的世界。通达的人能够通观全局,拥有豁达的心态,摒弃自己狭隘的经验,用一颗公正、宽阔的心来看待人间万象。我想要是有这样的心态,不管是陷入怎样的逆境,心都不会变得顽固不化。

陷入逆境的人心容易受伤

陷入逆境的很多人在艰苦的忍耐后能渡过难关,但是心灵上却留下了深深的伤痛。他们虽然在锤炼后变得坚韧,却丧失了悠然自得的心境;虽然长出了铮铮傲骨,却失去了柔软的肌肉;虽然变得坚强,却失去了温暖。从前,渔夫们在制作号角的时候,会选取刮痕多的海螺。因为据说这种海螺在经过无数次海浪、岩石和石块的拍打和撞击之后，能够发出最嘹亮的声音。我想，刮痕虽然让海螺的声音变得更加嘹亮，但是，决定能不能发出动听的声音的，却是刮痕以外的力量。

在逆境中受伤的老人

我认识一个多年在逆境中苦苦挣扎的老人。此人在明治维新时属于旧藩一派，后来饱受逆境之苦。明治政府成立以后，老人省吃俭用，让爱子接受充分的教育，期望他将来替自己洗刷当初的污名。因此，为了在本来就捉襟见肘的生活费中省出孩子的学费，老人深受清贫之苦。他不惧逆境，遭遇了重重困难，最终达到了目的，如愿以偿地让孩子完成了学业。但是，他的心灵也因此饱受伤害，觉得世人都是冷酷无情之辈，变成了一个异常顽固、没有同情心的人。

我有一个切身的例子来说明老人心灵受到过的伤害。前年我患眼疾,当时正好在东京的好友宫部(金吾)①博士来看望我,他在病床前念书给我听,真挚而愉快地照顾我。

这天,上面说到的那位老人正巧也来看我,看到这幅情形显出非常惊讶的样子。之后,他对我说:"宫部先生人有那么好吗?他是出自真心才从早到晚地照顾朋友吗?在我看来,他有点装模作样呢,世上哪里有这么好的人……"这是因为老人长时间身处逆境之中,饱受打击,认为世上尽是冷酷无情的人,所以,看到了别人的热情行为,反而觉得不可思议。

像这样心灵受到伤害的人,世界上数不胜数。

后来,老人以前的伤痕慢慢地愈合了,到现在已经基本上看不到痕迹,他对别人变得也

---

① 植物学家。——译者注

能够抱有深厚的同情之心了。这一方面是由于他修养有道，另外，更主要的原因是，他后来交往的人都很热情和善。于是，当初他认为世人都很冷酷，受到扭曲心灵，这时候也像春天的冰雪一样，在旭日的照耀下自然而然地解冻了。所以，即使陷入逆境，心灵受到伤害的人，也要尽量善意地去理解别人的行为，只要有一颗能够感受温暖的心，伤痕就会自然愈合，同情之念就会慢慢养成。

受伤的人要善用伤害

著有《一粒米》的森恒太郎是个盲人。他刚刚失明的时候，陷入了深深的失望和忧郁之中，曾几次自杀。有一次，他的手拈到一粒掉到膝盖上的米粒，从此豁然开悟，之后为社会做出了很大的贡献。他要不是因为失明，也许现在还依然在为政治而奔走，那样的话，在仕途上难保他一定就会平步青云而不会失败。如果运气好的话，也许会。即使那样，他恐怕也依旧只是个小小的地方政客，整天说一些言不由衷的话。看过那么多名士的结局，我以为，像森恒太郎那样，失明之后集中精力造福一方，或者建造出一个模范村，或者著书立说，为社会做一些精神贡献，更加意义重大。受过伤害的人，需要为善用伤害而努力。腿受伤不能走路的人，行走只能借助假肢，假肢虽然不能像原来的腿那样灵活自如，但是也有无论坐多久都不会麻痹的好处。失去手腕的人和别人打斗，也不会犯下殴打致伤罪。基督教教义中说："如果谁有看到丑恶的东西而喜悦的癖好，那么挖掉眼珠失明进入天国，更胜于睁着眼睛犯下罪过。"残障者利用他们的缺陷得到世人的同情，乞讨虽然是卑劣的行为，但是，因此却减轻了国家和社会的负担，也就丝毫没有可耻的地方。井上侯爵和已故的伊藤公爵在阐述政见时，若是意见相左而发生争执，就常常手指额上的刀疤，以表明挽回友谊的信念。像这样，不是因私，而是因公利用自己的伤痕，就称得上"善用"了。

鸟受伤以后，以翅膀遮盖伤痕。我们人在遭遇到人生挫折的时候，也会半夜背着人伏枕痛哭。可以肯定地说，几乎每个人都有过这样的经历。不是十个人中有九个，而是十个人都受过伤，也就是说，不管是富人、穷人，有学问的人、没有学问的人，地位显赫的人、卑贱的人，统统都受过伤。想起自己的心酸之处而怨天尤人虽然情有可原，但是再一想，这些都是心酸人生不可或缺的东西，没有谁能够避免。这样一想，也许就能够善用伤口了。这正像男人身上的乳头。男人的乳头看起来似乎没有任何用处，学者们至今仍然还在研究其存在的理由。同样，我们会想：为什么一定要遭遇这样的不幸呢？即使解不开其中的原因，只要相信这一切都包含着某种使命,即使不顺利也能激发起好奇心,顺利的话,会成为一种信仰,这样想,就一定能养成承受艰难辛酸的忍耐力。

三、处于逆境时退后一步再行动

"湿毛毯"一样的人

有一种人总是恶意地解释他人所说的话,曲解别人的意思,他们对别人的行为不能从心底感受到亲切,反而以冷脸迎之。大家看到这样的人可能都会避而远之。就像《浮士德》中的恶魔梅菲斯托菲勒斯一样,女人和孩子看到他们,会害怕得避之唯恐不及。这种人也就是西方人所说的"湿毛毯(Wet Blanket)一样的人",总是打破快乐的气氛。大家好不容易聚在一起的快乐聚会,因为这种人的加入而半途夭折,在座的人感到扫兴,一个人离开了,接下来又一个人离开了,不知道什么时候热闹的人群渐渐散去，只剩下空寂的席位。

这种人为什么会变成这样呢？有很多先天的因素在里面，但是，很多人都是因为孩提时代在逆境中被抚养长大，性格扭曲而变得固执。本来他们应该像树苗一样笔直地随心所欲地生长，但是被逆境扭曲了本性。每次我听到这样的事情，都会觉得很讨厌，同时又为他们感到可怜。想一想他们的性格之所以会变成那样，是有一定的原因的，要是自己处于和他们同样的境地，也许会比他们更扭曲吧，这样一来，也就不难理解他们的扭曲之处了。

这样的人往往觉得社会冷酷，世人无情。自己付出了如此大的努力，还要在这样的逆境中受苦。没有人理解我的心，没有人来安抚我的伤痛。没有一个人说一句温暖的话来抚慰我的悲伤……光责备别人，认为这个世界实在是冷酷无情。这种境况在妇人尤其多见，可以说，这其实就是一种怨妇情结。但是，不仅仅限于妇人，这样的男人也绝不在少数。对这个问题，我曾经有过反复思量。这个社会，这个社会的人……总之，也就是自己不怎么认识的人，但是，自己都不亲近的人，又有什么理由对我们寄以同情之心呢？再说，即使是在表面上没有表现出同情，也不一定说明人的内心是冷漠的，不近人情的。世上有很多人对自己没有见过面的人，甚至不知道姓名的人怀有仁爱之心。白绫未必就是无色的。古代和歌有云：

> 深深渲染人心物，自古无人见有色。[1]

退一步讲，原因也许并不是别人没有同情心，而是因为自己心里没有同情的念头，所以，别人才不会对自己抱以同情之心。"以心传心"，"投桃报李"，这些成语说明，只要是自己有一颗同情心的话，一定会为别人体察到，也会得

---

[1] 和歌。——译者注

到他人的同情心。若是自己愤世嫉俗,又怎么指望能得到他人的爱呢?

身处逆境者的"叫花子根性"

就算自己在逆境中如此痛苦地挣扎,世人怎么能了解我的痛苦呢?为了得到别人的同情,不择对象地诉说自己的痛苦,在我看来,是一种卑劣的行为,我称其为"叫花子根性"。这和为了得到一文钱的施舍,向大街上行走的人展示自己的残手断脚,哭诉不幸的举动毫无两样,是应该鄙视的行为。

也许这看上去很懦弱,一点也没有男子汉的英勇气概,但是,如果不将自己的痛苦跟人和盘托出,别人也就不能了解究竟是哪里在疼痛。因此,既指望别人不侵犯自己的隐私,又能安慰自己的想法,基本上都是不能如愿以偿的。另外,安抚的人也不知道究竟是哪里疼痛,往往都会将伤者从头到脚统统抚摸一遍,以确定伤口的具体位置。但是,被摸的人一定就很高兴吗?不是的,不痛的地方被人触摸到必定会感到难堪。陷入逆境的人,想得到别人的怜悯,但是如果不向人全盘托出痛苦所在的话,终究还是无计可施,无异于隔靴搔痒。因此,他们也不能发挥出"叫花子根性",倾诉说:这里疼啊!那里好痛苦啊!

从这个角度来说,处于逆境中的人难道没有办法倾诉痛苦吗?如果倾诉的话,应该怎样报告这一切呢?

告诉亲友身处逆境的痛苦

带有"叫花子根性"的不择对象哭诉的行为不值得推崇。但向亲友倾诉自己的痛苦却绝非一件坏事。不,准确地说是非常有益的事。这个时候,最容易理解益友的重要性。我想向身处逆境而苦恼的人推荐这个做法。

很多女性，包括一部分男性也有这样的倾向。他们容易对那些即使是不认识的人，也将自己的不如意和盘托出。比起独自闷闷不乐，女性向人倾诉后会减轻痛苦，就会不假思索地和盘托出。不过，这样一来，虽然痛苦暂时减轻了，但是不分对象的倾诉却可能为以后漫长岁月增加痛苦。

男人要是把心事痛痛快快地向别人倾诉出来，会得到很多人的赞赏，认为他是一个没有秘密的爽快人。兼好法师①也说过："涌上心头之事闭口不谈为鼓腹之术。"我自己的性格也是，要是有什么心事，就不吐不为快，所以并没有什么权力批评这句话。不过，我还是对于世人所说的"人要一览无余，没有秘密最好"这样的意见不能苟同。这世上没有一个人能够

---

① 吉田兼好，镰仓末期的和歌诗人。——译者注

做到没有一点秘密。有人认为,既然是"秘密",肯定都是一些见不得人的事,事实上根本就不是那样。世界上有无数的秘密说出来丝毫也不会让人感到羞耻,而且,根本没有说出来的必要。

我有个朋友曾经说过:"夫妻的房中秘事不能外传,所以不是什么好事。"我却认为,这正好是夫妻之间忠贞专一的证据,在两个人之间不需要隐瞒什么,只是不应该让第三个人知道而已。而且,这样的事情对天不必觉得羞耻,同样对别人也没有什么可耻的,只是没有必要跟别人说罢了。如同夫妻关系一样,人和人之间有很多只限于两个人之间而没有必要让第三者参加的关系,就像宗教的观念一样,只需隐藏于自己的内心深处。

人生有很多这样的秘密,即使暴露了也不会犯下罪过,不会辱没名声,但是,也没有必要说出来。虽然也有很多泄露出去后可能会有损名声,但也有很多反而会给人增光添彩。所以,成为秘密的事情不一定是坏事情,而且,每个人都有自己的隐衷。

人在逆境中容易变得脆弱,这时候不择对象地吐露是一件非常危险的事情。如果秘密藏在心里很难受,那可以跟自己最亲密的友人倾诉。

对人吐秘密,切切细嘱咐:勿对外人讲,其人必再说:勿对外人讲。

不分对象地诉说自己的秘密时,传播过程中必然会以讹传讹,导致传言离事实真相越来越远,反而会埋下伤心的种子。

处于逆境时退后一步再行动

在遭遇突如其来的灾祸的时候,人基本上都不能正确判断灾祸的严重性。比如,人在被脚卜突然飞起的鸟惊吓的那一刹那,对于刚刚飞走的鸟的名称、大小、颜色、形状,可能基本上都是一片茫然。然而，只要稍微隔上一段时间，再端详已经飞上天空的鸟的身姿，可能就会清清楚楚地说出大小、种类了。人往往都是这样，在遭遇到天灾人祸的最初时刻会失去理智，看不清事情的真相，或者将小事的严重性夸大，或者低估大事的严重性，分不清轻重缓急而盲目费心劳神。

再者，灾祸刚刚发生的那一刹那，立即采取措施说不定会带来负面影响，最终殃及将来，带来更大的灾害，所以，最好能冷静地退后一步再行动。当然，有些灾祸在发生的刹那之间就必须立即着手解决。比如，失火的时候应该马上行动，这时候静静思考就只能任由火势蔓延；盗贼入室抢劫财物，也不能拜托他延迟到第二天再来；生了病也必须马上治疗，刻不容缓。上述的事情在发生的时候就必须立即采取措施。但是，世上也有很多事情正好相反，耽搁一下也无大碍。

有很多灾祸在发生的顷刻就需要我们静下心来仔细思考，该闪避，还是该接受，一直到采取行动都需要深思熟虑。发生火灾时控制火势刻不容缓，但对于起火的原因、灾后的重建等问题都需要考虑充分；遇到盗贼也是一样，抓住了以后该怎么处理，是交给警察，还是宽恕他，抑或是好好劝说督促其改正，都需要考虑周全；生病也是一样，若是不冷静思考处理，病情也许就会迅速加重，其影响会扩大到两倍、三倍，最终让自己的处境愈加艰难。

关于这个话题，我的一个朋友给我讲过一个他亲身经历过的例子。我的这位朋友曾经积劳成疾，治疗了三年后才好不容易痊愈。朋友这样说到他得病时的情形："有一天，我下班回来后突然病倒了，家人又惊又吓，手足无措。妻子哭着说，'早知道你平日里工作辛苦，但哪里想到会成今天这样。'我笑着安慰她说，这样的病过不了两三天就好了，不必担心。

"第二天，妻子把我托付给护士小姐，对我说，'我也受了惊吓，很疲劳，请让我去别的地方休养两三天吧。'我当时也认为不是什么大病，就应允了。但是，过了一两天后还不见好转，后来才逐渐知道病得不轻。妻子在我刚刚病倒的时候担心得落泪，后来知道我病重的时候反而离开我去疗养三天，真是个奇怪的家伙，我甚至有点怀疑她是否分得清轻重缓急。不过，妻子在三天后如期回来了，之后都极其细心周到地照顾我，这样前后迥然不同的态度让我颇为不解。一个月、两个月过去了，我的病越来越重，一直到三年后才痊愈。这三年间，虽然我还是不能理解妻子态度的反差，但她对我的细心体贴始终如一。五年后，有一天我终于忍不住问起妻子：'你那个时候究竟是怎么想的？'她说：'在你生病的时候我就预想到了，你的病不是一天两天的事情。你这一病倒，就像脚边猛然窜出一只鸟一样突然，关于今后对你的护理，必须作长远的打算。我也需要冷静，在病人身边想必会为眼前的困境所困，一时看不到将来。所以，我还不如暂时离开你为好。还有，看到你病倒我非常着急，晚上急得吐血了。这样就坏了，我还需要护理你，不能自己先病倒了，所以，还不如先离开一阵冷静下来。总之，为了好好考虑一下你得病的缘由，休养一下自己疲惫的身心，思考一下这次灾祸的轻重、今后的对策等等，所以那时候我要求离开你三天。'"

这就是朋友的亲身经历。所有的灾祸和逆境都是突如其来的，这样的时候需要处变不惊，好好考虑前因后果，思考轻重缓急。一味地慌乱反而会让人陷入愈加艰难的境地，事态也会加倍严重，最终使人深陷其中，不能自拔。

四、顺境和逆境之间也许仅一步之遥

什么是善用逆境?

大部分的人都有过曾经身陷逆境的经历。人一旦遭遇逆境,精神上就容易受到前面所举的六个负面影响。那么,在逆境中的我们是否应该避开,抑或是消除这些影响呢?我认为,我们应该善用逆境。

一旦遭遇逆境,我们应该将其善用,以加强精神修养。比如说,炎炎夏日里忽然吹来一阵山风,骤雨从天而降,这时若是没有携带避雨之物,就只有到树底下,路边的古庙、屋檐下避避雨。无论刮风下雨、日晒雨淋,都要勇往直前地前往目的地,假如有这样的思想准备,就会迎风冒雨继续赶路,等到乌云散去,阳光晒干打湿的衣服。我要是身陷逆境,不会觉得逃避是一件坏事,但是也绝不会赞同它是好事。善恶全在于动机与方法。万万不可做出因为怯懦而临阵脱逃,或者嫁祸给他人的恶行。我始终认为,应该忍受逆境、超越逆境,加强自己的修养,这大概也正是我所说的"善用逆境"的含义之所在。《菜根谭》中说道:"天之机缄不测,抑而伸,伸而抑,皆是播弄英雄,颠倒豪杰处。君子只是逆来顺受,居安思危,天亦无所用其伎俩矣。"还说道:"居逆境中,周身皆针砭药石,砥节砺行而不觉;处顺境内,满前尽兵刃戈矛,销膏靡骨而不知。"都是劝人不必为身处逆境而感到悲伤。

那么,究竟该如何善用逆境呢,以下我会就此谈一些自己的感想。

善用逆境，获得同情之心

现在的基督教能给亿万人以心灵的安慰，其原因就在于耶稣基督历尽了人世的辛酸。歌德称基督教为"悲哀的神殿"（Temple Sorrow），我认为这是个意味深长的说法。正因为逆境的存在，我们才懂得了同情体谅人的感情。要是成天纸醉金迷，一生都在风花雪月中度过，又到哪里去领悟这些人的感情呢？不懂这些感情的人也就无从谈起能品味人间真情。武士要知"幽情"，不懂得这些就不是真正的武士。常言道"掐己方知人疼"，若不是曾经身陷逆境，体会过逆境中的艰难，就不会真正懂得人情的真谛。

人和人的感情中，最美的就是同甘共苦。将喜悦与人共享诚然美丽，若是独自体味喜悦也不会给他人带来痛苦。这世间也有人吝惜和别人分享喜悦，这样也不会给人带来什么麻烦。但是，悲哀的时候如果有人分担，十分的悲哀就变成了五分。这即是人在社会上生存的必要条件，也是能善用逆境的必须要素。

我想到一位博士——伊藤（清臧）农学博士，前些年，他远渡南美洲的阿根廷，在那里对抗白人，体现了日本民族真正的价值。他从札幌农学校毕业以后，曾经一个人从奥州①徒步走到东京。时值盛夏，炎炎夏日之下大地一片灼热，草木几乎都要燃烧起来。他在途中还生病了，当时的处境异常艰难。我当时正好因神经衰弱，在北海道休养。博士回到东京，听说我身体不适以后，特地寄来书信慰问："我在此之前几乎没怎么生过病，对病人也不怎么能抱有同情之心，反而认为得病的人很愚蠢。这一次自己生病后才能由衷地同情生病的人。先生现在身体欠安，想必一定很痛苦。我这次得的病，大概也是上天为了让我体会到先生的病痛

---

① 日本东北地区。——译者注

之苦而特意降下的。"经历过逆境的人,才会将心比心,对他人的境遇给予深切的同情。

我在求学期间,几乎没有经历过什么艰苦。在美国留学的一个时期,家里突然中止给我邮寄生活费,我至少有五六个月的时间生活异常困窘。当时看到同学中有出手阔绰的人,心里也并不是没有生出一些歪念头。但是,我坚持自己洗小件衣物,一天只吃一顿正餐,其余的两顿用面包就着冰吃。当时没有什么影响,后来才发现对身体健康有一些损害。正因为我有过这样的经历,所以,后来遇到类似的贫苦学生,即使金钱上不能帮助他们,我也尽量从精神上鼓励他们。

善用逆境,获得宽容之心

假如能够善用逆境,原谅对方的缺点,就能将此作为改正自己缺点的契机,从而获得更大的勇气。比如,在和有些人交往的时候,有时候会觉得:"那家伙脾气怎么那么坏,真受不了","真令人讨厌"。不过,如果好好查一下他的履历,就会发现他之所以变成现在这个样子是理所当然的,甚至因为他没有变得更坏,反而觉得他很伟大。有的人非常内向忧郁,不怎么和人说话。一打听他过去的经历才知道,他早年丧母,寄养在别人家,受到了种种虐待,数九寒天只穿一件单衣服,被冻得瑟瑟发抖,或者一天只有两顿饭吃。知道了这些缘由之后,对他成为现在这个样子就不难理解了。要是自己也曾经处于他那样的境遇,说不定还不及他呢。甚至会想:说不定自己因为报复打伤虐待自己的人还在坐监狱呢,他有如此坚韧的忍耐力,的确值得佩服。于是,也不觉得他的缺点可憎,反而谅解他了。要是自己也遭遇到这样的不幸,我就会自我反省:他不是做到了忍辱负重吗?自己没有理由做不到这点。这样自省以后，也就变得更有勇气了。

　　前些年，我坐洋车的时候，曾经遇到过一个车夫。奇怪的是，他身为车夫，竟然不怎么识路。询问他过去的经历，才知道他本来是东京市内的一个商人，生活相当殷实，只因为生意破产才沦为车夫。市内有很多他以前交往的熟人，女儿也嫁的是有头有脸的人家。白天拉车如果遇到这些人，倒不怕自己难为情，只是怕给女儿添麻烦，所以，只有晚上悄悄出来拉车挣钱。听到这些的时候，我暗暗地想：他真是一条能忍辱负重的好汉！自己要是处于和他同样的境地，也许早就自寻短见，或者自暴自弃，说不定已经变成盗贼了。一个人若能这样体谅别人的短处，自己的心胸也会变得更加宽广，若是能设身处地地想想自己要是同处逆境，能不能一样处变不惊，久而久之，自然会变得更加勇敢，再面对逆境时就能够平静地说："这算什么呀！"超越艰难险阻的力量便能自然涌出。

善用逆境,获得感谢之念

在我经常听到的基督教故事中,基督徒把艰难称为"十字架",在他们看来,这是至关重要的东西。耶稣一生受到无数迫害,但是最为惨烈的是被钉在十字架上的那一次。耶稣忍受了这次苦难,基督徒们也以此为荣。也正因为基督清白无辜受到责罚,坚贞不屈地经受了十字架上的刑罚,十字架成为忍耐和勇气的象征。在那时候的罗马法律当中,没有比磔刑更加耻辱的刑罚。耶稣受刑以前,十字架象征的是人生最大的耻辱。由于耶稣在上面受刑的原因,基督教徒们开始对十字架怀有敬意,当他们陷入人生逆境时,有人自称这是按照自己门派的开山祖师的做法,反而会非常高兴。罗马时代,因为信仰基督而受到迫害的有许多人,从那以后反而鼓起了勇气,意志昂然地感谢上帝:"让我和您一样被处罚吧,那将是我无上的光荣！""我这样的无名之辈要承受这么多苦难，是上天在考验我，这是多么难得的事啊！这是上天没有抛弃我的象征，假如上天抛弃我了，为什么还要这样考验我呢？"这样想的话，就能够忍受重重艰难了。这就犹如学生临考前一样，虽然有应考的痛苦，但痛苦中也包含着取得了考试资格的喜悦。上一个困难的结束和下一个困难到来的过渡，也宛如笔试与口试的交替一样让人期待。

痛苦越多，就越能激发我们的勇气、信念，让我们的感激之情也越发浓烈。一旦到了这样的境界，逆境难道不是比顺境更可贵吗？忘了这是谁的作品，我经常爱吟诵以下的诗句：

> "or sure," twere better to bear the cross,
>
> Nor lightly fling the thorns away
>
> Lest we grow happy by the loss
>
> Of what is noblest in the mind.

诗句大意(郭志鹏译):

确实,背负起十字架是最好的选择,

不要轻易地将荆棘丢在身后,

这样,我们就不会在得到幸福的同时,

失去心灵中最高贵的部分。

善用逆境的感人少女

世界上有很多不幸的人——其处境之艰难远非"逆境"两个字就能形容。我所知道的一对母女就是其中一例。母亲再婚嫁到远方,跟着去的女儿正值十七岁的花样年华。去年,我旅行的时候见到了她们。母亲把女儿托付给我说:"麻烦您了,先生!请让我的女儿跟在您的身边吧,拜托您好好照顾她!"之后,她的女儿就来了我家。她看上去身体很虚弱,呼吸器官好像有问题,经过医生检查后,果然发现她胸腔某个地方有问题。

但是，要是如实告诉她病情，她该多么失望啊，也许她的人生从此将陷入一片黑暗，说不定还会发生什么不测。虽说如此，但也不能对她隐瞒病情。为此我费了很多心思，一次次地把她叫来，询问她的健康状况，尽量安慰她。因为不能让她总在东京待着，靠一个好心朋友的帮助，后来我终于找到一个心地善良的医生，安排她进了一所能一边工作一边疗养的医院。

在她就要启程的那天早上，我把她叫来细细叮嘱的时候，她用极其沉重语调说道："我生来身体就弱，这是我的不幸，事到如今也没有办法了。现在我能够到空气清新的医院疗养，都是托先生和太太的福，你们的恩情我终生难忘。若不是当初在某学士家里见到先生，今天恐怕也就没有机会得到先生的恩惠了。我能有今天的福气，也要好好感谢那位学士。我当时去那里是因为那位学士和我的父亲是同乡，所以我也很感激我的父亲。"

听了她的话,我非常佩服。我自己受到的感谢且不论,虽然没有直接照顾到她,她却是那样感谢那位学士和自己的父亲,实在是让人钦佩。

善用逆境,看到令人欣慰的光明

实际上,世界上有很多身处逆境的人。他们没钱维持生活,有的还身患重病而不能工作,尽管焦虑万分,却力不从心。对于这样的人,比起精神上的安慰,当务之急是维持他们的生活。如果做不到这点,也要努力做点事情,让他们看到希望。从这点上看来,上述的少女就很好地做到了"身处逆境而善用之"。

所以,无论遭遇了怎样的不幸和逆境,只要用心,就能在黑暗中发现一条光明的道路。有些事看上去似乎都是苦,其实苦中也有甜,而且,只会被有心的人发现。比如,做寿司的材料有多种多样，除了甜的、美味的，还有辛辣的。用心的人会忽略苦的、辛辣的，而去发现甜的、美味的。说得再具体一点就是，在遭遇过极大不幸的人中，也有人能够看到世上还有比自己悲惨得多的人，觉得和他们比起来，自己的境遇也不是最糟糕的，于是就不会那么痛苦了。要做到这点需要有很好的修养，除此之外，同时也需要有很大的勇气，这点我已在本书中有关"勇气"的地方做了论述，在这里就不赘述了。

逆境是考验自己和他人的试金石

只要经历过一次逆境，就能看到世人的真面目。人们在春风得意时掩盖了的心灵污垢，在面对逆境的时候就会暴露无遗。人在得势的时候，即使是素不相识的人也会找一些这样那样的理由来拜访，竭力与其攀亲结友。但是一旦失势，不要说不认识的人，就是平时看上去情真意切、宛如莫逆之交的人也会对他避而远之。只有在一个人身处逆境的时候，才能清清楚楚地体会到人心之冷酷。

基督被钉在十字架上的时候，以前追随他的几千个门徒都离他而去。在我认识的人当中，有一位名士曾经因为莫须有的罪名进过监狱。那些以前跟他关系融洽，似乎是值得信赖的人在得知他进了监狱以后，再也不登门拜访了。顺境培育了人和人之间的友谊，陷入逆境后，这些友谊开始受到考验。顺境中的友谊难辨真伪，一旦陷入逆境，每个朋友各自的本性就暴露无遗，这和"家贫出孝子，国危现忠臣"是一个道理。

西方有谚语说："得势之人，远亲找上门。"这句话真是一针见血。比如，有一个普普通通的人，他跟周围的人不怎么来往，有的甚至形同陌路。在他出远门的时候，既没有从谁那得到过一句安慰的话，之后也没有和谁有书信来往。然而，一旦这人发了财，春风得意衣锦还乡了以后，平时并不熟悉的人马上就来结交，似乎跟他一下成了亲密的朋友难分难舍的亲戚。

我和自己的朋友，曾经谈及当时一位名声显赫的人。当时，我的这位朋友指着那位人士说："他是我的叔叔！"而且说了好几遍。那位人士在当时春风得意，相当有名，但是，我听说过关于他的一些不好的传闻，所以，此时便对朋友说："是吗？我隐隐地听说了一些关于他的不好的传闻，本想提醒他注意。我和他既不熟，又是外人，一直没好意思说。既然你和他是亲戚的话，那正好，你能不能提醒他一下？"听我这样一说，他的态度立马来了一百八十度的大转弯，当即否认："不是的，他不是我真正的叔叔，我们没有血缘关系……"并且马上显出疏远的样子。像这样，人往往都是站在自己的立场，为了自己的利益，利用处于顺境中的人，要是看到这人有一点要失势的倾向，马上就避之唯恐不及。现实生活中有很多这样的例子。在我的朋友中，有一个人每月薪资很高，生活很优裕。有一个身份、地位都远不及他的人，自称是他的同乡同族，频繁地登门拜访，到处和人说跟我的这位朋友是亲戚。朋友对他说："你说是我的亲戚，我查了查家谱，好像我们没有什么血缘关系啊。"他回答说："我们是没有血缘关系。但是，血缘这样的东西，在人死后就断了。姓氏的关系却是一直保留着，到什么时候都不会消失……"假如道理非要这么讲，此话也说得通。但是，要说仅仅因为姓氏相同就有关系，那社会上那么多的渡边、佐藤、中村都是怎么回事呢？西方有数以千万的人姓"史密斯"，难道他们都是亲戚吗？

而人情往往都是这样，人若处于顺境，素不相识的人都会争相来攀亲结友，一旦陷入逆境，不管多么亲近的亲戚都会避之唯恐不及，装着不认识。即便不是全部，大多数人都是这样的。所以，我认为逆境是考验人心的好机会。

我的主要目的并非想责备世人，而是旨在提醒自己要引以为戒。假如我的某位同乡同宗身居高位、权倾一时，我会不会去巴结奉承呢？即使现在不会，以后会不会去阿谀奉承、巴结权贵呢？批判世人的同时，我也在自省。总而言之，逆境不仅是测试人心的试金石，也是试探自身精神的力量。

古时候，齐的大公娶了马氏。最初的时候，他只知道读书，不善管理家业，于是马氏要求离婚。后来大公分封齐国后，马氏又要求复婚。大公以盆取水，倒在地上，让马氏将覆水收回来，但是，捧起来的不过是泥土而已。这就是古书里记载的"覆水难收，离缘难续"的故事。连起誓要白头偕老的夫妇之间尚且如此，和他人的交情随着顺境逆境的变化而离合也就不足为怪了。不过，也有朋友之间的友情在逆境中愈加深厚的例子，而且，没有比患难之交更加牢不可破的友情。已故的伊藤公爵和井上侯爵性格不同，思想和行事风格也有差异，但是二人之间的情谊却从未改变。这是因为他们的友情是在共事多年之间，在逆境中结下的。基督教创始之初，教徒们共同经历了受迫害的苦难，所以非常团结。

在逆境中修炼超凡脱俗的修养

逆境中的人恐怕大都有过被得志时结交的友人离弃的经历。人在这时不仅会倍感世人的冷酷无情，而且会深深觉得自己失去了可以信赖的价值。基督的门徒平日里非常尊崇他，紧紧跟随在其左右，狂热的程度简直到了愿意和他同生共死的地步。但是，在基督被钉到十字架上的时候，除了极少数人以外，其他人都作鸟兽散。我在这里拿基督举例子，并不是刻意要批判基督教徒,而是因为很少有人像基督那样历经重重苦难。正如"天无绝人之路"所说的一样,我坚信世上还是好人多。只不过事实是,很多时候都是最信任的人最不值得信赖,在这时候,遭遇背弃的人往往就会口出怨言。

这是因为有些人一开始就不值得信赖,相信他们本身就是个错误。但是,不能因为一个人不值得信赖就断定他冷酷无情,相反,应该多反省一下自己看错人的失误。一个人如果能达到这个境地,就已经有了相当了不起的进步,并且思想上升到宗教的高度了。这里说的宗教并不特定局限于哪一种。不论权贵、富豪,还是学者,只要一个人意识到不能绝对依赖他人这点,其思想就已经达到一定的高度了。这时候,人的思想已经超越了普通人的水平,开启了与灵魂交融之门。在他们拥有这种超凡脱俗的品格以后,他们所说的话即使是戏言也意味深长,行为举止即便如孩童一样天真烂漫也无可非议。虽然他们的行为看似和普通人相差无几,但却蕴涵着非凡的品位,在他们身上发生的一些看似不雅的行为,例如,饮酒作乐等,都和普通人不一样。达到"唱歌跳舞皆合规矩"的境界以后,逆境能得到最巧妙地运用。在进入宗教世界以后,逆境开始绽放出绚烂的光彩。

小说《不如归》①中,信奉基督教的老妇人小川清子,向不幸的浪子讲述了自己孤独悲惨的一生。之后她说:"自从我相信灵魂不死以后,从前以生死来定义的世界变得宽广了;认识到天父的存在之后,就像失去了双亲又得到了更伟大的双亲一样;知道了爱的作用以后,丧子后心里也会觉得自己拥有众多孩子;我在受到教导,得知人生总有希望之后,反而变得能安享苦难了。"这也许就是到达此种境界后的告白。普通人到了这种地步,也许会觉得自己

---

① 德富芦花的长篇小说。——译者注

遭到了全世界的遗弃，看破红尘后甚至想到自杀，或是变得怨天尤人、愤世嫉俗，对任何事情都口出怨言，给自己和周围人带来莫大的不愉快。

这样看来，逆境有时候比顺境能够带给人更多好的启示。客观地看，逆境中虽然有喜有悲，只要主观上具有主动善用逆境的精神，内心也许就能深深体会到逆境的好处。

明治八、九年，海上胤平[①]游览纪州[②]之时，应当地有识之士的要求，挥毫写下一首和歌：

人心似剑，一边锋利，一边钝。

附近的一个名为藤田真龙的人读后，也作和歌一首：

---

① 明治时代的文人，擅长书法与和歌。——译者注
② 古地名，现在的和歌山县。——译者注

> 胤平卖双刀，其一锋利，其一钝。

犹如刀有锋利和钝那样，人的境遇也有顺逆之分。客观来看，有顺逆的差异是毫无疑问的。一把锋利的宝刀，只要使用它的人技术不好，这把刀也可能和普通的切菜刀没有什么两样；使用的人若是高手，钝刀也能充分派上用场。与此类似，逆境虽然确实有不好的地方，但是假如能主动善用逆境，也许能从中得到胜于顺境的启示。

高瞻远瞩，顺逆皆不存在

我还在北海道教书的时候，有过一次本想教训学生反而蒙羞的经历。在我的学生中，有一位学生家境贫寒，住在一个月三十元钱的大杂院里，忍受着吃粗粮、照孤灯的恶劣生活条件，艰难求学。我提醒这个学生，让他注意卫生，谁知道竟遭到了这位学生的反唇相讥："照进我家的破隔扇的月光，和照进先生家的玻璃窗的月光比，并没有什么区别。"原来如此！这句话让我大为感触，至今依然印象颇深。

处于逆境中的人，只要能够冷静下来，思索目前的境遇："这是何物？"并且以探求的心态对待逆境，自然就会发现目前的逆境不过如此，自己完全可以微笑面对。

多年前，在我从美国归国的途中，太平洋上忽然乌云笼罩，天海之间一片昏暗，一场强劲的风暴似乎即将来临，我们乘坐的轮船马上就要陷入危险的境地了。向来晕船的我此时更是提心吊胆。但是，大约二三十分钟后，船驶入了风平浪静的海域。这太让人觉得不可思议了，我怀着满腹疑问，战战兢兢地来到甲板上一看，发现甲板左侧乌云密布，不时卷起一阵阵的惊涛骇浪，右侧却是风平浪静，阳光明媚。我向船长询问为何会出现这样奇异的景观，他的回答，我至今记忆犹新，他说："刚才的乌云不过是在一瞬间飘忽而过，只要稍微掉转船头就可以避开，没有任何危险。"

逆境也是这样，似乎一瞬间可以遮蔽周围所有的东西，其实，它像飘忽的云彩一样，不过是只能持续十分钟、二十几分钟，或者是一两年的事情。它们对我们的困扰也不过是暂时的，只要站得再高一点，就能看到乌云和逆境不远处的光明。顺境和逆境之间的距离也许仅仅只有一步之遥。在短暂的逆境中的狼狈不堪，犹如面对稍纵即逝的山雨时的困扰一样，这些逆境，都是自己设置的。所以，我们在陷入逆境之时需要冷静思考：眼前的逆境究竟是什么？离自己到底有多远，会不会持续好几年？如果能够这样仔细思考，逆境带来的困扰几乎也就消失大半了。

> 春花秋月，美妙世间，烦恼之事无一物。[①]

古人有云："是非纠结之处，圣人亦不能知；顺逆纵横之时，佛亦不能辨。"事实上，确实如此，何为顺境，何为逆境，两者之间虽然有所分别，但绝不是能一目了然。东西的分界线，左右的契合点到底在哪里呢……也许仅仅存在于当事人的心中。如果此人的心智已经被眼前的境遇扰乱，当然也就看不出其中的分别了。只有超越自己目前的境遇，高瞻远瞩，才能清楚地分辨逆、顺的区别。也许有人会说，脱离目前的境遇是不可能的，既然谓之为"处境"，就意味着它已经弥漫在四周，不可挣脱。理论上来说是这样，但人还拥有超越理论的精神力量，即使是身体不能挣脱，思想却可以自由飞翔。遗憾的是，我自己还没有达到这样的

[①] 和歌意译。——译者注

境界，既没有超凡脱俗的体验，说不清其具体感受，但我曾经从过来人那里听说过，这样的境界在现实生活中是真的存在的。根据我浅薄的经验判断，确实有证据表明，平凡如你我这样的人，也能够达到如此境界。我没有攀登过富士山，但知道很多人在一番艰苦的攀爬后，能够到达峰顶；我也远远地眺望过它，想象过它的美景。根据亲眼见到的情形推测，我深信很多人都能够通过努力攀登到顶峰。人超越自己的处境，和登山难道不也是一个道理吗？

结庐在深山，藏身于心田。①

混浊也是水习性，偶然畅想月晶莹。②

人是幸福还是不幸，处于顺境还是逆境，都因各自的立场而异，并不是绝对不变。

---

① 和歌。——译者注

② 和歌。——译者注

第十一章 顺 境

境遇的好坏只在一念之间。

一、凡人皆有得意时

顺境为何物

无论东方还是西方的圣人,在训诫中都必然会提到"警戒身处顺境的危险"。日本有句谚语:"粗心大意害死人。"就是告诫大家身处顺境时要提高警惕。前面说过基督有很多在逆境中备受煎熬的经历,不过偶尔也有受到世人认可的顺利情形,但是,越是在这样的时候,他反而更加注意律己,人在身处顺境的时候往往更加容易掉以轻心。

那么,所谓的"顺境"究竟是什么呢?我认为就是能如愿以偿,也就是,人和环境互相协调、相得益彰,而几乎每个人都肯定有过一次或者两次这样的经历。东方有"出门撞大运"的说法,西方也有意思相近的谚语:"凡人皆有得意时。"(Every dog has its day.) 无论如何不幸的人,都一定会有一段春风得意的时候。"丑女妙龄貌也美,粗茶初沏味亦香。"人一生中必定会经历一段能深深体会到人生的幸福的时期,没有人总是事事走运,也没有人生来就处处倒霉。或许会有人感叹:"世界上肯定没有比我更倒霉的人了。"人在不顺的时候会变得敏感,倍感身处不幸的悲哀。然而,人也一定有走运的时候,假如这时候也能用身处逆境时的敏锐去感知,自然就会心存感激,深深体会到:世界上没有人比我更幸运了!有人也许会想:"我要是也能遇上那样幸运的事就好了,可是我大概一辈子也不可能遇上了。"这样的人其实是自寻烦恼。有种说法是:"好人坏人,一样被雨淋。"在我看来,这句话的深层的含义是"喜雨淫雨,因人而异"。比如,梅雨时节的连绵阴雨,对开洗衣店的人来说是灾难,是"逆境",但是对普通老百姓来说却是最幸福悠闲的时候。所以人是幸福还是不幸,处于顺境还是逆境,都因各自的立场而异,并不是绝对不变的。

人生的进步始于和境遇的抗争

正如前面所说的一样,境遇是自己和周围的关系。即使是周围的环境没有变化,只要自己的立场发生了改变,很多逆境都能转化为顺境。只是我们这些凡人往往不去想转变自己的立场,而是一味想着改变外部的环境或是他人,而改变不了的时候,很多人都会把上天赐予的顺境视为逆境。

> 寂寞山村,不见明月,皎洁月光,洒在眺望人之心。[1]

---

[1] 和歌。——译者注

在这世界上，很多人意识不到巨大的幸福其实触手可及，而是成日抱怨不休，蹉跎度日。在和我年纪相仿的人当中，近来有很多人喜欢看梅特林克的书。此人主张，人生所有的现象都是每个人内心决定的。古歌有云：

> 山村栽樱花，无处花不开，诚心对万物，身份无贵贱。①

这和我所想说的简直是毫无二致，所以，最近我在向年轻朋友推荐梅特林克的书。总之，逆境能不能转化为顺境，全在自己的心态如何。

听生物学者们说，动物的形态、性质随着周围环境的变化而变化，最后才进化成了人。动物的形态和性质发生变化，是顺应或抗拒周围环境的结果。如果气候不寒冷，生物也就不会产生抗寒性。一种生物如果抵抗不了寒冷，

---

① 和歌。——译者注

最后面临的命运只有灭绝或衰退；反之，要是它们总是积极地筑窝或运动来抗寒的话，习性、身体就会发生变化，耐寒力也得到增强。巴克尔曾经说过："文明战胜自然"，也许意义就在于此。人生的进步始于和境遇的抗争，激发自己斗志的，与其说是逆境，还不如说是顺境。

大略说来，寒冷一开始对身体来说可以称为逆境，随着人的精神的进步、身体变得健康，最后寒冷也演化成了顺境。请看，非洲的文化之所以现在停滞不前，就是因为那里地处热带，人们不愁衣食，炎热对他们来说是顺境。总之，宜人的气候反而把他们推向了逆境。相反，欧洲人之所以像现在这么强壮，就是因为那里天寒地冻，为了抵御严寒，人们必须想尽各种办法，利用寒风冰雪，勤奋锻炼身体，增强体质以适应环境。不过，问题不单单是锻炼身体，或者仅仅是一个千百年流传下来的真理那么简单。今天的我们要是意识不到这点，就仍然不具备识别顺境和逆境的眼光。日本有句谚语和我屡次想表达的意思相似:"跌倒了也要抓把土。"在遭遇艰难困苦之时,要这样想:此乃老天赐予我小试身手的机会,可遇而不可求。如果能够巧妙地运用这些机会锻炼自己,应付千难万险也会不在话下。而且,只要具备如此胆识,就不会觉得逆境单单带来了恐惧,而能苦中作乐,依旧能感受到宛如身处顺境似的愉快。

转变着眼点,不平之事也能播下愉快的种子

前几年我游历加拿大时,有位友人说想让我看看当地的农业状况,陪同我坐马车前往。当时正值雨后,新修的道路满是泥泞,车轮陷入其中,坐在上面非常难受。马车经过的地方,不要说人家,连一个人影也没有,放眼望去,只见一片广阔无垠的田野。看到此景,我的情

绪有些低落了。这时,从对面来了一个驾着货车的农夫,马车同样深陷泥泞之中,他也束手无策。看到他窘迫的样子,我问道:"在这里种地一定非常辛苦吧?"他抓起一把泥土,拿在手里搓了搓,说:"这样的土,什么东西都能长。"只因为马车陷在泥泞里,我就随便下结论认为这里的生活环境恶劣,但是,农夫的着眼点和我大相径庭。他丝毫也不在意道路泥泞不好行走,一心只为土地的肥沃感到喜悦。他之所以会和我的想法有这样大的差异,就是因为他和我的着眼点不一样。所以,只要能够善用那些常人抱怨不休的坏事,也能为自己播下愉快的种子。《菜根谭》里说:"此心常看得圆满,天下自无缺陷之世界;此心常放得宽平,天下自无险测之人情。"

我在北海道时,曾经见到一对勤奋苦学的兄弟。我担心过于苦读对身体不好,提醒他们注意健康。其中一个回答:"别人都是孤孤单单的一个人读书,我们两个人在一起,苦读也成了一件乐事。孤灯之下,兄弟二人相对而坐,互相竞争,共同进步,确实非常快乐。"这就是善用苦读的例子。

在普通人看来,哥哥苦学已经非常痛苦,弟弟也不能幸免于难,真是好悲惨啊!甚至要共用一盏小小的油灯,简直太可怜了!不过,只要善用这些逆境,当初的牢骚抱怨的种子反而变成了愉快的种子。

二、人在身处顺境时更加容易掉以轻心

身处顺境之人容易傲慢

人身处顺境时会遭遇一些顺境中的诱惑。这时候如果失去了身处逆境时的警戒之心,反而容易陷入更大的不幸。我认为,"顺境"背后至少隐藏着五大危险。

顺境中的人,动辄就容易变得傲慢,掉以轻心,为别人的赞誉之词而飘飘然。被别人称为"学者",就煞有介事地认为自己真是个了不起的学者;被人称为"才子",就真以为自己才高八斗,不但高估自己,还看不起别人。和人说话的时候趾高气扬,动辄对人指手画脚。允许自己对别人无礼,别人要是在礼数上稍有差池,就觉得好像侵犯了自己的威严一样。这样的例子在日常生活中数不胜数。我几乎每天都能看到这样的人,如果只看他们对人对己迥然不同的态度,甚至会以为他变了一个人。昨天还穷困潦倒、卑躬屈膝,只要接到一纸委任状,马上就变得趾高气扬、横行霸道。看到他们蛮横的态度,让人厌恶至极,甚至会想:"如此让人讨厌的人,真是世间少有!"在官员,尤其是职位不高的官员中,这种人尤为多见。不过,这样的弊病不仅限于官员,不管从事何种职业的人,都容易生出傲慢之心,这和人的气量大小正好成反比。

身处顺境之人容易渎职

身处顺境之人很容易渎职,是因为安于现状,心生怠慢。他们会心安理得地自我安慰：已经走到今天这一步，可以松口气了。于是，疏忽了工作。这样的情况在所有社会阶层中都很常见。以青年学者为例来看，在取得一定的地位之前，他们都勤奋学习、刻苦钻研，一旦取得了比较高的社会地位，马上就装成一副"大家"的样子，变得既不爱读书，也疏于钻研了。学者读书和研究是一种兴趣爱好，所以，这种人面临的诱惑不太多。不过，其他职业的人更容易陷入如此狭隘的想法之中。因为自己也能意识到懈怠不是一件好事，所以，反复跟别人强调自己付出了多少劳动，才走到今天这一步，意欲以昨天的辛劳来掩饰今天的懈怠。不论过去如何，现在他们变得松松垮垮，更加不思进取。对于这样身处顺境中的人，周围的人也往往容易纵容他们的懈怠，对他们说："你已经到了今天这个样子，没有必要那么辛苦了。"这话听上去更像在默许别人可以渎职。即使像我这样既没有身居高位、事业也不成功的人，也屡次听到这样的劝告。所以，我想，世上听到类似劝告的人，肯定也不在少数。

身处顺境之人容易忘恩

人若不时刻提醒自己，不严格要求自己，在身处顺境以后很容易忘记别人的恩情。我深信，世上有很多人本来能够铭记别人的恩情，但是，正如"好了伤疤忘了痛"这句话说的一样，人在不顺的时候能够念念不忘别人的恩情，一旦境况好转后就容易得意忘形。从前受苦的记忆渐渐变淡，同时也忘了曾经从别人那里得到过的恩惠。家康公曾经有言："常思昨日苦，不觉今日难。"若能常常思量困难时的苦，境况变好以后就能经常回忆当初的恩。人大多都有这样的倾向，认为之所以能有今天的成功，不是凭借别人的帮助，而完全是由于自己的努力，把所有功劳都揽到自己身上。比如，有人在穷困潦倒的时候,去朋友那里请求帮忙谋取一官半职,朋友不能直接帮他找到职位,但是又向自己的朋友打听,或者写信把他推荐给另外的能人,辗转帮他找到了职位。于是,他有幸得到了工作,并且在工作中渐入佳境。这时候,他却把当初朋友为自己打听询问的恩情忘得一干二净,认为能有后来的成就都是自己的功劳。当然,假如他自身没有能力,即使有人介绍也不能事业有成,但是,那封介绍信却是让他能力能够得到发挥的前提。他却认为那封介绍信不值一提:"某人对我的关照也不过如此而已,只不过坐着车跑了两三天而已,这是理所当然的事情。"

  本来人就容易低估别人为自己做的事情的价值,夸大自己为别人做的事情的意义。在我认识的人中,有的人以前曾经身陷困境,现在则是身居高位、如日中天。要是这人的地位眼看还会越来越高,很多人都会争先恐后地争功,会说:"当初我帮过他的忙","当初还是我介绍他的"，等等。一旦这人遭遇厄运，能够安慰他的人则是少之又少了。所以说，世人都喜欢争功，而低估别人对自己的恩情。

前些年，我和已故的伊藤公见面闲谈的时候，公屡次说到自己能够有今天，多亏了村里的老师。我对他的这份心意非常敬重，这也正是伊藤公的伟大之处。普通人很容易忘记这些，说不定还会抱怨："那时候老师没怎么好好教我。"在这一点上，公确实有他的过人之处。

前一阵我去名古屋，有幸见到德川家的宝物。其中有一幅画像描绘的是身在疆场的德川公。他头戴黑漆帽，坐于马扎之上，合着双手，似乎若有所思。德川公后来一直把这幅记录了战场艰苦生活的画带在身旁，移居千代田城以后也时常挂出来，以告诫自己不忘当年艰难鏖战的岁月。我深信，人应该有德川公这样的情怀。虽然不能和公相提并论，但也能时时告诫自己不要忘本。每当我经过筑地，都会下车步行，回忆尚在求学的幼年时代；每次到爱宕山附近，也会油然生出重回故地的感慨之情。虽然我当年也没有怎么苦读过，更没有遇到过什么难以超越的困难，但是现在随处可以买到的东西，在那时却很难买到，现在我的生活也不是特别宽裕，但是随着社会的进步，终究是比以前要便利得多了。我就这样回想着当时的艰难，走过洋货铺、书店。想起经历过的艰苦、那些可以称得上是"逆境"的过去，也就不觉得现在有什么不好了，觉得应该更加珍惜现在的生活。

身处顺境之人容易发牢骚

虽说是顺境，身处其中的人却容易牢骚满腹。这和之前说的身处顺境之人容易骄傲自大、得意忘形，听起来似乎自相矛盾，但其实不然。前些年，读到关于法国大革命的书时，我看到大意如下的一段话："很多种说法都认为那个著名的事件使法国民众陷入更加严重的赤贫状态，让他们处于更惨烈的水深火热的境地。但是，仔细考证当时的历史，会发现这其实不合实情。法国民众的穷困，在革命以前早就存在。在那之前虽然变化不是很明显，但是整个国家的状况还是有一些改善，教育在进步，产业也得到了一定程度的发展。如果民众受到疯狂镇压，噤若寒蝉，在这种状态下，革命根本就没有发生的余地。总之，革命正是发生在他们精力旺盛、热血沸腾的时候。"对此，我也深有同感。

其实，这种情况放在个人身上也一样。假如一个人对别人的所作所为感到愤愤不平，而这时候他又身处逆境的话，顶多只是小声抱怨两句。因为这个时候他精神不振，没有余力去宣泄自己的不满。要是他身处顺境，就不会那么谨小慎微了，他会大张旗鼓地让不满发泄出来。即使他的境况好转了，也丝毫感觉不到顺境的可贵之处，一遇到不满就会口出狂言："太可恶了！这是怎么回事啊！"好像自己理所当然应该得到更好的待遇。

身处顺境之人容易得意忘形

身处顺境之人很可能得意忘形，这和前面所说的内容有所关联。处于顺境而抱怨不休是消极的表现，但是，要是再往前一步，积极过头了也容易洋洋得意，做一些不该做的事情。甚至无事生非，或者发泄私愤，做一些危害别人的事情，或者以人生不应该有后悔之事为由，鲁莽行事。在一些年轻的实业家身上，这种情况尤为常见，我亲眼所见的例子也数不胜数。看一个人身处逆境时谨小慎微，觉得他还比较踏实，于是尽力帮助他，让他得到一定的社会地位。而这时候，他往往忘记了应该谨小慎微，做出一些不必要的举动，以抓住机会为借口轻举妄动。很多人都是因为得意忘形，很快就从好不容易达到的顺境中再次跌落到逆境。

三、境遇的好坏只在一念之间

对于家康公遗训的解释

家康公的遗训几乎无人不知,为了让其在世界上更加广泛地流传,和田垣博士还用华丽的笔触将其翻译成英语。虽然广为人知,请允许我在这里再次赘述一下其内容:

> 人的一生如负重远行,切不可急躁。以不如意为常,则不会感到有不足。心生欲望需回顾穷困之时,忍耐乃长久无事之基。愤怒是敌,只知胜不知负,则害自身;责人不如责己,不及胜于过之。

我认为对这段遗训的理解至少有三个境界。第一，读完后，正如文字所示，能够简单明了地理解文字所表达的意思。有的地方看上去深远优美，趣味盎然。不过，即使肤浅地思考也能理解，也就是那种看完后能够说一句"诚然，说得不错"之类的评论。在解释遗训的人中，停留在这个水平的人是最多的，我也是其中一人。

不过，多年以前我曾经与岛田三郎先生同席而坐，我对他当时说过的话现在还记忆犹新。先生说："我很欣赏家康公的遗训，所以求了海舟[①]先生的墨宝，挂在室内，每天观看揣摩。但是，最近总觉得这些话似乎有点消极，令人感到美中不足。"我听了以后恍然大悟，到那时为止，我一直把这些话当作至理名言，丝毫不觉得有什么不对。先生这一提醒，让我如醍醐灌顶，之后也时不时跟人说起这件事。后来每当

---

① 胜海舟，幕府末期、明治初年的政治家。——译者注

我看到这则遗训的时候，就想起了先生的话。这就是第二个境界。

到了最近，我突然想到，难道没有更进一步的解释了吗？因为我也是到最近才刚刚理解了第二种境界的解释，所以，并不是我认为自己比岛田先生考虑得更加周全……不过，我认为，即使达不到家康公那样的地位，但是，所谓的成功人士，也就是经历过逆境、后来又长期处于顺境的人，才能得出那样的经验教训。这个训诫中包含着"不要滥用顺境"的意思，一方面鼓励人"要消极地运用逆境"，另一方面又告诫人"应善用顺境"。若不是长期处于顺境而经受住了安逸的考验的人，未必能够道破这点。众所周知，家康公曾经在三方原大战中大败，差点儿自杀身亡，后来又经历了关原大战等大大小小数百次战役，饱尝战事之苦才得到天下，掌握实权。后来在他安居千代田城，早已天下太平的时候，才写下这则训词。因此，若不是经历过逆境艰辛，也多少品尝过顺境甘甜的人，都不能充分体会到这则训词中包含的一些积极的教训。我平时非常敬佩岛田先生的人格见识，所以这样说，恐怕对先生有所不恭。虽然先生现在声名显赫，但还不能说达到了人间顺境的极致，也不会有很多人会因为政治上的利益去百般迎合他。所以，先生要达到更高的境界，可能还需要时日。我不像先生那样有名气，是没有什么经验的无名小卒，反而能够像伫立在某处的山脚下望到高高的苍穹，比起先生笼统的解释，似乎能够看得更远一些。

顺境之人如逆水行舟

家康公身处顺境时没有因此而得意忘形，也没有忘记应该履行的义务，而能够履行这种义务，也正是人不同于动物的证据。

在我们这些人生之路不那么顺利的人看来，

也许会认为,身处顺境的人都非常自私任性,但只要好好了解内情就会发现,就像"逆水行舟,不进则退"这句话一样,他们其实非常努力,一刻也没有松懈。不管怎么说,只要有一定的荣誉就会有相应的责任,荣誉越大,责任也就越重。旁人看不到他们的艰辛,是因为不了解内情。"在其位,谋其责",高僧佛国国师有诗曰:

风雨摧山樱,宁折心毋许。[1]

举一件小事为例,我的父亲在明治维新前担任藩的留守居,用现在的话说,相当于留守公使,也就是作为藩的代表居住在京都或者江户,专门维护与其他藩的友好关系。维新前的风俗有别于现在,留守居几乎每天都要出入于各种交际场所,参加晚宴。当有人表示对这样

---

[1] 和歌。——译者注

的生活极其羡慕的时候,父亲却诉苦说:"再没有比这更苦的差事了!自己要装疯卖傻骗别人,没有醉也要装醉,才免得被灌酒。一旦勉强开始喝,那就完了,再没有比这更加身不由己的差事了!"我在这里举这个例子,不是说能够喝酒就是顺境,而是说可以由此推测,那些我们看上去似乎很风光的人,心里大概都有这样的苦衷。

若不修身养性,身处顺境,心也犹如在逆境

也许听起来有点像庙里的和尚——如果不像和尚的话,听起来有点像《伊索寓言》里的狐狸,不能爬树却要逞强,吃不到葡萄说葡萄酸。我认为,王侯显贵、财主富豪,也就是那些世人认为处于顺境的人,其实都很可怜。这并不是我强词夺理,觉得逆境很好。逆境最好

是越早脱离越好,不过,世人认为的顺境,也未必就多么值得羡慕或是期待。人每天能够吃饱三顿饭,维持生活已经很不容易。不过,大多数人都能达到这样的生活水准:寒冬腊月有棉衣,炎夏酷暑时有单衣,并且还干净舒适,跟朋友长辈见面的时候也有相应的衣服穿,一年之中能够和家人到外地疗养一两次。不一定是只有住在高楼大厦里,才能过上挡风避雨的安乐生活。处于中等水平的人,既没有处于顺境,也没有处于逆境,只是过着普通人的生活而已。当然,这样的处境本来就让人羡慕,谁都希望能够拥有。不过,世上所说的处于顺境之人,是身居高位,有万贯家财或者豪宅大院的人。我常常想,这样的人,虽然看上去幸福,其实细看他们的生活内容,也许反而缺少具有顺境性质的东西。前面说过,顺境和逆境不是绝对的,而是相对的。要是本来居住在狭窄的大杂院的人搬到繁华大街的高楼里住,大家可能会说"这人境况好转了",但要是原来住在三层的砖房,出入都有马车的人,搬到两层的木楼,用自家的人力车代替了马车,别人都会说"这个人家道中落了"。世人都是容易这样只看表面,妄下结论。要是以这样的标准来衡量自己的生活,也许本来衣食无忧,应该心满意足的,却觉得身处逆境。也有人自欺欺人,觉得只要生活富裕,即使是心境达不到平和的境界也会到达顺境。若身处于变迁之中,心也会慢慢改变,自然体会到不同境遇之间的差异。对于心随着境况的好转而变坏的例子,我已经屡见不鲜。人都是财富越多越容易心生贪念,疾病痊愈后愈加放纵情欲。

说到这里,我想起日本古时候的一个传说。从前,有一个财主得了重病,病情日益加重,眼看就奄奄一息了。亲戚们非常担心,聚在一起商量假如有个万一怎么办。大家认为,不管怎样,还是应该先请医生来确诊一下病情,于是不惜重金,从远处请了一位名医上门出诊。在名医的治疗下,富翁的病渐渐好转,几天之后,几乎都能下床走动了。这时候,富翁把仆人叫来,告诉他说:"去准备银钱五千两,给大夫作为谢礼。"仆人问道:"五千两会不会太多了?没有必要给这么多吧。要不先不要这么着急,也许过不多久,您就能下床走动了,那时候再酬谢他,怎么样?"财主说:"我自己也不是没有这么想过。但是,最开始得知这次的病不可能好的时候,我想谁要是治好了我的病,就豁出全部身家财产来答谢他。后来,在这位医生到来后,我的心情稍微放松,看到病情有了好转的希望,这时候就想,只要能够捡回一条命,就是拿出十万两,我也愿意。第二天,病情更加好转,就想,拿七万两感谢医生就行了。就这样,随着病情越来越轻,想给医生的酬劳金额却越来越少。要是等到痊愈,哪里还能有五千两,大概给他一百两就不错了。若是这样，自己也会觉得很过意不去，所以还是趁着痊愈之前赶快把礼金送给他吧。"

随着境况稍微好转，人就容易产生一些自私任性的想法。灾祸从天而降的时候，只要能够消灾，自己愿意做任何事情，随着事情渐渐好转，决心也越来越弱，对帮助自己消灾之人的感激之情也逐渐变淡，同时还心生贪念。本来打算不惜血本，后来却开始吝惜金钱；本来只希望恢复自己受损的名誉，后来不注意的话，甚至会不惜采用一些损人利己的手段。经常可以见到心随着境况的好转越来越堕落的例子。

境遇的好坏只在一念之间

正如前面多次讲到的那样，至今我还未做到，但是，讨论顺境或者逆境的时候，我平常总是从内心寻求其差别，而不是别处。据说佛教里有句话叫："心外无别法。"也许从现在的观点来看,有人会认为这是可笑的谬论。我却认为,境遇的顺逆不在别处,而在心中。有的人虽然家产尽失,名声扫地,但看上去却如同卸下了重担一样高兴;也有人突然从高位上跌落下来,不见他垂头丧气,反而庆幸"无事一身轻",笑呵呵地度日。说到这里,我想说点题外话,我每每想到菅公的时候,总是觉得有些遗憾。我非常喜欢菅公,只要有空,都会去拜访太宰府,或赏梅,或仰望天拜山[①],思慕菅公的德行。但是,菅公的一生中有太多的悲伤叹息,难以令人佩服。他被流放太宰府时的艰辛自不待言,和最亲爱的妻子儿女分居两地一定也非常孤独。但是,菅公那样伟大的人物居然没有善用当时的境遇,我总觉得有些美中不足。不过,假如换个角度,想到像菅公这样的人物一旦陷入所谓的逆境,也会在哀叹中度日吗?

---

① 九州太宰府附近的山。——译者注

那么像你我这样的无名之辈，若不拥有过人的觉悟和决心，又怎么能够善用逆境呢？这样一来，就反而能从中受到激励。

我认为，对身处逆境的人来说，将逆境转化为顺境的时候，外来的帮助比较少是一件幸事。只要转换自己的立场，逆境十有八九都能转化为顺境。古时候的圣人说过："食粗粮，饮生水，以肘代枕而眠，乐在其中。"这个道理放之人生百事而皆准。快乐没有固定的标准，多是由心而生。菅公虽然常常哀叹身世不幸，同时也能赏梅作乐，将与昔日都城有关的回忆作为幸福的源泉。快乐就像"葫芦花架下的阴凉"，虽然葫芦花架下的阴凉与高楼屋檐下的阴凉没有什么两样，但一个人若不是从风雅的葫芦花领会到植物彰显出来的造化之妙，也许只会推崇由木匠建造的屋檐或者柱子，将"葫芦花架下"视为逆境，而将"屋檐下"视为顺境。假如衡量逆境顺境的时候打破了这样的标准，努力求证于内心,世上就会少了很多哀叹不平之人、失望之人,人生的苦闷也消减了七八分。《菜根谭》里有言:"一念清净,烈焰成池。一念警觉,航登彼岸。念头稍异,境界顿殊,可不慎哉。"这教导我们:人生祸福的境界,一切都是来自自己的内心。

如何在顺境中自处

"顺境"取其字面意思,就是"顺风扬帆的境界",即随风走顺路。但是,无论风怎样顺,船夫不会无意识地任船顺风而行。假如有第一艘船随风漂流,也就会有第二艘船效仿,随风飘到同样的方向,甚至有其他更多的船都会以同样的速度,行驶到同样的方向。不论多么宽广的海面,能够通行的船只数量都是有限的,船后跟船,就会互相冲撞。"两强相争,必有一伤",就说明不能有两艘大船顺风扬帆,驶向一个方向。所以,我们必须要体会到这一点:顺风扬帆就是巧妙地掌舵,操控船只。而且,无论风如何顺,都不能完全任风行船。风既能鼓起风帆,也能扬起水波,所以在巧妙掌舵前进的时候,还要注意起伏的波浪。尤其需要注意不要忘记航行的目的地。很多人都有这样的经验,在旅途中看到有意思的地方,就会去闲逛一阵,或者在岔道上久久停留。其实,这样的时候,需要有长远的眼光,深思熟虑日后的事情。古人有言:"功成行满之士要观其末路。"

有一位名为惠心尼[①]的女和歌诗人写道:

> 乘坐顺风小舟,片濑[②]无波,无需摇橹。[③]

意思是,乘上了开往自己目的地方向的船

---

① 人名,镰仓时代的僧尼。——译者注
② 片濑:江之岛对岸的海面。——译者注
③ 和歌。——译者注

之后，就可以非常放心了，根本不用橹桨，只需要随风而行即可。这在处世方面就是无意识地随波逐流。这样果真能够前进的话，无意识也很好。在我看来，这首歌描述了一个不可言传的高尚境界，在这里，无意识前进就如同"无为而化"的说法。但是，若是我们常人每天也这样"无为"的话，就不可取了。那样的话，还不如遵守低水平的教诲。高尚的教诲就像鸡蛋等高蛋白的食物或药品，不适宜天天食用。人如果不经常吃混杂着菜叶、牛蒡、豆腐之类的食物，身体就难以维持。了庵禅师将上面的和歌的意思反过来，作了一首歌：

> 乘坐顺风小舟，掉以轻心，身沉片濑之波。①

也就是说，顺风之中也会有沉浮，而且，

---

① 和歌。——译者注

这沉浮正是顺风掀起的波浪导致的。坐过船的人大多都有过这样的经历。

说来惭愧,以下也是我亲身经历过的事情。我在年轻的时候,一直梦想着漂洋过海去国外留学,后来终于如愿以偿,坐上了从横滨驶往美国的轮船。我当时的心情,简直就如同即将到达天国一样兴奋。一声汽笛长鸣后,轮船驶出海港。最开始的时候,轮船还像我的心情一样顺风扬帆,几小时后就开始颠簸了。两三天后,我晕船晕得厉害,几乎水米不进了。当时我暗自想:"唉,完了!还不如回日本算了!"也许在别人看来,我很让人羡慕:"看那人,顺风扬帆,以每小时几海里的速度在海上行驶,真快啊!"但是,他们怎么知道看上去春风得意的我,在轮船上忍受着多么巨大的煎熬。从表面上看似乎一帆风顺,其实要借助顺风也不是那么容易的事情。所以总结起来,顺风之中前进的秘诀也许就是:沉浮之间不要晕船,船浮起时不得意,沉下时不动怒,不怨天尤人,如行坦途一样心平气和。

以下这首明治天皇的御诗,也许包含了我们平日应该谨记的训诫:

> 风平浪静之日,艄公小心掌舵,
> 脚下虽为轻舟,切勿掉以轻心。[1]

孟子所称的"不动心",在我看来,其实也就是无论身处何种境界都沉着稳重的意思。我坚信,一般人经过修身养性完全能达到如此境界,而且,我也亲眼见过很多这样的人。

---

[1] 和歌。——译者注

第十二章 处 世

无论人的境遇怎样一帆风顺,只要没有体会过悲哀的滋味,就不会了解幸福的真谛。

拥有随时能够善用事物的心志,才是人应该努力的方向。

一、人在社会中应该努力的方向

社会的害群之马

我在前些年研究农政的时候,对生长在田间地头的野草,也就是杂草,产生了浓厚的兴趣,于是查阅了很多国外有关去除杂草的资料。首先,我对"杂草究竟是什么"进行了调查,发现国外学者对"杂草"的定义各不相同。在这里我的目的并不是想举办农学讲座,所以也就不一一列举说明了。不过,其中有一点让我觉得颇有意思,那就是,他们认为杂草就是长错了地方的植物,称它们为"长在不该长的地方的有害之草"。所以,水稻若是生长在庭院水池或是荷花丛中,就成了杂草;荷花若是生在稻田里也免不了被归为有害之草。只不过，虽然它们生长的地方不对，但各自的物种性质并没有什么改变。

我觉得这些说法很有意思。不仅是植物，生活在社会中的人也是一样的道理，一个人假如生活在错误的环境，就会成为所谓的"害群之马"。混在盗贼之中的圣人，对盗贼来说就是害群之马；在良民之中，即使不是盗贼，比一般人心术不正的人也会成为害群之马。思想先进的社会学家把犯罪分子称为"非社会的人"(antisocial)，从这个角度来看，"害群之马"是很妥帖的说法。

为人处世的两个方针

果真如此的话，人应该怎样才能避免自己成为周围环境的害群之马——不，成为良马呢？这其实也就是人在社会中努力的方向，或是将自己对社会的要求限定在什么范围内的问题。比如说,在社会道德沦丧,人心浮躁,人和人互相钩心斗角的时候,应该随波逐流,无视道德,明哲保身,还是应该与此相反,奋起与社会堕落的趋势相抗争,努力击退道德沦丧的浅薄之风呢?这是青年朋友在日常生活中很容易遇到的问题,想必很多人都对此有过深思熟虑。在给我写信的青年朋友中,有很多人发自肺腑地忧虑世事,叹息社会上浮躁之风盛行,他们还和我探讨自己在社会上应该如何自处的问题。

若是像我前面所说的第二种情况那样,要与社会道德相对抗,就必须对社会进行破坏。实际生活中持有这样论调的人虽然不少,但不论嘴上说得多么严肃认真,在实际遇到事情时到底还是行不通。所以,有很多人终究还是被社会同化,就像漂流在水中的树叶一样随波逐流,成为第一种论调的实行者。

我想，其实这两种处事方式只要掌握适度，哪一种都是正确的，若是走了极端，恐怕哪一种都不怎么好。也许社会上有很多需要破坏的陋习、不合理的陈规，有很多没有资本趾高气扬却飞扬跋扈的人，早就该被废除的理论，应该被烧毁的有安全隐患的老房子，早就不该再活在世上的传染病人……社会上有太多应该被破坏、被消除的东西。但从另一方面看，也有很多需要保存的东西。一些习惯遵守一下并不违背良心；很多集会虽然并不是发自内心地想参加，但因为多年的习惯，参加一下也没什么大碍；我们对很多人的所作所为并不能举双手赞成，但礼貌地打个招呼，表示一下敬意也未尝不可。社会就是这样，应该破坏的东西和保存着也并无大碍的东西都有。

不能苟同的"自杀主义"

人们生活在社会上，多多少少总会有和别

人的想法发生冲突的时候。假如这时候一味地固执己见,对别人的看法不屑一顾,绝不是最可取的做法。从前,伯夷叔齐拒食周粟,饿死在首阳山,这似乎有点清高过度了。伯夷叔齐在中国古代是被尊为圣贤一样的人物,但是除了饿死,应该还有很多其他的办法吧,我认为他们的思想不适合被广泛宣扬。即使隐居于首阳山,也不该与世隔绝,独善其身,至少可以从事一些诸如改良蕨菜之类的活动吧。若能多为天下苍生着想,注意与大多数人一起"清"的话,我会更加崇敬他们。我并不认为他们以喜欢独清而获得了最高的境界。

还有楚国的三闾大夫屈原,因为谗言被流放到汨罗,独自哀叹:"举世皆浊我独清,众人皆醉我独醒。"我并不认为像他那样,隐居深山独善其身、不问世事是可取的态度。就算世上多有奸恶之徒,但君子不应该因此厌世避俗。我觉得橘侯草所说的话最有道理:"楚三闾醒终何益。周伯夷饿未必贤。"《菜根谭》里说道:"粪虫至秽,变为蝉而饮露于秋风;腐草无光,化为萤而耀采于夏月。因知洁常自污出,明每从晦生也。"还有:"山之高峻处无木,而溪谷回环则草木丛生;水之湍急处无鱼,而渊潭停蓄则鱼鳖聚集。此高绝之行,褊急之衷,君子重有戒焉。"以及:"地之秽者多生物,水之清者常无鱼,故君子当存含垢纳污之量,不可持好洁独行之操。"

最近,新闻杂志对自杀之风似乎颇有赞赏之意。其中有一些人确实是悟到了武士道的精髓,才对自杀推崇备至,但是,自杀果真如此值得肯定吗?若不是想独善其身,恐怕不能那么容易就自杀吧;若只想独善其身,自杀不过只需要忍受两三分钟的痛苦而已。对那些不仅仅想拯救自己,持有和社会大众一致的生死标准的人来说,自杀是最极端的手段。和忍辱负重、竭尽全力、忠君为国的思想比起来,只因为名誉受损就急躁轻生的行为并不值得称颂。虽然世上有很多人轻生重死,过高评价自杀这种行为,我还是认为活着的时候应该重视生命,好好生活,让生命的价值得到淋漓尽致的体现。

　　大石内藏之助在督战赤穗城之战的时候,有些年轻气盛的武士不忍看到主家败落,要求誓死守城、血战到底,大石内藏之助最终还是没有听取他们的意见。也许很多人都希望誓死守城,因为这样更加壮烈,看重名誉的武士们也许会做出这样的选择,但是我并不认为这种想法真正理解了人生的意义。

二、善用自己的境遇

为人处世的根本动机

社会上的事物都有善恶两个方面,所以下面的意识非常重要:对所处的境遇中坏的东西加以纠正,努力让其往哪怕是稍微好一点的方向转化。不过,若是这样做的时候没有明确根本动机,一旦遇到问题就容易左右摇摆;而一旦明确了志向,即使是遇到不满意的事情,也能够克服困难。若非这样,就容易失去操守,成为世俗的奴隶,碌碌无为地终了一生。

这个根本动机的含义是,既然作为一个人生存在这个世界上,就要善用自己的境遇,不仅自己向善,还要乐于助人。日本有句俗语说:

"跌倒也要抓把土。"虽然用在此处不太恰当，含义却颇为深远。我认为只要一个人真正领会了这句谚语的意思，就能在社会上立足。只要深刻领会了它的内涵，即使是身处逆境也能够超越过去，达到更高的精神境界。丁尼生有一句诗说："我能超越肉体和本我，达到更高的精神境界。"我就立志以这样的态度立足于社会。

拥有善用事物的心志，并不会因为时间和地位的不同而有所差异。这一点若为身居高位，手下管理着许多人的上级所用，就一定能够看到每个部下的优缺点，不仅让他们的长处得到充分发挥，也能够善用其短处。出生在一个幸福家庭的孩子，上学后所交的朋友必定有好有坏。他从好孩子那里自然能学到有益的东西，从坏孩子身上也能看到自己的不足，或者积极自省，或者促使对方反省，也就是类似于"师夷长技以制夷"。主妇们在厨房做家务也是一样的道理。咸鱼味道若是太咸，聪明的主妇绝不会把鱼白白地扔掉,而会想一些办法来补救,比如将鱼放在水里泡一会儿再吃。现在盐很贵,所以,她不会把盐水倒掉,而是恰当地加以利用。只要有善用事物之心,类似这样的事情谁都能够做到。因此,善用事物这一点,并不是因为社会境遇的差别就会有什么不同。《菜根谭》中也有这样的话:"苦心中,常得悦心之趣。得意时,便生失意之悲。"

我身患重病后转危为安的经历

我虽然平日注意到了善用环境这个道理,也努力想身体力行地实践,但遗憾的是,到现在我也没有达到这样的境界。在这里,我大言不惭地把自己曾经亲身经历的事讲出来,供那些立志善用环境的人参考。十五年前,我曾经为生过的一场大病而失望过。所有的医生都说痊愈少则需要三年,多则需要七八年,而且这期间必须要停止一切工作。我当时三十五岁,正是年富力强的时候。想到好不容易才学有所成,却不能用来报效国家,我万念俱灰。夜深人静的时候,我的泪水一遍遍打湿枕头。

当时正值夏天。早上打开窗户就能看见院子青草簇生的绿叶,绿叶上的朝露在朝阳下闪闪发光,宛如一个个晶莹的球体。再往前是隔着矮树篱笆的一条小路,路上商人、学生模样的人来来往往,络绎不绝。看到别人从早上起就开始忙碌,再想到自己只能百无聊赖地躺在病榻上,什么事情也不能做,当时那种落寞的心情真是难以言表。

行人脚步急匆匆,踏落露珠亮晶晶。[①]

那些行人在各自的岗位上忙碌,也许几年之后就会超过我,而当时的自己,就像他们脚

---

① 和歌。——译者注

下的露珠一样脆弱。这样一想,我深深地感到朝露生命的短促,觉得万念俱空,心灰意冷。

不久就到了我的生日。因为我卧床不起,妻子等亲人朋友都来到病床前慰问,当时我心有所感,叫人拿来宣纸,在病床上缓缓写道:

> 放眼望海面,波涛翻滚似我心,秋日山风阵阵吹。①

这首和歌流露了我的不满和希望,大意是说,我将来的事业就像大海一样宽广无际,疾病像秋风一样,哪怕暂时停下来,好让我按照预定的计划完成自己的工作。不过,有不满压抑在心中始终还是不好,当时的我动不动就容易因为一些小事而焦躁不安。想到命运——而非社会——这样虐待自己,我朝夕与枕为伴,异常郁闷。

---

① 和歌。——译者注

这时候除了感到极为不平，我想到，若是能好好利用这个时候，也许会有所收获。一些在我健康的时候不明白的事情，这个时候好像都明白了。健康的时候，事务繁多，没有静心思考的机会，生病以后躺在病床上像只井底之蛙，若是好好利用这段时光自我修养，或许还会获益匪浅。想到这里，我就想撤回前面的两首和歌，重新写了下面这首俳句：

人生旅程至半途，仰望高峰暂歇息。①

这首俳句谈不上精美，但是却表达了三十五岁的我走过人生一半的岁月后，想暂时小憩的愿望。不过，我既不想放荡不羁地挥霍这段日子，也不想游手好闲地让它蹉跎而过，而是向着崇高的目标，努力修身养性，让自己的情操更加高尚。与前面的和歌相对应，我又作了一首：

---

① 和歌。——译者注

海上升明月，光亮照更远，舍橹弃桨船，漂浮波浪间。①

　　一想到自己辛苦奔波，没有实现理想的目标，还有很多遗憾之事，所以仍害怕死亡。我想好好利用这次生病的机会。我领悟到人生的目的不是工作，比起做具体的事情来，更应该在自身的精神，拥有何种人生态度上下功夫。于是，这次我打算利用生病期间进行修养，使自己的心态淡定平和。人生的喜悦犹如一轮圆月浮出海面，月光洒在波涛之间，被揉得细碎。啊！与其玩弄小花招，日日忧虑，还不如干脆舍弃橹棹，将生命之舟托付与波涛。这样一想，我的心情一下就豁然开朗了，病情似乎也减轻了不少。从那次生病的经历，我领悟到：拥有随时能够善用事物的心志，才是人应该努力的方向。

---

① 和歌。——译者注

身残之人也能有颗愉快之心

前些年,我收到过某地一位素未谋面的人士的来信。在信中,他谈到自己的困惑:"我是残疾之身,久卧病床,也许以后一生都是别人的负担。我的心里感到痛苦而无助,请问您能指点我一下吗?"我在回信中劝慰他:"得了病,卧床不起固然不幸,不过只要好好利用这件事,说不定正好能够使之成为修身养性的契机。很多人因为生了病,一听到别人说什么就焦躁不安,看到健康的人也容易生出嫉妒之心,仗着行走不便,一遇到不顺心的事情就勃然大怒。若是潜心修身养性,无论别人说什么都不会焦躁,也不会妒忌他人,遇到不顺心的事情就能克制住自己。要是能达到这个境界,别人一定会说,那人虽然身体行动不便,但是看上去总是和颜悦色的,有些事情我们遇到说不定就会火冒三丈,他却能平心静气地处理……像这样,反而能够促使身体健康的人自省。"最近一段时间，我发现生病的人所著的书很多。像《一年有半》《一粒米》《茅屋中的曙光》等书，都是遭遇比一般人不幸的人善用了不幸，以心血写成的书籍。幸还是不幸，全在于本人的一念之差。

这样想就会发现：其实逆境是经常被妥善利用的。而且，在那些能够善用逆境的人的经历里，也许"逆境"这个词语都可以直接删除。当然，也不是说悲哀之情能够完全消失，看到心爱的人受到疾病折磨，谁的心里都会感到伤感。我们必须善用悲哀，将其作为修养的材料。人只有在遭遇悲哀的时候才开始懂得幸福，无论人的境遇怎样一帆风顺，只要没有体会过悲哀的滋味，都不会了解幸福的真谛。卡莱尔说过"舍弃了愉快，才应该受到祝福"，假如不曾丢失过愉快，也就体会不到真正的幸福。

在心中种下善用境遇的种子

现在的年轻人头脑聪明，思想先进。不过，

缺点是宗教观念薄弱,缺乏信念和正义感。很多人轻率浮躁,而少了一些成熟稳重。在这个时代,可以说大部分人都没有真正感受到人生的幸福,因此心中埋藏着不满的种子,一旦面临不顺心的境遇,马上就会陷于苦闷,体现到行动上,对社会牢骚满腹,更有极端的甚至会伤害自己的生命。因为时代的限制,青年们既然不能从心里除去这粒种子,至少除了这粒以外,还应该再播种一粒——消除不满和烦闷的种子,并下决心好好培育它,让它长成参天大树。假如能做到这点,所谓的"恶"也会变成"善",青年们的烦恼也会明显减少。

我想提醒阅读本章的读者,这是一个非常重要的问题,也许我在这里所说的仅仅只表达了所想的一半。比如,因为"恶"能够转化为"善",所以不管面对什么样的坏事,都要从善的一面去解释。这并不是要纵容放荡无赖的生活,或是为坏事开脱。所以,也由此就出现了"善用原本是什么意思"这样的伦理学问题。对于这个问题,我不能作出解释,即使能够作出解释,本章的目的也不是要从学者的角度进行解释。"善用"的"善"究竟是什么,我在这里就不论述了。不过,在现实生活中,即使不从伦理学的角度来考究,也能从内心出发,判断善恶。总之,从实际生活中的道理来判断是不会有错的。

人心时时变,如何言善恶。

——弘法大师[①]

人心实无形,无奈善恶道。

——梦窗国师[②]

[①] 平安时代的高僧空海(774—835)的谥号。日本真言宗的开山鼻祖。——译者注

[②] 仓时代的高僧梦窗疎石(1275—1351)的封号。——译者注

第十三章 道 路

一个人独自挑战险途无可厚非,率领众人迂回前行也绝非愚蠢。

一、一条人应该走的路

清晨路遇上学的盲童

我每天早上要从小石川的家去第一高等学校上班。每次途经指之谷町①的聋哑学校时，看到盲童们靠着一根手杖，从对面缓缓走来的情景，我心中都会涌起一股佩服之情。从路的这一边有一辆人力车飞奔而去，眼看盲童差点就被撞倒，我被吓得心惊肉跳，但盲童却巧妙地避开了。也许车夫也会注意避免撞倒他们，但眼见那千钧一发之际，我还是暗自为他们捏了一把冷汗：幸好没有撞上！

---

① 东京的地名。——译者注

不仅如此，他们仅仅依靠一根手杖，既没有被石头绊倒，也没有掉到沟渠里，每天平安地在上学路上来往。看他们的样子，似乎并不是什么危险的事情。学校的校门不是很宽，大概只有两米到二点五米左右，但盲童们的手杖就像长了眼睛一样，能带领他们灵活地正好从中间穿过去。每当看到这个情景，我的心里都会涌起一股佩服之情。

事实上，手杖没有长眼睛，盲童们的眼睛也看不见东西，只因为他们每天走的都是固定的路线，熟知路况，所以不会出差错。

为什么会有烦恼

大概所有的人生莫不如此，如果小心翼翼、一步不差地行走，就一定能够顺利地到达目的地。因为每个人具体的人生目标千差万别，所以，就拿门来作个比喻吧。盲童们之所以能够熟练地进入门里面，就是因为他们熟知自己脚下的路。

一个人要走的路到底是什么呢？我不能从哲学的角度来解答这个问题，所以干脆就像一个外行那样做些推测吧。"道路"就是到达某一目的地的一条线，也就是一个人"脚应该踩的地方"。河是船行的路，陆地上的桥也是路的一部分，为了人行走而修建的地方全都是路。

有的说法是路只有一条，有的说有两条，那就是"仁"和"不仁"。路又分为单行道和双行道。人有时候会因为不知道走哪条路而困惑，我们把这种不识路而产生的迷惑叫作"烦闷"，而烦闷的结果就是踏上通往华岩瀑布[①]之路而结束。我在这里就"路"这个问题提出一些疑问，以求读者见仁见智的判断。

---

① 枥木县日光山中的瀑布，1903年一高（第一高等学校）的学生藤村操在此投身自杀后，以自杀的圣地著称。——译者注

人走之路，是远是近？

说到道路，我们脑海中首先就浮现长短远近的问题。很多人会思考路是远是近、是长还是短的问题，家康公的遗训说："人的一生如负重远行。"既然定义为"远行"，那人生之路一定是漫长的。这是过来人的经验之谈，所以应该是千真万确的。那么，远近长短的标准又根据什么来定呢？一般来说，我们用"多少公里""多少里"来衡量路的长短。不过"里程"并非是计量路的长短的唯一单位。除了空间，时间也能用来计量路程的长短。例如，向乡下人问路，他们会回答说，还需要花多少多少小时，像新桥车站到大阪还要花十三个小时，等等，而很少会有人说"还要走多少多少里"。用时间衡量距离，根据行路之人是走还是跑，即每个人速度的不同而有所差别。用时间计量路程，从学理上虽然不甚科学，但是却广为大家所使用。

　　伊索曾经讲过这样一个故事。有一个外地人到了乡下,问一个当地的农夫到某地还要多久,农夫竟然没有回答他,他以为那农夫没有听到,于是又问了一次:"喂,请问还要花多少时间啊?"那人还是没有回答。他以为农夫的耳朵失聪,就放弃了询问的念头,继续往前走。在他走了三四十米以后,身后传来"喂!喂!"的呼喊声,他回头一看,是刚才那个农夫在叫他:"到您刚才所问的地方,大概还要花两小时。"外地人想:这人真是奇怪,刚才问他的时候不回答,现在走了他又告诉我,于是问那农夫这样做的缘由。农夫说:"因为这要根据您走路的速度来定。"道路的远近是相对而言的,所以要根据行人的速度来定。从前说到美国,人们会觉得那是好遥远的地方啊!到了现在,不就只需两个星期就能到达吗?即使空间上的距离没有变化,只要往返的时间缩短以后,同样能让人感觉变近了。二宫翁曾在和歌里吟道：

> 放眼望去无远近，房舍错落吾家乡。①

没有去过美国的人会认为到美国很遥远，在去过的人看来，却并非如此。这里所说的道路远近，是应该客观地看，还是应该像二宫翁和歌中吟唱的那样，进行主观推测即可呢？这便是我要提出的第一个问题。

人走的路，是宽是窄？

既然路有长短，那么是不是也有宽窄呢？去过国外旅行的人往往都会赞叹：巴黎的街道真繁华呀！比起关心街道的长短，听的人心中也许更容易涌现出这样的问题：那里的街道是

---

① 和歌。——译者注

不是异常繁华，行人车马络绎不绝呢？人们在说到街道繁华的时候不会形容它有多长，而会强调道路的宽度，以宽为繁华的特色。那么，繁华的街道就一定很宽阔吗？

虽说同为"道路"，乡间羊肠小道是路，能容下一个人悠然徜徉的马路也是路，我长期居住的北海道札幌大街也是路。黑田清隆伯爵在明治初期，曾经制定了一个建造札幌街道的远大计划。在这个计划中，道路的宽度达到七十米左右，从这一面看马路对面，就犹如站在河堤上看对岸。只不过这条路建成后没有被充分使用，路面上杂草丛生，除了长草的地方，平时行人往来所走的，不过是一条狭窄的小道而已。所以，与其说这是一条宽阔的大路，还不如说是蔓延在草原中的一条狭窄小道比较恰当。后来，我来到东京，记得当时上野的广小路非常宽阔，就暗自以为，人在上面一定能够大摇大摆地行走。去了一看，宽阔固然是宽阔，但是其中既有马车通行，也有人力车往来，还有无数的行人南来北往，人能够行走的地方意外地狭窄，哪里能够大摇大摆，唯有小心翼翼才能前行。这样看来，虽然整个道路很宽阔，但是人实际能走的地方难道不是极为窄小吗？

柏林的椴树下大街是一条非常有名的大道。在它的两边，三层、四层的楼房鳞次栉比，左右两侧是人行道，其次是马车行驶的马车道，最内侧是骑马的马行道。马车道铺着坚硬的石子，马行道铺着柔软的沙子。最近，马行道的旁边增加了自行车道，路两侧种植了绿化树，最中间是人行道。虽然同为人行道，中间的人行道是供行人散步的，所以还有凳子、冷饮店等设施，行人在其中能够悠然自得地行走；两侧的人行道却是供行人来往的，走在上面的人都步履匆匆。像这样，每条道都有固定的用途，谁一旦走错，甚至有被撞死的危险。所以说，道路虽然宽广，但是每个人各自能走的空间却受到限制,一个人不能随便踏入不该走的路。耶稣基督说过:"吾之道甚窄。"就是教导人们要小心行走在自己该走的路上,而不要踏入错误的道路。关于什么样的道路宽,什么样的道路窄,我们应该走的是宽阔的路,还是狭窄的路,是我想发问的第二个问题。

人走的路,应该简单实用,还是要装饰繁多?

实际上,除了一些简单实用的路,也有一些路为了吸引行人的目光做了很多装饰,如在两侧种植绿化树,修建纪念碑等。这样的路的用途就不仅仅是只供行人车马行走了。我在游历欧洲时,来到西班牙,看到铁路两旁种着绵延数十里的杏树。当时正值开花季节,两侧的杏树开满了洁白的花朵,那美丽的景色简直难以用语言来形容。其实,这些杏树不仅能作为装饰，也能够在果实采摘后带来实际的经济效益。

桥梁和栏杆上的装饰虽然看上去似乎有些多余，但确实能激起人在上面走一走的心情。去年，修好的日本桥[①]上装饰了各种雕像。有了装饰，桥虽然并不会由此就变得坚固，但能让人看上去感到心情愉悦。有人也许会觉得，桥上装饰了学者、先知们的雕像很有意义、很高尚，所以很想上去走一走，但有些路旁雕饰的人像，看上去像是刚刚砍下的人头，让人觉得毛骨悚然。还有一些路，不知为了什么，总是让我们感到莫名的恐怖、讨厌，因而竭力想避开。所以，每条路都根据开拓它们、拓宽它们的人的想法不同而各有特色。

道路究竟该怎样呢？是仅仅只能用来通行，还是应该加入很多装饰呢？是应该让所有的人

---

① 东京市内的一座桥。——译者注

都畅通无阻,还是应该设上严格的关口,限制大多数行人往来,而只让少数有资格的人通行呢?

从构造上看人应该走的路

关于路的构造,我也有很多问题。我们应该以什么为标准来衡量是否应该修筑道路呢?对于这个问题,请教工科的学者或者是包工头,也许他们会有许多不同的做法。本来,两者的出发点截然不同。工科的学者考虑的是道路怎样才能经久耐用,包工头则认为,只要外观看上去坚固就行,至于交付以后的使用情况,就不在他们关心的范围了。

在我们这些外行看来,世上的路有千百种,既有铁路、石板路、柏油路、橡胶跑道,也有像东京市内沙砾铺成的路,人的脚在上面成了路碾。我还想起一条纸做的路,那还是我在西班牙的公园里见到的情形。人们把很多五颜六色的小纸片装进袋子，装在马车上前行，只要看到对面驶来的马车，或者是马车和马车相遇的时候，就取出纸片来互相投掷。这样的活动每年都会举行一次，我去的时候正好赶上了。第二天看新闻，报道说那个公园几乎被多达七十多吨重的纸片湮没了。就我那天亲眼所见的，地上的纸片至少也有一尺多厚。不过，道路被纸片铺成五颜六色的，固然非常美丽，但是一下雨就会变得黏糊糊的。

有一些路看上去像铺了一层薄薄的冰，实际走上去时却并非如此，还有一些路建筑在磐石上，比如瑞士有名的阿克森大道。在如此纷繁的路的构造中，我们应该选择哪一种呢？这是第四个问题。

坡度急的路和平缓的路

和路的构造关系相近的是路的坡度。前些

年我去过阿尔卑斯山，因为脚力不怎么好，所以选择了坐火车上山。因为山势险峻，所以火车只好迂回前行，速度也很慢。火车爬呀爬呀，过了三十分钟后，我回头看走过的路，垂直高度大概也不过十米左右。徒步的登山者们敏捷地攀爬，速度反而超过了火车。火车虽然平时速度惊人，但在这种情况下却没有人走得快。这时候我有些感叹，火车也有不行的时候啊！但是转念一想：徒步的登山者身轻体健，能够快速攀登险道，与此相比，火车速度虽然慢了点，但能够搭载几百人的老弱病残爬上二十多度的斜坡，这是单凭个人的力量办不到的事情。

后来我又去过台湾的生番①居住地区。那里的山道异常险峻，有些地方只有抓住树根、藤蔓才能爬上去。这时候，我向同行的一位工科学者笑着说道："这么险峻的道路，在比较发达

---

① 日本人对高山族等台湾原住民的称呼。——译者注

的国家大概已经少有了。即使有,也已经变成整齐的石阶了。生番居住地区的路虽然直,但是很险。文明进步一些,道路就会变得平坦一些,也会多一些曲折。总之,路况的好坏与文明的进步程度成正比。"那位人士也表示赞同,说这种观点很有意思,也比较实用。

人走路和攀登阿尔卑斯山一样,如果成为圣人和君子,能够克服艰难险阻、勇攀高峰,但是,率领众多的国民前进则如同火车搭载众人从盘山路上山,必须走迂缓的斜路。所以,一个人独自挑战险途无可厚非,率领众人迂回前行也绝非愚蠢。率众前行难道不是伟大的举动吗?是和众人一起走坦途好,还是挑战只为伟人准备的陡峭山路好呢?这是第五个问题。

人的道路,有高有低,孰好孰坏?

和缓急相似的是高低的问题。道路有高有

低,低的如地下通道,伦敦就是一个地下交通非常发达的城市,往来于纽约和泽西城时就可以乘坐海底电车;高的道路有的高度惊人,例如高架铁道就是如此。

但是,不管道路当初建造得多高,随着使用时间的增加也会渐渐磨灭变低。我在满洲[①]时,曾经在原野里看到一些低洼的地方,开始我以为那是河,但里面并没有水,询问别人才知道,那里以前是路,地面在几百年间不断受到马车的碾压,就变成了现在这个样子,所以满洲有"沧海桑田,道路变川"的说法。在台湾、爪哇、南洋也可以看到同样的情况,地面虽然陷下去了,但还依稀可以辨别出道路的模样,只不过人已经不能行走。也许有人会认为道路的地势高些最好,其实不然。有时候根据使用目的的不同,地势低的反而好一些。道路的

---

① 日语里称中国东北为"满州"。——译者注

高低好坏要用什么样的标准来衡量呢？这是第六个问题。

人的道路，变与不变，孰好孰坏？

另外，道路还存在一成不变和临时的问题。比如，道路施工时需要暂时禁止通行，工程结束以后又恢复通行，而新路修筑好了以后有可能封闭旧路。河流为船行的路，看上去似乎一成不变，但正如"河流"的"流"一样，蜿蜒的河流也有九曲十八弯。

道路也和河流一样有相似的变迁。十八年前，我在巴黎博览会上看到过一种称为"移动站台"的设施，其中的道路可以不断地自行移动。在"移动站台"中，有三条宛如出自箱根木艺[①]巧匠之手的精致道路。甲道路以人行走的正常速度移动，我踏上去试着在上面行走，原

---

① 在箱根温泉一带出售的木制工艺品。——译者注

本在上面的友人和我以同样的速度往相同的方向移动。乙道路的速度稍微快一些，相当于小跑的速度，丙则大约是马车行驶时候的速度。这样看来，道路并不全是固定不动，而是移动不定的。佐藤一斋先生在《言志晚录》中说道："天道无变动而变化，地道有变化而无变化。我立两间，仰观，俯察，裁成而相辅之。即是人道之变化，参天地所以也。"

自然之道和人行之道

道路有不同的种类，既有常见的公用道路，也有只允许个别人通行的私道。对了，现在还出现了一种既不是公道，也不是私道，而是介于两者之间的"轨道"，只要付钱买票后就能在上面畅行无阻。公道是普通的供公众行走的道路，私道又分为两种，一种高尚，一种卑贱。从前有一种路叫"穴道"，是从地下挖掘的。据说罗马有的修道院就有秘密的地下通道，甚至还有一些匪夷所思的传说：修女们通过这些秘密通道和外界联系，在里面抚养私生子。这属于私道当中下等的一类。除此之外，还有一种高尚的私道，世上有很多人在上面行走，潜心修炼自己，这就是远离俗世红尘的私道。下面这首和歌的作者我已经忘记了：

武藏野上路纵横，神之正道任吾行。[①]

假如不是像这样行走在神之正道上，只要稍微陷入逆境就会狼狈不堪吧。

也许世上这样的道路还会越来越多。

在这里，我想提出的问题是：所谓的"道路"，究竟是自然形成的，还是因为人行走而形成的呢？从字面上看，"道"这个字，是"首"加"辶"，也就是"首"跑的路谓之"道"，表

---

① 和歌。——译者注

明人所走过的地方就形成了道路,所以这样说来,道路并不是自然天成的。

正如尼采所说:从一座山到达另外一座山最近的方法是从山顶到山顶。但是,人走这条道,腿的长度不够。因为腿短,所以要翻山越岭、上下求索,在这期间才出现了道路。也并不是说不存在世上本来就有路的说法,比如自然主义就主张饿了就吃,渴了就喝,满足人的自然需求。最近这个学派还出了个被称为"龅牙龟"①先生的著名徒弟,他们就称之为"自然之道"。不过,我们还是主张将人走的路称为"人道"。于是,以下的问题就产生了:路究竟是不是自然天成的呢?

---

① 明治末年,东京发生了池田龟太郎因性变态杀人事件。此后,"龅牙龟太郎"就成为性变态者的代名词。——译者注

一条人应该走的路

记得鸟羽天皇①曾经吟过这样一首御制和歌:

> 踩踏深山泥,悄然已成道,路虽在脚下,世人却不知。②

这首歌可以解读为:道路并非天然存在,自己的双脚踩踏泥土之后,世上才初次出现了道路。这和"道路自然天成"的意思有所差异。假如地势变化能够自然形成道路的话,对人类来说固然方便,但在人的双脚踏上去之前,也就是只要大自然的原始面貌中还没有渗入人的踪迹之前,都不能认为有"道路"存在。只有人在一个起点和另一个起点之间跋涉而留下足迹后,"道路"才初次出现。

---

① 平安时代后期的天皇。——译者注
② 和歌。——译者注

更进一步说,没有人就没有道路。道路存在于每个人的脚下,比起"存在",也许人类"劳作""走""行""前进"的行为导致了道路的说法更加恰当。众人踩踏一个地方比一个人开辟道路更加省力,所以渐渐地大家都走到了同样的地方,于是"道路"就逐渐形成了。

也就是说,道路存在于个人心中,人心所到的地方就成了路。所谓"各自拓宽道路",不是指客观的道路,而是指每个人心中的路,心所能及的地方就自然成路。换言之,一个人只要对个人、社会、天地问心无愧,就可以认为他走的道路是正确的。这里所说的"路",也并非是指具体的路,否则就会生出宽窄、远近、单纯或是烦冗、险峻或是平坦等诸多疑问。如果不拘泥于这些,我们在论及"道路"的时候,就能忘却远近等凡俗问题的束缚,达到"心外无别道"的境界。

二、世上的路有高有低

世上的路有高有低

"处世"一词的意思非常宽泛,我将其理解为"和除自己以外的大多数人共同生存"。那么,应该以什么样的方法来处世呢?有的人根本就漠视处世的方法,也有的人认为,人生应该辛勤地学习知识、储备金钱,还有的人认为只要今朝有酒今朝醉就好。对待人生的看法也是一样,有的人认为人生最绚烂的时期只有五十年,应该及时行乐;也有人的想法与此相反,认为人生应该细水长流。说起人的想法为什么会相差如此巨大,理由有很多。比如,有人生性乐观,有人却正好与此相反;有人是因为身体原因，有的人是因为遭遇了痛苦的经历而改变了想法。

虽然世人想法千差万别有如此众多的理由，我在这里想说的却是：生活有各种各样的类型和阶段，每个人根据自己所处的阶段不同，处世方法也有所差异。小石川的水道街作为一条街道来说没有什么特别之处，但是与其他街道相比，它有一个独特之处就是分为高低两段。虽然同为水道街的组成部分，但道路的两侧一边高一边低……这让我想起：无论谁的一生都要与人同行，在车水马龙的宽阔大路上行走，路上有或高或低的台阶，所以有人走在比别人高的地方，有人走在比别人低的地方。

职业道德和人的绝对道德

前几天，我去参加了一个赏菊的宴会，一起受到款待的还有我的几个友人。聊天的时候，我们谈到一个大家都认识的新闻记者。其中一两个人说"他人品很好",另一人说"那人很差劲",又有人说"那人人品很不错",还有人说"那人人品真差",像这样,不同的人对于同一个人的评价完全相反。在一旁听着的我颇感疑惑:"对同一个人的看法为什么会产生如此大的差距?难道不觉得很奇怪吗?这人究竟是个什么样的人呢?"于是,大家又告诉我说,他们谈到的这个人经常出去采访、搜集素材。

有人说:"现在的新闻记者很少有像他那样能明辨是非、品行端正的,而且他文笔也不错,是个让人敬佩的人!"有人马上就说:"哪里呀,那人在大学时就不怎么样,毕业以后也是到处碰壁!"我在旁边一边听一边想:从高的一方来看(在这里说"高""低"似乎有点可笑),也就是从社会的普遍标准——当官就是地位高的标准来衡量,这位记者大学毕业以后没有参加高等文官的考试,作为新闻记者,社会地位很低,可见他的人品也不怎么样。从官位决定人的优劣的标准来看,这位记者是个品质恶劣的人。但是,在欣赏他的人看来,现在从事记者行业的人——可悲的是,大多数都素质低下——他在其中算是鹤立鸡群,出类拔萃的了。也许要是整个行业的水平都能提升的话,他并不怎么优秀,但从目前的情形来看,他确实算是一个温文尔雅之人。

这并不限于人本身而言,而是放到世人处世时所站的高低立场来讲的。人若走在高的地方,其身高即使相对周围的人来说算是矮的,但是对低的地方的人来说都是非常高大的。这有点类似我们平日所说的"高不成,低不就"。

这也说明,很难从传闻来准确判断一个人的品质。一般来说,我们容易以自己的境遇为标准来轻率地给一个人定性。换言之,也就是容易根据一个人社会地位的高低来判断一个人的品行。但是,没有和众多"道路"比较,仅仅单就一条"道路"来判断就足够了吗?而且,我们每个人就一定是绝对正确的吗？这些也是我想提出来的问题。

诸位都是从事杂志经营工作的，很清楚现在日本杂志行业的水平还很低。也许诸位站在一个相对比较低的高度看，会认为这已经足够了，但是，仅仅徘徊在一个比较低的水平上我们就该觉得满足了吗？虽然身为杂志商，但作为一个人，和前面说到的官员、学者、绅士、贵族们比，一点也不卑贱。人是不是应该以绝对价值为标准来处世呢？也就是说，除了职业道德这样的相对道德以外，人还应该有作为一个人的绝对道德。

每个行业都有各自的道德、行业标准。社会地位低的人也有与其社会地位相应的处世方法。比如，从前在我国，"町人"① 有 "道话"②，武

---

① 城市工商业者。——译者注

② 即，心学道话。江户时代由石田梅岩开创的心学流派的道德说教。——译者注

士中间有武士道。不同社会阶层的人所走的道路基本上是根据各自的阶层确定好了的。虽然现在不如从前那样严格,但每个职业都有大致的规矩,一个人只有遵守这些规矩,才能够在社会上游刃有余。而且,这些规矩和每个人从早到晚的生活都密切相关,所以千万不能有所差池。每个人都必须按照这些规矩生活、工作。例如,钟表店有客人来问一只钟表能便宜多少钱,于是,店员回答:"这是银表,二十元。不能便宜。""我实在拿不出来二十元。我的儿子要在铁道部门工作了,镍的也没有关系,要是不给他买只钟表的话,可能会影响到他的工作。下个月他就领工资了,这个月还没有工资,所以,现在我只有八元钱,能够卖给我吗?"这位父亲一个劲儿地恳求,眼泪几乎都要流下来了。假如店员据实告诉他:"我们店的商品是定价销售,一分也不能少。没有二十元,不能卖给您",坚持不肯让价出售的话,可以说他是一个称职的商人。对他能够一丝不苟地遵守商业道德、不谎报价钱这点,我们可以说这是一家好店,称赞这里的店员有商业道德。假如一个商人在顾客订货后能够根据样本提供分毫不差的商品,按照约定时间交货,我们也可以说他是一位模范商人。但作为一个人来看,这样做却有不足之处。听了顾客所说的缘由以后,难道不该以公众利益为重,哪怕是自己添补一些钱,也让他把钟表拿走吗?开火车的人要是没有钟表,错过了时间,会给乘客带来很大的麻烦。从人道主义的角度出发,是不是应该售出这只钟表呢?可是,从商业上考虑,作为一个商人不能那样做。所以,单是遵守职业道德处世其实并不困难,和作为一个人应该遵守和学习的道理相比,要简单得多。这些说起来简单,但是,实行起来却是相当的困难。

从高于职业的地方着眼

方才,我家来了两三位十七八岁的女学生。其中一个人说道:"大家能够遵守《女大学》[①]中的规定固然很好,但是,谁能遵守得了呢?"说到为什么遵守不了这些规定的问题,我认为,这就像商业道德一样,如果不超越规定本身,也就不能很好地遵守,女子要是超越不了男女性别,站到人格的高度潜心修炼自己的话,也就不能走好作为一个女性要走的人生道路。

时间已经到了秋风吹落黄叶的季节。落叶知秋,看到一片片飘落的黄叶,不由得让人想到是一种比树叶更加强大的力量吹落了树叶。黄叶缓缓飘落,证明有比黄叶更强大的力量存在,斗转星移也是因为天地之间存在能够移动星斗的力量。假如没有这些强大的力量,树叶

[①] 江户时代流行的修身书。书中用假名记录了女子修身、齐家的注意事项。——译者注

和星斗就难以移动。同理，如果出现严格遵守、践行职业道德的商人的话，就应该称之为拥有的道德感高于职业道德的人。假如没有这种道德感，一个人也就不能很好地遵守职业道德；如果单单只想遵守职业道德，却不能拥有更高层次的理想，也许连最基本的道德也遵守不了。那些能够做出一番大事业的人，或者是拥有超乎常人的果断性格的人，往往都是宗教家。不论佛教、基督教或是其他的教派，若是能彻底舍弃自己，将自己的身心全部奉献出来，就能做到将生死置之度外。用基督教的话来说，就是"生死由命"，生或者死都是上帝的旨意，若不借助比自身强大得多的力量，就做不出一番惊天伟业。所以，越是潜心研究伟大的人物，越能够确信这一点，并且能一眼看出那些随波逐流之人的盲目。在这里，我还是主张，每个人在经营自己的职业谋生度日的时候，应该有超越职业本身的高度，从更高的地方着眼的眼光。

重要的处世须知

背负着高远的理想处世,看上去似乎非常麻烦。不过,假如一个人只想提着一个水壶在世上行走,最终只能练就提一个水壶的力气。在以提水壶为职业的时候,假如有能够毫不犹豫提两三个水桶的豪气,提一个水壶就会不在话下。我认为,不管从事任何职业,都应该拥有超越自己职业的高远理想。

说到这里,也许有人会担心,假如一个人锻炼出了能提水桶的力气,而只让他提一个水壶,他会不会由此心生不平呢?"我有了不起的能耐,却只能做这样的小事,真是大材小用啊!我明明有能当大臣的能力,却只能做个小小的地方官,世道真是不公平!"我想,这样的担心也正是一个人在处世时应该注意的一点。

一个人之所以会产生这样的思想,是因为我前面所说的超越自己职业的理想没有彻底树立。我在这里所说的意思是：一个人应该思维开阔，就算做的事情很小，也要朝着更高的水平去努力。提着水壶走路的目的并不是要提水壶，而是提水。目前也许只需把水装在水壶里，随着需求的增多，需要更多的水时，要把多余的水装到水桶里，提着走。根据需要，甚至用装四斗水的四斗樽挑着走。只不过目前住小房间，用的水还不多，还没有必要装在四斗樽里，所以，到小房间时用水壶提水。为了以防万一，提水的人需要有提得起水桶或者四斗樽的力气。就算我们现在不过是一个传达室的小职员，但也要有这样的意识：一旦用得着，自己也要什么都会做，都能做。在必要的时候，甚至能够代替大臣。为此，我们应该在平日里就注意培养这样的思想和见识。抱怨自己有担当重任的能力却没有用武之地的人，其实还不真正具备那样的实力。所以我奉劝各位，平日就应该抱着以防万一的想法，努力提高自己的实力。

付出超过工资的劳动

年轻人有个通病,无论从事何种职业都容易发牢骚。"我这样优秀的人才憋屈在这样的小地方,真是大材小用!"但是,假如真让他去当社长的话,他具备相应的能力吗?除非一个处在社员职位的人能够得到以下的评价:"不管吩咐什么工作,他都能完成得很好,写的东西斐然成章,讨论事情时说的话也合情合理。无论什么工作他都能够胜任。"当丰臣秀吉还是信长家管理草鞋的家臣时,就是一个想得到把草鞋揣在怀里焐暖和的优秀的草鞋管理者。他在当随从的时候是一个称职的随从,当大名时是一个理想的大名。他之所以能做到这一点,就是因为不管做什么都能称职,尽管走的是低级路线,思想却很高远。要知道,管草鞋的工作固然很没意思,但是谁也不能从管草鞋的一步登天而成为大名。这个道理虽然显而易见,却不是谁都能够明白,要是始终都明白不了的话,就只有在愤懑中度日了。抑或是动不动就向社长发牢骚,打同事的小报告,诉说对现在工作的不满。一个人如果总是这样郁郁不得志,就容易纵容自己做坏事,戴上有色眼镜看待周围的事物,从而价值观也变得扭曲。

我曾经听说一个中学老师在教室里受到学生提问时,居然将这样的回答作为口头禅:"以我现在的工资,不能给你解答这个问题。"据说还有人这样刻薄地挖苦人:"这工作怎么能完成呢?你要是再加点钱的话,还值得加一把劲……现在拿这么多工资,就只干这么多活儿。"这种现象在公务员中更为常见。我也曾经领导过别人,不过,很难设想这样的情况下再加些报酬的话,他是不是会把工作做得更好。我并不反感,但是,那样做的话,我很难给他增加工钱,最终,给他加工资也要往后拖。如果一个人不计较金钱,而是兢兢业业地做好自己分内的工作,那很值得赞赏,我会考虑给他加薪。实际上,他一定很快得到晋升。

什么样的人更容易加薪

这也是我在雇人做事时候的事情。在我所雇佣的人中,有的人挥霍无度,拿到钱以后马上就花得一干二净,一直在贫困中度日,甚至让人担心他以后会不会为了金钱违法乱纪。我间接地对这人进行忠告,他说,自己也知道应该把工钱存起来,但是因为工资太少,所以根本就存不起来。于是,我就给他加了工钱,谁知道他领到的工钱越多,用的也更多。加工钱以前他吃三两饭就够了,加了以后他能吃五两;以前一个月只借别人二十元钱,现在也许会借五十元。这样的话,我自然会觉得,还是不给他增加工钱会更好一些。与这样的人相反,有的人就是挣了一点点工资也会存起来，或者用来孝敬父母、抚养孩子。对这样的人我心生佩服，觉得不管给他多少钱，他都能用到有意义的地方，反而会借机表示对他的敬佩之情。公务员的工资虽然不能随意增减，不过到了加薪的时候，不管手续多么冗繁，上司总是多多少少地掌握着一定的决定权，会让那些任劳任怨、克己奉公的人得到回报。那些认真工作的人，大多数——虽然说不上全部，都拥有超越自己职业水平的思想和修养。

英国人经常说："美国人虽然很能创业，但他们奉行拜金主义，国民都是财迷。"但是，目光短浅到只看得到金钱的话，根本就成就不了一番事业，只有思想超越了金钱本身，才能创业成功。就想要得到钱这一点来说，日本人丝毫也不亚于美国人。想象一下，假如在银座的大街上丢下一千日元，日本人捡起来的速度一点也不会比美国人慢。他们嘴上之所以会忍着，说"钱算什么呀"之类的话,是因为钱还没有真正掉下来。武士虽然吃不上饭也要摆架子,但希望有钱的愿望,跟一般人没有什么两样。我在德国的时候,听德国人说:"英国满大街尽是商人,到处都是铜臭味。"这才知道,英国是个商业大国,商人很多。到了英国后,听到英国人说的话似乎和德国人毫无二致:"德国人成天说要发展发展,以发展实业为幌子,一门心思都想着钱。"到了美国又听到美国人说:"英国人、德国人都是财迷,我们美国人不像他们那样,因为我们有钱。"在法国也能听到差不多的话。像这样,虽然都口口声声称唯独自己不想要钱,但其实大家需要金钱的欲望都没有什么两样。

话又说回来,也许有人会说,像英、美、德等国之所以国力强大、教育发达是因为它们有钱,然而,并不是只要有了钱,国家就能强大。这个问题必须要站在更高的地方来看,其实这对个人也是一样。假如不能超越"我是新闻记者,我是学校老师,我是开蔬菜店的,我是卖酒的"这样狭窄的念头,就不能真正胜任自己的职业。所以,必须要让目光更加长远一些。也就是,我们在处世时必须时刻谨记一点:人往高处走,要给自己定一个高一些的目标。就我平时的观察来看,很多人在完成自己分内工作的时候牢骚满腹、推三阻四,而极少有人能树立超越自己职业的理想,或者有这份从容。比如说,既然身为一个商人,就要做一个称职成功的商人,不断提高自己,坦荡处世。

前些日子,我阅读矶间良甫所著的《国恩教谕录》时候,其中有一句话深得我意,所以写在这里以供诸位参考:"纵无赏亦不懈怠,为敬上之礼。此不光能仕人,心得仕我天道之冥理,尽最大可能之实意,可为守信之至。"

我想达到的目标

我其实并不想让自己的希望、职业从身上体现出来。现实生活中很多人都把自己的职业体现到外形上,让人能够看出来他是新闻记者、公务员,或者医生、和尚等等。我的观点听上去似乎有对自己职业的不忠之嫌。说相声的人经常讲道:修房子的工匠平日的每一个动作都像在钉钉子,他们用整个身心去表现了自己的职业。这样似乎是对自己的职业尽到了忠义之道,但其实这是不了解高水平状况的、相对低水平的忠义。我认为,与其这样,还不如避免让人看出具体的职业,而只是以一个堂堂正正的人的形象得到社会的认可更好。作为一个人生活在社会上,就要不断进步,不管从事何种职业——拿的是锄头,还是笔杆,是采访新闻的记者,还是挑粪桶施肥的农民,也不论和社会联系的疏密程度,处世度日时只要有"我就是我"的真性情，就足够了。人应该像不倒翁那样，不管跌成怎样都能站起来。无论受到多大的耻辱，都要不忘真我。一个人要是做到不怨天尤人，看清毁誉褒贬，不管从事什么职业都堂堂正正，无愧于天地，而且能知晓自然之乐的话，就一定能成为一个满足、愉快的人。要是一个人的想法能够达到如此境界，日常生活中那些小小的牢骚自然也就烟消云散了。这样一来，在"道路"这个题目下，我所说的终究还是偏离了"世道"这个主题，转而倡导人要坚持自己的信念，拥有自信，勇往直前。虽然这些看似有些自相矛盾，但正如我前面所说的，"道路"就是要清楚地意识到自己的存在，就像"心外无别物"一样，相信"心外无别道"。

切勿迷信道谓何，须知自身谋生计。

——至道无难禅师

第十四章 默 思

通过默思最终应该达到的,是一个不用思考的境界。也就是说,默思不是用来解决疑难问题的,而是远离俗世、畅游天外的神游。

一、静思默想是灵魂与天地的交会

必需的精神食粮

我以前一直住在乡下,来东京才不过短短的三年时间。正如所看到的一样,现在的东京俨然就是日本的代表,而"东京"似乎就等同于"日本",已经成为国民用来衡量自己生活的标准。若是现在东京的生活方式真的能够代表全日本的话,就"修养"来说,我认为诸多地方是不理想的。比如,早上还在睡觉的时候,客人会突然来访,这时候主人只有一边吃早饭一边接见客人,或是主人自顾自吃早饭,让客人在一旁等待。到了办公室以后一样,客人也会若无其事地来拜访或闲谈,即使到了深夜也是如此。星期天虽然为一周的休息日,从早到晚,来客也络绎不绝,也不能好好地放松休息。所以说,日本人的生活很没有规律,简直让人身心疲惫。

身体要是疲劳,需要补充一些恰当的食物增加营养。精神也和肉体一样,需要摄取充足的"食物",以防止精神上的饥饿。但是,东京快节奏的生活完全让人失去了摄取精神食粮的从容。古人云:幽居而神游天外。东京生活不可能达到这样的境界。身居乡间僻远的深山,并非不能享受到远离世俗的幽寂。但是,身居山中,果真能够体会到静静地神游天外的乐趣吗?到那时候,会不会希望有机会就跑到东京,接近闹市的喧嚣,或者让自己消失在熙熙攘攘的人潮中呢?以这样的生活状态,不要说身居闹市,即便是住在山里,要想静静地摄取精神营养也是痴人说梦。

正如第四章所讲的,人若要坚持最初的决

心，假如没有默思，而是不加思索地盲目行事，终究是达不到目标的。

身体在伸展之前必须要有大幅度的弯曲，下决心做某件事情之前也一定会有一段长时间的沉默。要坚持最初的决心，仅凭惯性是不够的。在前进途中起了懈怠之心时，就必须留出一段时间来静思默想，鼓励自己再次奋勇前进。所以古代的圣人说"人要一日三省"，而自省则需要默思。

基督教教义中有一条是"祈祷时要关门锁户"。也许有人会说"祈祷"这个词宗教气味太浓，有宣扬迷信的嫌疑，假如是这样的话，我在这里就不用"祈祷"这两个字。这里所说的祈祷，不是"像念天书一样反复念诵某段经文"的意思，而是指自己的灵魂与天地的交会。这时候，我们的对象不是人，而是一种高于人的力量，也就是要做到宠辱不惊，得到世人的褒扬不得意，受到羞辱也不气馁。达到了这种境界的话，一种超越人的力量随时都会在你的耳畔低语，甚至能听到你悄悄倾诉的声音。假设这样来解释，"祈祷"就绝不仅仅是迷信。如果有人觉得"祈祷"宗教色彩太浓不满意，可以换成其他的文字。我在这里想要强调的是，不断坚持沉思默想的必要性。

沉默五分钟

在最近寄到的杂志中，有篇文章讲述了一种解决劳动问题的方法，我觉得很有意思。这种方法好像是比利时的僧侣发明的，即一年一次，或者是一月一次，将工人们召集到修道院里，让他们静思默想以增进修养。据说实验的结果证明，这种方法能收到良好的效果。工人们、女工们从早到晚都在工厂里忙忙碌碌地劳动，人在那样肮乱嘈杂的环境里，有时甚至会怀疑自己究竟还是不是人。让他们暂时离开那种喧嚣恶劣的工作环境，稍做静思默想，对他们修复疲惫的身心会有很大的益处。这样做不仅会给他们的精神带来好处，让他们的思想更沉稳，他们的身体也会因此变得更加强壮，而思想沉稳则能让人拥有敏锐的判断力。劳动者的身体素质的增强和思维的活跃带来的是更高的劳动效率。所以，这样一来，即使占用一些劳动时间让工人们休息，雇主的利益丝毫也不会受到损害。

以上讲的是静思默想在体力劳动者身上也能收到良好效果的例子。对脑力劳动者来说，静思默想的重要性就更不言自明了。从事脑力劳动的人每天要是因为工作忙得不可开交，生活中没有一点自由思考余地的话，那他的生命之源差不多也就要面临枯竭了。在北海道的时候，每天都沿着清澈的小河悠然散步，或是与皎洁的明月共语，仰望洒落在夜空的璀璨星斗，我的心情都会感到无比的祥和安宁。对那些在喧嚣扰攘中度过了一天的人来说，能够在如此天地间逍遥，一定感觉犹如远离了红尘俗世，畅游在天国乐园般安宁。此时此刻，那些璀璨星斗仍然在澄澈的夜空中闪烁，但由于身处喧嚣之中，所以要重新得到那样的安宁也犹如一个遥远的梦。说来惭愧，也许是因为本身的修养还非常欠缺，我认为在一天当中，有必要拿出十分钟，不，五分钟就足够了，用来静思默想，洗清自己内心的俗世尘埃。

英美等国由于社会结构的特点，更加容易践行这一点。英美的周末其实非常安静，人们既不走亲访友，也不怎么举办商业活动。随着来往行人的减少，电车的运行次数也相应减少，邮件的投递件数也没有平时多。人们在紧张工作了六天以后，周日这一天变得异常安静，社会安静自然也有利于个人静思默想。

因为有这样的社会模式，所以自然而然，英美人养成了静思自省的习惯。然而，在日本，人们一年到头都手忙脚乱，没有拥有这份悠闲的从容。

本来，以前的日本多多少少还留有一些类似的从容，早上起床后，有人会对着佛龛的祖先牌位合掌行礼，或向神龛拍手行礼，还有人在太阳升起后对着太阳行礼。现在有些地方多少还保留着这些习惯，但也在日渐消失。虽然行礼花费的时间只有片刻，但合掌、拍手的瞬间，人的心也能远离俗世，得到净化。基督教祈祷的作用也是如此，人在祈祷的时候，思维能得到沉淀。我在这里并不是想倡导宗教，而是希望哪怕是短短的几分钟之内，让人心灵沉静，远离尘世。

坐禅的妙趣和默思

说来惭愧，我平时总是忙忙碌碌、手足无措，静不下心来作较长时间的默思。但是，越忙,我越能体会到静思默想的必要性。我在童年时代曾经听说过这样的事情:我的祖父有一次问一位禅僧,什么叫作"坐禅"。这位禅僧当时并没有解释坐禅时盘腿打坐的姿势等,而是说,危难时的武士其实就实践着坐禅。例如,在突遇敌人后刀剑相接的瞬间,还不清楚敌人的身手,不确定自己的立场,不管多么大胆的人此时若不顾一切,自然就找不到最好的制敌时机。但是,这时候若是能够退后一步,也许马上就能看出对方的弱点,心也能重归冷静。在这"退后一步"上下功夫,就是坐禅。所以,从激流一样的生活中退后一步,在心底静静反省自己的命运,端正自己对生活的态度,也是坐禅的方式之一。总之,坐禅就是离开俗世,静静地进行默思。不论自己平日如何繁忙,都要从中抽出些许的空闲来。只要用心,就能做到这一点。虽说平时总是"忙啊忙",但那只是外部的忙,连精神上也忙则既没有必要,也不可能。

一般来说，物有本末顺序，事有轻重缓急，只要决定好事情的轻重顺序，在百忙之中也能抽出空闲来。本末倒置则容易手忙脚乱，只要按顺序慢慢考虑，就能有条不紊地安排好一天的事情，而要是把这些事情都放到一瞬间，则会觉得无从下手。吃饭也是一样，要是按一天三顿的顺序吃，能吃得很舒服，假如把三顿饭都放在一起吃，只想想做饭这件事就让人觉得吃不消；义务也一样，有轻有重，若是按从重到轻的顺序履行，百忙之中也能抽出闲暇；困难也是如此，假若抱着遭遇了一次就等于一生困窘的观点，则会让人觉得不堪重负。痛失双亲，妻儿生病，愿望不能实现，遭到别人的非难等，假如把人在一生中会遇到的所有苦难都放在一起，就会显得苦难重重，人的一生不堪重负。然而，仔细一想，这些苦难的到来其实都是有先有后，人在与它们抗争的过程中慢慢会觉得苦中有乐，变得游刃有余。所以，虽有人总是抱怨工作繁忙,没有静思默想的闲暇,但只要仔细想想就会知道:不管一个人看上去多么繁忙,那只是外部现象,如果进行默思的话,心里反而会感到从容。

二、沉默五分钟

默思的时间和态度

我喜欢看书,习惯将触手可及的书拿过来读,而不假思索。因为是不假思索地乱看,所以,总是事倍功半。与读书相似,默思也是件非常重要的事情,本身也有章法。除了那些长年练习的人以外,像你我这样的初学者,都需要掌握一定的方法。我认为,最初练习的时候,定时比不定时要好一些。比如,限定自己在早上起床以后的五分钟,或者十分钟之内,待在自己的房间里静思默想。在这期间,无论发生什么事情,都不与人交谈,不要为来访的人或者电话分心。总之,在这五分钟或者十分钟之内,要像完全脱离了凡俗世界一样,也不要允许其他人在房间里出入。

除了早上,完成了一天的工作后,睡觉前,也可以关上床头灯,静思默想。在万籁俱寂的时候静思默想,是身心最容易超然于世的时刻。

其实也可以摒除时刻的限制。但最开始还是定一下时间为好。也许有人会嘲笑说,这样有点过于拘泥于形式。你我这样的凡夫俗子在做某件事情的时候,在达到一定的程度之前,最好还是注重一下形式。

有人也许觉得,只要是在静思默想,就不要在乎姿势,不管是躺着还是盘腿而坐都无所谓。我个人却主张,默思的时候必须要正襟危坐。睡觉前的默思可以穿睡衣,未必一定得着正装,但姿势一定要端正,盘腿坐的时候,最好两腿盘曲交叠。总之,不管怎样,静思时最忌讳吊儿郎当的态度。

默思的场所

其次,我认为默思最好要有固定的场所。文豪卡莱尔有一句名言:"蜜蜂不在黑暗中酿不出蜜,头脑不在沉默中静思产生不了伟大的思想。"沉默分为内部和外部两种。虽然内部的沉默最为关键,但外部的寂静也是必不可少的。也许从某种程度上说,外部的沉默对内部沉默能够起到推动作用。假如一个人身处喧嚣之地而能对周围的嘈杂充耳不闻、视而不见,那似乎在自己的周围画了一个神圣的圆圈,在这其中唯有"本我"。一个人要是能达到这样的境界,也许寂静的外部环境就没有那么重要了。只是,达到这样的境界,需要有深厚的修养。对我们普通人来说,要达到这种境界虽说不是完全不可能,但也绝非那么容易的事情。因此,作为达到一定程度的辅助工具,寂静的外部环境是必要的。

努力追求寂静的外部环境,话虽如此,但在实际生活中,人不可能真的做到抛家舍业,隐居到深山中,独享自然之乐。即便所有的人都在幽静的山林中筑屋而居,在使用隔扇拉门的日本的房屋构造中,也不能保证一定就有安静的外部环境。举家静思固然很好,但从现在我国的现实生活情况来看,这几乎也是不可能的。所以,在这样的情况下,我们只有在清晨或者深夜独自一人进行静思。就场所来说,可以是对着祖先牌位的地方,也可以是对着双亲照片的地方,对着敬仰之人的肖像,能产生和他们坐在一起的感觉;也可以对着写着自己铭记在心的名言警句的挂轴。假如在家中实在没有条件,也可以在户外进行,即使并不是每天都方便。在日本,户外有很多可以静思默想的场所,比如,住所附近神圣庄严的神社,或是寺庙、墓地,公园的一隅也不错。天气好的时候,把庭院中的树当作是菩提树,坐在下面静思默想也是非常有意境的，空无一物的开阔地也可以。总之，只要有决心去做的意念，就一定不会为场所所困。最开始的时候，可以不限定场所的条件，但一定要固定在一个地方。这样听起来似乎有些孩子气，但作为精神世界的孩子，最开始的时候，任性一点也没有关系。

西方的天主教堂总是随时开放，深夜也有人值班守夜，而且整夜灯火通明。这样一来，那些内心受到煎熬的人随时都能进来祈祷赎罪，心怀喜悦的人也同样可以随时进去表达内心的感激之情，总之，它为随时进行静思默想提供了便利之所。我平时总是说，在提高精神修养这一点上，外国在设施上比日本更加完善，就是说的这样的地方。

关于默思场所的选择这点上，我想再三强调的是：默思没有必要隐居山林。要是对自己的工作、亲人朋友没有什么妨碍的话，隐居值得一试。要想达到默思的目的，关键不在外部环境,而在于自己的内心。

默思时应该想什么

说到静思默想,读者也许会就思考的具体内容提出疑问。我现在自身的修养还很浅薄,不能给出正确答案,但在这里还是阐述一下自己的想法,以供那些立志修身养性之人作参考。

虽然名为"静思默想",但我认为,通过静思最终应该达到的,是一个不用思考的境界。也就是说,默思不是用来解决疑难问题的,而是远离俗世、畅游天外的神游。神游的主旨在于超然于俗世,达到一种只可意会,不可言传的境界,让精神呼吸新鲜空气,而并不是非要有物质上的收获。换言之,默思也就是和神交往,拥有圣人的心境,在一个奇异的世界里愉快地畅游。有些默思的人看上去也许和普通人没有什么两样,但一旦达到了一定的程度以后,在他们身上自然就能显出异于常人的特别之处。他们的眼里会闪烁着熠熠光芒,和他们接近的时候能闻到他们身上散发的奇香。这也是我梦想达到的境界。

默思期间如果产生了其他的念头,应该马上从中挣脱出来。此时,应该让自己拥有一颗近似空白的心,使自己的立场变为被动。默思就像打扫神社的卫生,应该清除一切杂物,移走除了天神以外的其他所有神像。也就是说,默思要达到一种既非善也非恶的境界。我经常体会佐藤一斋先生说过的一句话:"心之官即思。思之字只是功夫之字。若思则愈精明,愈笃实,由成其笃实言之为行,由成其精明谓之知。知行一归思之字。"默思更不应该抱有这样那样的目的,而应该将着眼点放到养成知行的原动力上。我再三说过,我自己并不是默思的行家,在这里只是阐述了我在日常生活中的所感而已。

即使起了邪念也要继续

在沉默的初始阶段,容易产生邪念。平时因为忙碌而忽略的一些纷扰,往往也会在沉默的时候重新涌现出来。欲望在此时也最容易膨胀,对别人的怨恨和嫉妒也会借机扩大,以前差不多已经忘记的别人说过的话,也会在这时候想起来,自己也会感到不愉快。平日里由于繁忙而沉潜的纷扰,也会在这时纷纷涌现,各种念头纷至沓来,这一刻简直犹如百鬼入侵。这是我们凡夫俗子经常体验到的。但无论产生了什么邪念,都不要在意,应该将静思默想继续下去。对于生出来的邪念,应该像坚决让屡次骚扰的百鬼吃闭门羹一样,清醒地意识到:"现在不是产生邪念的时候。"坚决将其从意识中驱逐出去。如果来一次驱赶一次,邪念终究会消失,习惯成自然,久而久之,即使平时会产生邪念,但在静思默想时却绝不会产生了。

这样的时间,每天即使只有短短的五分钟也好。在能达到超然于世、畅游天外的境界以后,在这短短的五分钟之内,都能感到自己是尧舜一样的圣人。也许有人会说,相对于一天二十四小时来说,这短短的五分钟能起到什么作用啊!但是,人假如能在这变成圣人的五分钟之内完全忘我,这样的时间也许会慢慢地增加,一直到十分钟、十五分钟。随着时间日渐增多,变成圣人的次数也会越来越多。所以,没有理由轻视这最初的五分钟。

《圣经》中说:天国就像树木的种子。不管最开始的时候是多么微小,都能发芽、生长,最后变成参天大树,招来百鸟筑巢。与此相似,我确信,只要能够勤于静思,并让时间逐渐延长的话,终究会成为了不起的人物。

多人一起默思也可行

从原则上说,默思应该以个人为单位单独进行。但是,心意相通的知心者,也可以三五人或者上百人聚集在一起默思。这样做,大家都会受益匪浅。教友会就是一个让数百个教徒聚集在一起默思的教派。众人一起默思的时候,有人将手放在额头上,有人把胳膊肘靠在椅背上,虽然每个人姿态迥异,但大家都在两个小时内一言不发,认真静思默想。这期间,假如有人热血沸腾,有话不吐不为快,可以站起来讲几句话。像这样,很多人聚集在一起默思,能够让人变得更加自信和坚强。虽然说得不好听一点是"倔强",但坚强意志的人确实就这样锻炼出来的。英国的议员向来被认为与众不同,从教派上来区分,教友会的人相对来说要占多数。说到这里有些跑题,但这也止是默思锻炼出坚强人格的例证之一。

我还想提倡以家庭为单位，让每个孩子都养成默思的习惯。孩子们好动，不能长时间静止下来，让他们总是默思也不怎么好，不过，两分钟左右的时间还是可以的。我曾经试着让六岁的孩子默思过，孩子以为熬过了非常漫长的一段时间，实际也只有两三分钟而已。即使是这短短的两三分钟，只要每天坚持下去，就能养成好的习惯。

另外，我认为在学校推行默思也是一个好方法。让学生学会短暂的沉默，即使是三五分钟的短暂时间，也一定会收到良好的效果。美国的有些寄宿学校就规定：学生们在铃响后的一段时间内必须保持沉默。铃声一响，就禁止在走廊上奔跑、谈话、说笑，所有的学生都必须在室内保持沉默达十分钟。据说这项措施收到了很好的效果，所以这个举措是行得通的。

养成习惯会无比愉悦

实际进行静思默想的时候，也许自己突然会觉得很奇怪，或是忍不住笑出声来。一个人默思时容易为各种邪念干扰，众人聚集静思时，有失体统的行为也不足为怪。最开始的时候，出现这些情况都没有办法，但只要慢慢地习惯之后，默思期间就能将这些不足之处作为自省的契机，更清楚地认识到自己的错误，注意到已经忘记的义务，更加明白地领悟到哪些事情应该努力争取，哪些应该淡薄处之。繁忙时被压抑在心里的东西，在默思时能够摆脱外部的束缚释放出来，听到平时侧耳倾听也听不到的天籁之声，犹如杜鹃在耳畔窃窃低语，但环顾四周又看不到它的踪影。这时候，似乎在谁的指点下，突然明白了自己一直百思不得其解的问题，心灵也变得犹如被大便擦拭过一样明净。

据有经验的人说:"夜深人静独坐观心,始觉妄穷而真独露,常于此中得大机趣;既觉真现而妄难逃,又于此中得大惭愧。""大惭愧"就是"自己觉得非常羞耻"的意思,可能有人竭力想尽早从这羞耻中逃出来。但是,这和受到别人羞辱的情况有天壤之别,意思是"领悟昨日的非,感受今日的是",这和陶渊明在《归去来辞》里说的"觉今是而昨非"一样,是一种从内心深处感到清爽的惭愧。

虽然对于繁忙的人来说似乎很难,不过,只是短短的五分钟的话,无论多忙都能抽得出来。五分钟不过是抽一两支烟的时间,假如默思的时候正值客人来访,也最好请他们稍等片刻。说得不好听一点,这五分钟跟小便的时间没有什么不同。

瑞士有句谚语:"雄辩是银,沉默是金"。这句话是说,做学问很崇高,默思则更重要。

三、以体会人生真味为目标

培养悲哀的感觉

在最开始默思的时候,各种纷繁复杂的想法会突然同时涌现出来,这时候也许还不如工作缠身的时候好。在这种情况下,默思带来的反而是烦恼。假设以此为契机锻炼心志,也许能够矫正过来。这和前面讲过的内容有所关联。有的人也许会轻视烦恼,但是默思的时候往往会感到哀伤、忧郁。有的人也许会把它称为烦恼或者妄念。我在这里不想一概而论,毋宁说,更提倡我们每个人必须养成体会哀伤的习惯。

人生本来就是悲哀的,但"悲哀"绝不等同于"恶"。人生蕴含着悲哀,就犹如酸味中包含着甜是一个道理。我们在慢慢品尝宇治①的玉露茶的时候,能够慢慢品尝到清淡中的真味,那是一种难以言传的美妙滋味。人生的悲哀也是如此。自古以来,有种说法:"武士要知物哀"。我却想把这句话倒过来:"知物哀者是武士,不知物哀者就不是武士。"

默思的时候,思索我们的命运,回顾我们迄今为止走过的人生之路,也许悲哀之感挥之不去。这时候有人若是没有感到悲哀,说明此人的心灵还有待丰富。歌德说过:"吃面包时不流泪的人,还不曾体味过人生的真谛。"从前的水户烈公曾经扎过几个稻草人分给子女,说:

> 日日食三餐,时时勤思量,勿忘自身乐,源于农人苦。②

---

① 地名,位于京都南部。——译者注
② 和歌。——译者注

以此在一日三餐时告诫他们谨记"粒粒皆辛苦",这其实也等于提醒自己,自己一天三顿吃的粮食,包含了多少人的辛劳。只要这样稍微考虑得深入一些,所有的人都会对身边的很多事物涌起深深的怜惜和感恩之情。

一味地回避这些感情并不是件好事。但话虽这样说,却并不是意味着要哀伤过度,以至于对人生感到失望和沮丧,也并不意味着悲观地看待人生是可取的态度,但默思的时候,人会自然产生忧伤的感情,我将此也作为默思的目的之一。人在感到悲哀后容易变得阴郁,但在实践过程中会慢慢地体会到人生真味,默思的人也应该以此作为努力的方向,以体会到人生真味为目标而努力离不开意志的作用,所以,这其实也是对意志的锤炼。决定意志努力的方向也即端正动机。

拥有端正的动机

到目前为止,我文章中很少列举英雄豪杰们的事例,更多的时候都是以平凡的亲身经历作为例证。这绝不是我觉得自己了不起,想把自己当成典型和模范。我只是想证明,只要是确定了方向,即使是一些不起眼的想法也能够修养身心。更多的时候,我会列举自己经历过的一些失败的例子,甚至是出过的洋相。在这里同样如此,希望大家不要对我的意图有所误会。

在我还是个孩子的时候,我也和大家一样,曾经为各种各样的事而苦恼,用今天的话来说就是常觉"烦闷"[①]。在困扰我的诸多问题中,最多的就是涉及宗教和人生的问题。其中一个问题是这样的:放眼世间,一百个人有一百种想

---

① 日语"烦闷"一词在明治时代曾成为流行语。——译者注

法,一千个人有一千种做法,如果大家各自为政,社会就会变得七零八散,人心没有统一的归属,这样一来,世界不就会走向毁灭吗?就这样,我怀疑让每个人的思想百花齐放会带来的后果,也很困惑:在实际生活当中,我的想法应该随大流,还是要有别于其余九百九十九个人,保留自己的想法呢?而且,既然连自己都是这么想的,那么要想统一一千个人的想法就几乎就是不可能的事情;但是若放任这种局面,又会遭到反对自己的人的恶语中伤,甚至敌视、妒忌和仇恨。不仅在负面的事情上会是这样,连做好事也会受到反对,连做善事也不会顺心如意。因为每个人的想法不同,所以也是不得已的,出现这样的情况也在所难免,但因为行善而遭到阻挠,导致自己的失败,确实会让人觉得窝火。

明治四十年,北海道遭受了严重的蝗灾,给农业生产带来了巨大的损失。当时的北海道长官下令消灭蝗虫,并拨出数万日元的救灾款。我当时刚从学校毕业后不久,被任命为救灾的官员,经常要行走在田间地头。蝗虫成群而飞,不知道究竟有几十亿只,还是根本就不计其数,它们成群飞起的时候,简直能用"遮天蔽日"来形容。这时候,要是拿棒子在空中挥舞一下,就会听到许多蝗虫被击中的"啪嗒啪嗒"的声音。人在走路的时候,无数只蝗虫扑面而来,"啪嗒啪嗒"地撞在人脸上,有的孩子甚至就这样窒息而死。总之,成群结队的蝗虫是一种非常恐怖的力量。

蝗虫在柔软的土地里产卵,一只就能产下几百只。假如任由卵埋在地下,到了第二年孵化的季节,孵化出来的蝗虫会产出更多的卵,任由这种情况发展的话,最终会给人类带来巨大的损害,所以,必须在蝗虫卵被孵化出来之前尽快采取措施。

这时候我却在思索,蝗虫并不是为了遭到

人类的怨恨而生,而无端被人类杀死其实是很残酷的事情。对蝗虫来说,它们只是在履行自己的生存天职,但是仅仅是因为履行天职,母蝗虫和成百的卵遭到了人类的杀戮。蝗虫也可以说是奇异的生物。它们若是想免遭杀戮,完全可以放弃履行天职,那样就可以保证一代平安。不过这样一来,虽然能够安全地繁衍后代,但子孙的数量就会大为减少。世间就有这样的事情,履行天职反而会给子孙带来杀身之祸,甚至会遭到灭绝的命运。其实人类也与此相似,要想求得个人的安全,就必须放弃履行天职,只要肩负使命就顾及不到自身的安乐。这样想来,只要拥有决心担负使命的坚强意志,就能完成艰巨无比的任务,也不会惧怕任何事情。总之,人只要拥有端正的动机,就能放下个人的安危。

仅凭外部迹象判断不了动机

仅凭外部表现出来的现象去判断一个人的动机往往容易导致误会。英国的诗人柯勒律治在看书时，看到古希腊的英雄游过宽阔的海峡的一段时非常佩服，行走在伦敦街头还深深地沉浸在书中，就像梦游一样摆出游泳的姿势。到了人群熙熙攘攘的市中心，他仍然没有回过神来，无意中把手伸到了一个绅士的口袋里，被当作小偷抓住了。柯勒律治辩解说："实在对不起，这是我的疏忽所致，因为我太投入了，所以……"据说在他说明了原委之后，绅士还认为他是一个让人佩服的小毛贼，反而送了一些钱给他。

日本的讲谈[①]《忠臣藏》中也有类似的情节：堪平把手伸到死去的定九郎的怀中搜寻，堪平最初的意图是看定九郎是否还能活过来，所以

---

① 日本的曲艺形式，类似中国的评书。——译者注

一边摸,一边还问道:"客人,有药吗?"但是,堪平再次将手伸进去的目的却是拿走定九郎身上的条纹布钱包。虽然两次把手伸进去的动作一样,但动机却有天壤之别,只是从表现在外部的动作来看却没有什么差别。要是听漏了"客人,有药吗"这句话的人就很容易产生误会。刘青荔曾经说过:"论人之非,正可寻其心,不可徒泥其迹。取人之善,正可依其迹,必深究其心。"

动机比工作更可贵

表现在外的事情会留在历史上。大事是毋庸置疑,就是在判断一个人有没有才能这一点上,人们也容易根据一个人的外在表现来下结论。前面我已经提过,我有一次有幸见到伊藤公,他说,衡量一个人才能的标准是工作。虽然我的说法不一定完全正确——但在我看来,比起工作,更重要的是工作的动机,也就是

"以什么样的动机来工作"更重要。前些年,我的一个身居高位的朋友曾经问过我:"人生的目的究竟是什么?"我对他说:"人生即是,比起'做什么'(to do),将'是什么'(to be)放在第一位。"朋友侧耳细听,沉思了一会,拍手说道:"啊!正是如此!我终于有点明白你平日的所作所为了!"我在这里并不是想夸耀自己,毋宁说,是坦白自己的无能。"to be"即"to good",即"做好人"的意思。"to do"即"to do good",是"做好事"的意思。一个会产生某种结果,一个不会。在这里,我想引用如下的一首古代和歌:

明月无心照,月光映池水,广泽池[①]中水,无心思明月。[②]

[①] 广泽池是位于京都右京区的一个水塘,平安时代是有名的赏月之处。——译者注

[②] 和歌。——译者注

月亮并不是特地要映照在水面上而发光,而流水也并不是为了映照月亮而流动,只是在水流动期间,自然映照了明月的倩影。"to be"即月亮自然映照于水面,水自然映出月亮的境界。

说到我们的工作,只要其目的不是憎恶人、伤害人,或追名逐利,换言之,也就是只要动机清白,一个人不管做什么都能勇敢无畏。只要是从正确的动机出发,哪怕是暂时妨碍了他人,甚至自己遭到像蝗虫一样无端被捕杀的厄运都没有关系。从社会一般的标准来看,虽然也许这样的想法不可取,但是只要站在超越了人类社会的高度来看,就丝毫也不会觉得痛苦。

在默思的过程中端正动机

我们下决心做某件事情,无论是做学问,还是救死扶伤,正确的动机都非常重要。我认为,应该在默思的过程中端正动机。一个人进行某个行动之前一定要考虑清楚:我这样做究竟是为了什么?是不是仅仅为了名利?看重名利是人之常情,也是人的本能。即使自己最开始并不是以此为目的,但在做的过程中,也会不知不觉地受到名利的驱使。所以,不管在做什么事情之前,都应该退一步深思熟虑,仔细想一想:"等等,我为什么要这么做呢?"青年们在制定将来的计划的时候,也应该在心里仔细考虑自己的动机:是为了名声、金钱,还是单单为了炫耀,或是对抗某人?在日常生活中也是如此,做某件小事的时候,也应该拿同样的问题问问自己,认真审视自己的动机,做某件事的目的究竟是什么,是不是包含有这些因素:想在人前炫耀?为了受到表扬?追逐名誉、贪念是人的第二天性,大部分的人都容易被这些本能所左右。一个人在面临这些危机的时候,要坚守本心,抵制住诱惑,这时候,其实既不需要绝食,也不必斋戒沐浴,只需要借助默思的力量即可。如果把默思当成为一种习惯，并且能够不分时间地点随时进行，无论在做什么工作之前都能树立正确的动机。在美洲的一个原住民的种族中，流传着这样一个习俗：每个少年到了成年的时候，都必须在山中生活二十七到三十一天。在这二十几天内，他们需要静思默想，描画出人生的蓝图，定下未来的目标。最近出版的威尔斯的新著——《新理想国》中讲到，有一个理想的新国家，那里住着一些武士，这些武士在一年之中必定会连着七天闭关，到没有人迹的寂静场所静思默想。闭关期间，武士们随身只能携带一些食物，不能带书、笔、武器、钱之类的东西，而且，禁止与人交谈。

　　一般说来，日本人静思默想的时间比外国人少。前面也说过，日本的房屋结构不利于静思。即便有默思的机会，一个日本人独居，也会觉得寂寞难耐。就耐不住寂寞这一点上来说，意大利人、法国人和日本人相似，但英国人和其他的盎格鲁-撒克逊人却一点也不怕寂寞。平日里不静思的时候，北方人好像也更容易独自沉默不语。在铸就北方人坚毅的性格的诸多因素中，静思即使不是最重要的，也是很重要的原因之一。南部诸国国民的性格往往没有北方的那么坚毅，大概和他们没有养成静思的习惯有关。

这样一来，静思不单是涉及个人的修养的行为，事实上，对整个国民性格也有如此大的影响。我认为，国民性格和意大利人、法国人接近的日本民族，很有必要养成静思的习惯。

河风无奈孤零月，泪水涟涟洒满天。
结庐在深山，藏身于心中。①

---

① 和歌。——译者注

第十五章 暑 天

　　暑热也可以成为加强精神修养的契机。

　　流水时而为清溪，时而为飞瀑，人生既有发生激变的时候，也有休闲自得的时节。正因为这样的缓急变化，人生才妙趣横生。

一、夏季是最佳的精神修养期

姊崎博士的"平凡教训"

前些时候,姊崎文学博士在第一高等学校作了一场题为"平凡的教训"的演讲。我去旁听了,深感博士所讲的和我平日所想的不谋而合,所以觉得异常惬意。说博士所讲的和我想的不谋而合,也许对博士有失敬意。在博士的演讲中,以前一直萦绕在我脑海的问题,被博士以饶有趣味的例证、华丽的辞藻的形式讲出,让我深觉心有戚戚然。听说演讲的原稿不久之后就会刊载在各家报纸杂志上,呈现在广大的读者面前,想必到时候一定会大受欢迎。我也呼吁还没有看过的读者尽快去看一看。

姊崎博士演讲的要点可以归结为：只要用心，从任何事情中都可以得到启示。现在连小学生都知道，牛顿的万有引力定律并不是从星星、太阳的运动中计算得出的，而是从苹果落地这一普通的日常现象发现的。只要用心，从普通人见惯不怪的苹果落地这一现象，能演绎出关系到整个宇宙的重要原理；只要有谦虚谨慎的态度，就能从身边的些许小事得到宝贵的启迪。有位学者说过："发现真理的精神比真理更重要。"这真是至理名言。

最近，有很多学生利用暑假的闲暇去各地旅游。他们寄给我的信中说，在旅游的过程中，最让他们欢欣鼓舞的是，很多人从看上去不起眼的地方发现了特别的东西。这是因为他们秉承"只要用心，从任何事情中都可以得到启示"的信念，用心观察生活的结果。所以，只要有勤于发现的精神，无论男女老少，都一定能从周围的人身上学到东西。

利用酷暑时间加强精神修养

有很多人苦于夏日的酷暑,有人甚至抱怨,要是没有一些消遣的东西,根本就熬不过去。我认为,只要好好用心,三伏天也能够加以善用,暑热也可以成为加强精神修养的契机。有人说,夏天如此炎热难当,哪里能修身养性?这是因为他的意志还不够坚决。若没有立志修养的决心,不仅是夏天的酷暑,冬天的严寒照样能成为中断修养的借口。日本的东北地区和其他的地方比要落后一些,有人也许会将落后的原因归咎为气候。其实,气候和一个地区的发达程度的关系并没有那么紧密,毋宁说,这是由于人们自身努力不够。人类的活动虽然多少会为气候所制,但更多的还是能摆脱气候的制约,发挥人之为人的伟大能动性。例如,人的身体直到现在还带有很多动物的特征,肤色、毛发等根据气候会发生种种变化,但人的精神却很少会因为气候而受到影响。只要稍微考察一下古今东西的历史，就会明白，以上的道理是不言自明的。

夏天酷暑难耐，但只要好好利用炎热，就能使之成为修身养性的契机。我认为，在修身养性上，夏天正好是弥补冬天的遗憾的最佳时期。比如，人在夏天容易口渴，圣人苏格拉底却将口渴作为提高修养的绝佳时期。苏格拉底曾经作为一名士兵上过战场。有一次，在一场战争结束后，所有的士兵都感到口渴无比，迫切地想找到清水喝个痛快。这时，在他们面前出现了一条清澈的小河，大家欣喜若狂，争先恐后地跑到小河旁掬水喝。但苏格拉底没有去喝水，只是默默地凝视着流水，甚至连去碰一下的意思都没有。旁边的士兵奇怪地问："你为什么不去喝水呀？"苏格拉底回答说："我正是因为太渴了，所以要在这个时候考验自己的自制力。我打算一口水都不喝，一直到不再觉得口渴为止。"可见，只要有提高修养的决心，口渴这样的小事也能成为提高修养的机会。面对流水时尽量克制自己，既有利于卫生，又能由此提高精神修养，是最恰当的做法。

我认识一位老人，为了改掉自己遇事就慌的缺点，曾经做过一个有趣的试验。老人的家乡有一条大河，河畔长着一棵亭亭如盖的巨松，巨松的影子蜿蜒倒映在河面上。一到夏天，老人就爬到伸展到水面的松树杈上睡午觉。河风吹来，凉爽无比，但睡在伸往河面上的树杈上，熟睡后只要一不留神，身体一动，就会掉进河里，而且掉下去时人也会吓一大跳。随着掉下去和受到惊吓的次数增多，老人遇事不惊的修养也日渐增强。

这样的试验不一定非夏天不可，冬天也可以进行。老人只不过是利用夏天炎热，人容易瞌睡这一点来增加修养。河和松树也并非必不可少，只要有提高修养的决心，身边触手可及的东西随时都可以利用。

我从游泳中得到的修养体验

说到这里，我又要大言不惭地列举自己的例子，以供读者参考了。前些年，我还在北海道时，夏天喜欢在一条名为定山溪的河里游泳，河面大概有十七八米宽。有一次游泳的时候，在我四五尺远的地方，有一位游泳高手，那时候我的游泳技术还不怎么熟练，有一两次，差点儿就呛水淹死了。假如那时我能够呼救一声，旁边的高手马上就能游过来救我，但虽然难受，我却觉得求救是一件耻辱的事情，所以硬是忍住没有出声。假如情况再严重一点，也许我已经葬身定山溪的鱼腹了，现在想起来都觉得后怕。

从那之后到现在，已经过了将近二十多年的时间，我对当时差点溺死的恐惧还记忆犹新，同时也觉得当时的自己愚蠢至极。为什么把求助当作耻辱呢？想起来就羞愧不已。在没有危险的时候，慌慌张张地向别人求救可能是出丑，有辱男子汉的尊严，但真正陷入危险时，求救是理所当然的，一点儿也没有令人感到羞耻的地方。假如仅仅为了不值钱的面子而丢掉性命，溺死在河里，又有什么益处呢？也许很多人都像当时的我一样，明明是不能胜任的工作，为了面子却非要打肿脸充胖子，这种行为都是相当愚蠢的。

当时，在我认为就要溺死的瞬间，还非常遗憾自己的葬身之地，仅仅是深山中的一条小河。现在想起来也是羞愧难当。试问自己，死在哪里才会觉得是如愿以偿呢？难道溺死在隅田川的浊水中，被画舫上弹琴唱歌的歌妓们嘲笑就有面子了吗？难道尸体被飞速行驶的汽船撞成碎末才能满意吗？还是溺死在海里，麻烦亲人好友辛辛苦苦地去搜寻尸体才能甘心？现在,每当我游泳的时候,都会为当时幼稚的思想感到羞愧。

对于我说的这件事,有的读者可能会付诸一笑。但每次反省这件事,都会让我在提高修养这点上受益匪浅。

世上所有的事情不都是这样吗?很多没有引起人们足够重视的事情,所谓的"小事"当中,其实包含着莫大的启示。在一些看似浅薄至极的事物中,蕴含着我们应该谨记的道理。

在人一生短短的几十年间,需要有非凡的决心才能完成的大事其实少之又少。在三百六十五天当中,我们有三百六十四天都是在处理一些琐碎的小事。我们应该充分利用这些小事,加强自己的精神修养。

夏天是精神的休养期

夏季是一年中最平静的时期。今年(明治四十二年)天下尤其太平。由于经济不景气,商人没有什么大生意要做,学生也在休假。这样的闲暇正好是养精蓄锐、锻炼身体的最佳时期。我认为,这样的时候也正是应该大力提倡精神休养的重要时期。

很多人将"休养"理解为"无所事事"。不仅仅是日本人,在来日本的很多欧美人中,也往往带有这种思想。在这些人中,有很多人丢弃了欧美固有的道德观,变得放荡不羁,过着与在国内时完全不一样的生活。他们将此称为"道德观念的休养"。这本来就是一场笑话。休养不是突然松懈下来,什么也不做,而是加以变化,改变以前的所做、所想,以缓解身心疲劳。从前,有人看到格莱斯顿[①]在七十高龄的时候还身体健康、精神矍铄,便问:"您为什么能这么健康呢?"格莱斯顿回答道:"假如有两匹马,让其中的一匹每天只跑平路,另一匹每天在崎岖的山里往来。跑山路的马每天都非常疲

---

① 英国政治家。——译者注

劳,也许会早早地得病,但实际上跑平路的马反而会衰弱得更快。这是因为跑平路的马每天跑的是平坦的路,只能重复锻炼同样的几块肌肉,而跑山路的马由于在上下山时运动的肌肉不同,身体所有的部分都能得到充分的锻炼,反而更加健康。我也一样,如果仅仅只关心政治,只参加政治活动,也不能维持健康。作为兴趣爱好,我还要读读荷马,让头脑更加灵活,身体才健康。反之,假如每天只研究荷马,一点儿也不关心政治,也不会像现在这么健康。"还有,我听参加过多种学会的世界有名的天文学家纽康在演讲时也说过:"专家有必要研究跟自己专业没有丝毫关系的学问。"听说他虽然身为天文学家,却对经济颇有造诣,甚至出了专著——这当然不是因为商业利益,而纯粹是从兴趣出发。还有北海道的宫部博士,从星期一到星期六都在实验室,对着显微镜研究微生物,但每逢星期天他一定要看一些文学方面的书。

在我问起博士相关话题的时候,他说,不知道为什么,到了周日就有种类似饥饿的感觉,觉得非要看一看和文学有关的书不可。"休养"正如以上所说的那样,只是有关场所、环境、思想的变化,而绝不是对道德心的改变。

所以,在炎热的暑期,除了体力上要养精蓄锐,精神的休整也是非常必要的。

比如,我们试着去海边度过一天,这样一方面对身体的健康有利,另一方面,眺望宽阔无垠的海洋容易促成伟大思想的产生。晴天的夜晚,看着夜空中璀璨的星斗,我们会深切地感受到天空的宏大,就是在海里游泳,只要直接或间接地当作精神修养的方式,就能随时从身边的琐事得到宝贵的启示。否则的话,即使是特地去阅读小说或社会新闻,也只能停留在一个肤浅的水平,还容易让自己陷入暧昧男女关系的纠纷之中。就像本着保养身体的意图去温泉疗养,反而会危害身体,我亲眼见过很多类似的实例。但是,只要能勤于修炼自己的精神,就能够变害为利。

休养时的注意事项

一个人要有莫大的决心和定力,才能避免有可能伤害身体的事情和男女关系的纷扰。人每天在日常生活中遇到的、所做的,都不是什么大事,而只是一些琐碎的小事,所以,在处理这些小事的时候,并不需要所谓的"莫大的决心"。或者准确地说,更多的时候只是一些类似打杂的事情。比如,在处理男女关系这一点上,一不留神,和普通朋友的关系就超越了朋友的水平,或者低于这个水平,在这样的时候,就应该立即克制自己,在脑海中提醒自己:"等等,等等,这样好吗?"再比如,泡温泉时和旁边的人闲谈,最开始还很客气,后来慢慢地变得熟络起来,甚至到了能够互相开一两句玩笑的亲密程度，这时候也要尽量克制自己，谨言慎行。而在关系还没有达到一定的亲密程度，最开始能够互相开玩笑的时候，控制自己并不是非常困难的事情，也不需要很大的决心。

但是，假如在这个时候没有克制，任凭对方玩笑取乐，关系过于亲密以后，就容易陷入麻烦。而且，一旦关系加深以后，假如没有很大的决心，都很难回到最初的状态，这时候，就算英雄豪杰也难以扭转局面了。平日要是有足够的修养，就能在这之前控制住自己。关系还生疏的时候控制自己，不需要巨大的决心，也不是特别困难的事情。

总之，在酷热的夏季看书容易变得懒洋洋的，打不起精神，要一丝不苟地做某件事很难，但只要有心，就能从平时的所见所闻中获益匪浅。炎夏酷暑的时节绝不是应该懈怠修养的时候，恰恰与之相反，我们应该好好地利用这样的时机。

二、让散乱的精神尽量归一

暑天休假后的三个修养

> 夏秋交替天路通,来去已觉刮凉风。[1]

将"热啊热啊"作为口头禅的夏天过去以后,就吹起了飒飒秋风。胡枝子上的雨露,各种各样的虫鸣,都昭示着秋天的到来,只不过正午的余暑还未退尽。夏秋交接之际,我们很自然就会想到上面的那首古和歌。

这时候,在山村水廓避暑的人也纷纷返京,恢复正常的工作了,只不过这时候人们心中还

---

[1] 和歌。——译者注

残留着对避暑地的眷恋,返京后依然回味无穷。不管是上学的学生,还是从事各种职业的实业家,脑海中也许都还留存着避暑时的情形,或者在看书的时候,忽然想起当时的趣事而忍俊不禁,或是遇到发愁的事情时想起从前的快乐。正如夏秋之交时暑热和凉爽交替出现一样,在休假结束后的一段时间之内,工作时的一丝不苟和对避暑胜地的留恋也会交替出现。在避暑刚刚结束的时候,这样的现象是不可避免的。

这样的时候,一年会出现一次,要是能够巧妙利用这段时间,可让其成为提高修养的最佳时机。我在这里讲两三件事情,以供读者参考。

日本人注意力不够集中

前面讲到,我认为夏日避暑归来之时,是国民养成集中注意力习惯的最佳时机。可以说,现在我们的教育制度已经有相当大的改进了,但在集中注意力这一点上还存在很多缺陷。现在尚有诸多不足,所以更不用说明治十年左右的情形了。不难想象,在明治十年时的教育内容中,这方面可以说是一片空白。惭愧的是,我就是在那个时候接受教育的,所以我自身在集中注意力这一点上就有很多不足。按理说,本身就有欠缺的我没有发言的资格,但关于如何矫正这个问题,有一些浅薄的经验,所以在这里啰唆两句,以供诸位参考。

造成我国国民注意力不集中的原因,有上面说到的教育制度不健全,此外还有一个重要因素就是社会风气带来的影响。明治维新以来,日本全国上下都忙于学习新知识,大家只想尽早、尽快学到新知识,对于如何消化学到的知识这样深层次的问题,却没有闲暇来加以思考。人们如饥似渴地学习西方,口口声声"西洋是这么说的,西洋是这么做的",急于把西方的那一套运用到实际生活当中。在这样匆忙的状态下，人们学到的新知识是杂乱无章的，既不统一，也没有经过整理，而那时候我国的国情是，大家普遍对这样杂乱无章的新知识感到心满意足。然而，在现在的社会，以前那样的杂乱无章行不通了。无论是学生还是实业家，都必须有足够的耐心，养成集中精力做一件事情的习惯。

就最能集中精力这点来说，全世界当推德国为第一。在最近出版的帕克的著作《现代德国》中，作者阐述了以下观点：世界各国在视察德国的教育状况后，都对其交口称赞，但作者认为德国教育存在着非常机械的缺点，缺乏真正能培养国民情趣的观念。德国的教育重视锻炼，所谓的"锻炼"，也就是"集中注意力的练习"，德国对这一点的重视甚至到了过犹不及的程度，换言之，也可以说是发达到了这样的程度。和德国相比，英美的教育在这一点上就差得多，但这些国家的人生来性格坚毅，先天的长处弥补了教育上的不足，所以对他们来说，几乎没有什么负面影响。

与德国相反,日本人大多耐力不足,而前面也说过,日本的教育制度也不能从后天上进行弥补,这一切导致日本人在集中注意力这点上巨大的不足,而培养注意力,则成为当务之急。我曾经在北海道农学院讲过课,讲义以叙述性的内容居多,因为课程的理论性不是特别强,所以在讲课时需要时不时地加进一些具体的实例。在这样的情况下,学生们顶多能集中精力听大约四十分钟,之后就显现出倦怠的样子。起初对着课桌认真记笔记的学生,不知什么时候身体开始左摇右晃,做出一些诸如挠头、捏鼻子、以手抚额、交叉双脚的小动作。身为教师的我一眼能看出来,这些一开始还能正襟危坐记笔记的学生已经累了,厌倦了。他们在考试的时候最多也只能坚持两个小时,假如非要严格地延长到三小时的话,一定会有人脸色发白,当场晕倒。

这大概和日本人的饮食有一定的关系。也许以素食为主的人不能够长时间集中精力,但人的注意力能否集中,终究不全是由食物决定的。我认为,只要通过一些相应的方法进行练习,情况一定能得到改善。下面我就根据自己的亲身经历讲述一些方法。

集中注意力的三种方法

第一个修养方法就是,在脑海里重复如下的念头:"不要再来了!"比如说,看书的时候排除一切杂念,将所有精力都集中在书本上。思考也是集中注意力的方法之一,而且是个比较直接的,能够收到良好效果的方法。

关于这一点,我有过一些切身经历。在学生当中,一小时之内能够专心致志地看书而毫无杂念的人非常少,大多数人在一小时之内都会产生疲劳感。以我自己为例,在头脑最清醒,身体最舒适的时候，能够全神贯注地看四个小时书。不过，这也仅仅限于身体状况良好的时候，在大多数情况下都达不到这样的水平，说来惭愧，这样的时候其实通常只有两小时左右。

宛若在万里晴空飘过一片乌云，在看书的过程中，有时候和书无关的东西往往会在脑海里一闪而过。在这样的时候，应该努力用意念去排除杂念，命令它们："不要再来了！"这样一来，心思自然就能集中到书上，而且专心致志的时间能够超过一小时，甚至达到两小时。

第二个方法就是"默思"。这虽然有别于前面提到的相对直接的修养法，但也同样能够达到养成集中注意力的效果。正如前面所说，因为默思的时候在"静坐而思"，所以此时即使合上了双眼，看不到眼前的事物，但在心中却能描画出世间万物的模样。第一个方法提到，看书时是把书放在面前，不仅眼要看书，精神也要尽量集中到书上，也就是说，即使头脑中浮现出与书无关的东西，也要做到像默思时一样视而不见。相比之下，默思的方法明显很少，所以要养成集中注意力的习惯，默思的方法比起看书的方法难度更大。不过，虽说是困难，但只要平时注意，将如同魂魄一样浮现在脑海中的思维游丝结集成束，让散乱的精神尽量归一，就能养成集中注意力的好习惯。

接下来要说的第三个习惯也有助于注意力的集中。也许会有人笑话这个方法太机械、太孩子气，但我还是想将此作为一个方法推荐给青年朋友们。大家想一想，自己平时是不是经常要写字？现在的印刷技术相当发达，人们写字的机会也越来越少。但是，其实人在写字的时候精神最容易镇定下来，所以专心致志地写字，也能有效地提高注意力。写字时出现错误说明一个人集中注意力的能力还很弱。照着字帖写字，一旦出现错误，马上就能发现。而且，用这种方法判断是否进步这点也相当方便，尤其是描摹的是古文名篇,同时还能让人在学问上受益匪浅。写字只是第三个方法中的具体手段之一,其实只要是能够让人镇静沉稳下来,做类似的事情都是行之有效的。比如,起一个题目写文章也不失为一个高明的方法。我在当学生的时候,不擅长数学,但是单单对几何兴趣浓厚。前些年,我从西洋学成回国后,还经常看几何类的书籍,以此来锻炼自己的注意力。但是,无论写字还是写文章,都不过是修养的手段而已。所以,我在这里也并不是强行向每个人推荐这些具体的方法,这些仅仅是我基于自己的亲身经历所举的例子,每个人可根据实际情况,寻找最方便、最适合自己的集中注意力的方法。

　　正如我最开始所说,现在是夏秋交接,冷热交替的时节,大家虽然已经开始着手新的工作,但思想却还处于混杂状态,还在为自己究竟是在工作还是在学习的问题而迷惑。这时候人的心思还摇摆不定,但其实这也是养成集中注意力习惯的最佳时期,我们应该善加利用。

确立新的决心

在这个月(九月),学生开始了新学年的学习,商人们也纷纷从避暑之地返回,此时正是一切从头开始的好时节。我们应该好好利用这个时期,最重要的是,要确立新的决心。

从前,我国有正月、桃花节、端午等各种各样的传统节日。每逢这些节日,人们都要换上新衣服,每家每户都精心制作一些美味的食物,兴高采烈地庆祝。在那样的时刻,人的心情也焕然一新,似乎在体内孕育着新的生命。也许有人会觉得不以为然,认为这些不过是形式上的东西,没有什么意义。但是,这些打破了日常生活的单调的节日,能够赋予人生新的变化,让人充满活力,体会到生活的乐趣。所以，并不是我信奉迷信，但节日的意义绝不仅仅是供人聊以消遣。

人生如流水。在地势平缓的时候，一条清溪如蓝色丝带一般缓缓而流，一旦遇到湍急的瀑布，就犹如一副断了线的珠帘，飞流直下数尺，夹杂着泥沙坠落到深潭底部，变得肮脏混浊，在缓缓流动之间，泥沙又沉积下去，流水重新变得清澈见底，当河流再遇到山谷时，又变成飞瀑。流水如斯，人生难道不也一样吗？流水时而为清溪，时而为飞瀑，人生也既有发生激变的时候，也有休闲自得的时节。正因为这样的缓急变化，人生才妙趣横生。所以我认为，应该在排除了迷信的前提下，将正月、桃花节、端午节等节日保护起来，以此作为国民辞旧迎新、产生新思想的绝佳时期。

不单是社会应该在各个节日时增强唤起新思想的意识，个人也应该有自己的纪念日，在这一天唤醒自己头脑中的新思想，开始新生活。

元旦、生日、双亲的忌日，都可以作为个人的纪念日。总之，我主张选择一些对自己来说很重要，有特殊意义的日子，作为自己新的起点。尤其是这个月是新学年伊始，正是制定新计划的最好时机。对学生来说，应该仔细考虑，制定新学年的计划，要是觉得一学年有些长，那么也应该想一想，在这个学期应该有什么计划。要是能够定下计划，并下决心严格执行，就一定能在修养上取得长足的进步。哪怕自己只是个小小的学生，也能预计一学期，哪怕三个月的时间，并制定出一个详尽的计划。制定出了计划以后，就能够预计到更长远的时候，从而规划出这个学年或这个学期应该做些什么事情。也许实际做起来时会有别于原定计划，但这也是没有办法的事情。就算是不能完全按计划进行，也能从中获益，这比起没有任何计划盲目度日来，不知要强多少。

刺激实施计划的决心

我在年轻的时候也制定过很多计划。记得当时还煞有介事地在日记本里写下了从一月到十二月一年的计划,要在某月某日到什么地方,做什么事情,都写得清清楚楚。惭愧的是,虽然计划周详缜密,但很难完成预定计划。特别是像何时去祭奠母亲,去何地旅行之类的计划,很难实现。尤其是身为学生,要想随心所愿更是难上加难,所以很多原本计划好的目的地最终都没有成行。

我也曾在元旦时,在日记中计划过,这一年要看什么书,写什么样的论文,等等。到了年末的时候,按完成的计划和未完成的计划一一做上记号,结果发现:没有完成的计划居多。虽然如此,我还是因此而受益颇多。学生相对来说事情比较少,至少应该能预计到未来三个月之内,应该把重点放在什么地方,而且一般说来,这样短期的计划相对来说也容易完成一些。

制订一个计划并且下决心按计划实行,换句话说就是为自己制定一个理想。这是积极向上、善意的理想,我们应该尽量按照预定目标去努力。随着时间的流逝,新年的时候立下的决心会变得淡薄,这时候就应该经常翻开以前制定的计划看一看,想一想:"新年开始的时候我下决心要做这件事,现在却因为懒惰而搁浅了,真是惭愧啊!赶紧加油奋斗吧!"这样时不时鞭策一下自己。由此可见,制订计划是非常有效的,我们不是神,不能制定一个十年计划,并且保证能够顺利完成,或者最多只能完成一部分,但是,我们也不该因此而感到失望、沮丧。在反复练习的过程中,也许终有一天,我们能够顺利完成自己的计划。

严格按照三年计划行事的西方人

在制定一年或两年的计划,并且严格按照计划行事这一点上,日本人远不如西方人。就我所认识的西方人来看,他们都能够预先制订计划,甚至仔细到堪称极端的程度,但他们确实能够按照预定计划来行动。就避暑这件事来说,比如明年夏天去哪里避暑,丈夫在什么时候能够结束工作休假,西方女性都能提前一年预先计划好。另外,什么时候去某地,什么时候能接受客人的来访,等等,都能够计划得非常缜密周到,并且,在实际实施的时候能和计划分毫不差。

不仅仅是避暑,他们大多会在一年前计划好工作。一月份做什么,需要购置什么物品,二月、三月做什么,需要添置的东西,要做的事情,都能在年初将这些计划好,并且大致按照计划行动。

他们在做周计划的时候也是一样,哪一天洗衣服,哪一天会见客人,哪一天写信,都能够事先安排好。

同样是定计划,不同的人之间却存在着如此大的差异。我认识一个外国人,他在三年前就为自己制定了缜密的计划,并且在三年当中严格完成了。比如,他会计划好某年某月某日出发去旅行,准确地通知收信人:信会于某月的某日到某日之间寄到伦敦,然后于某月某日寄到日内瓦。我为他计划之周密大为叹服。这个人后来来到了日本,时间也和他预计的分毫不差。这个人堪称是善于预计二三年以后的状况,制订计划并精确完成的典型例证。

斯宾塞说过,随着人的智能提高,时间和空间会不断扩大。西方人确实是善于预先计划好时间,并制定长远的计划。对日本人来说,要做到这一点却很困难。不过,对于在学校学习的学生来说,制定一个学期的计划应该并不是什么难事。

善用事物的习惯

我一直努力养成善用事物的习惯，也认为，青年朋友们很有必要养成善用事物的习惯。

卡莱尔在评价法国大革命时期的风云人物米拉波说："他就是从天上掉下来也摔不倒，而且掉下时还会抓下一只鸟来。"日本也有一句谚语："跌倒了也要抓把土。"这句话一直都是从负面进行解释，如果从积极的一面解释的话，是一句颇为值得我们深思的话。正如人在跌倒后会一蹶不振一样，大部分人患病后会变得虚弱，贫穷后会变得绝望。但是，正如跌倒后不能仅仅是站起来就了事了一样，站起来时一定还要捡点什么东西起来。人在生病变虚弱以后，反而要比健康时更注重加强修养；贫穷绝望的时候，反而应该善用贫穷，领悟到富裕的时候体会不到的道理。这样一来，跌倒就不是毫无价值了。我们在度过人生每一天的时候，一定要有这样的念头：不能白白遇到任何事情，一定要从中学到东西。

凡事都要有节制

人在健康的时候，能够加强修养，完成很多生病时不能完成的事情，也许有人会认为这样的事情太平常，觉得不以为然。既然"跌倒也要抓把土"，那我们平时应该愈加珍惜健康，人在身体健康时精力旺盛，也容易受到诱惑。自制力强的人也容易在健康时放纵自己，他们总是想："我的身体健壮，多喝点酒也没有关系。"任由自己酗酒熬夜。一个人一旦生了病会注意克制，但健康的时候反而容易放纵自己，而过度放纵一定会在日后得到相应的惩罚。所以，健康时一定要注意节制，经常自省：自己是珍爱健康,还是恣意妄为?若反省后发现了错误,一定要及时纠正。在富兰克林的座右铭中,有一条是告诫自己注意节制饮食的,这也是维持健康最需要注意的一点。

上面所说的是和饮食有关的问题。另外,还有一些看上去积极的事情,一旦过度也难免会造成不好的后果。比如说,勤奋学习无疑是件好事,然而,要是超过了身体的极限,也会带来不好的后果。年轻人也许会不以为然,经常通宵达旦地学习,有人甚至会因为过度劳累导致营养不良。所以,虽然刻苦学习的精神可嘉,但过犹不及,也会带来弊端。透支身体就犹如向生命借高利贷,是附加有高额利息的,更准确地说,早晚有一天都会连本带利还回去的。神很慈悲,但生命却冷酷无情,一定会收回被夺走的东西,绝不会留情。所以,在某些看上去很好的事情上超越了一定的限度以后,就犹如向自然借高利贷,早晚会以身体被毁坏的方式偿还。

现在,学生结束了暑期的休假,身心健康,回到东京。危险也许就潜藏在其中。我认为要善意地解释"跌倒也要抓把土",不能因为健康而滥用身心,要用得恰到好处。我希望各位注意,为了一时的健康而向"自然"借贷会永远得不偿失。

挥霍健康和培养注意力

也许有人会觉得,这和前面所说的培养注意力自相矛盾。集中注意力做一件事情,多多少少都会损害健康,而上面又告诫我们要珍惜健康。其实,我觉得这两者并不矛盾。根据我的亲身经验,在培养注意力习惯的头一两次,也许会出现头疼等症状,似乎对健康有害,但五六次之后,这些症状就会消失。这本来就是一个水平从低到高的过程,有些牺牲也是在所难免的，虽然以一两次头疼为代价，但却能养成注意力集中的好习惯。经历顶多五六次的痛苦之后，注意力一定能得到突飞猛进，最后达到一条光明的道路。所以，那种担心损害健康而放松培养注意力的想法是错误的。

我听医生说，人的大脑比肌肉更加耐用。努力集中注意力的时候产生头疼的现象，并不是因为大脑疲劳，而是因为肌肉疲劳。比如，有人在专心看书的时候，手会一会儿支着额头，一会儿放在桌子上，不知不觉全身的力气会都集中到手上，所以会感到疼痛。总之，疼痛更多的是因为肌肉本身引起的，而不是因为用脑过度。教师在讲台上讲课，相声演员在观众面前说相声，往往在三四十分钟后就会感到疲劳，这并不是因为讲课或者表演本身很累，而是因为不熟练而致使精神紧张，继而四肢乏力。由此可见，集中注意力对健康并没有任何损害，而且，这两者之间的区别显而易见。

夏天有很多适宜的修养之法，我在这里只是举了一两个具体的例子，相信读者都自有心得，也有适合自己的提高修养的方法。一个人如果能善用炎夏，每一年的夏天都会比前一年前进数步，而在回想起上一年的夏日的时候，丝毫也不会觉得艰苦难熬。

第十六章　新　年

　　重新出发其实不一定只限于新年,不管何时都能够进行,一定要在新年的时候重新塑造自己,虽然看上去有些迷信,但在一年伊始的季节,容易使人下新的决心。

一、新年是重新出发的好机会

梦一样的一生

> 往事逍遥恍若梦,不觉春至又一年。[1]

八田知纪的这首和歌流露出来的感慨,也许不仅仅只限于他一个人,成百上千的人都怀着这样的心情迎接新年的到来。光阴似箭,日月如梭,日子过得很快,今年已所剩无几,只有最后一二十天了。回顾过去的一切,不知别人如何,我心中有无限的感慨。清晨醒来,合计着今天打算做的工作从床上起来。刚要着手

---

[1] 和歌。——译者注

工作,"丁零、丁零",铃响了,有客人来访。第一件想要着手做的事情因此受到影响。刚想午饭后做,铃声又响了。正在重新处理做了一半的工作的过程中,电话响了,书信来了,如此这般,宝贵的时间就这样过去了,而工作却一事无成。

我每天必须要按时上班,或者接待络绎不绝的来客,时间就这样一天天过去,好像没有一天能够按照预定计划完成工作。晚上回家后快要睡觉的时候,已经快十一二点了,这时候回顾过去的一天:"今天做什么了?"好像什么都没有做。看上去似乎忙忙碌碌地度过了一天,但似乎又记不得做了什么,也没有一件值得记在日记里的事情。

就这样,一天过去了,一周过去了,然后两周、三周,继而一个月、两个月、三个月,一年也这样过去了。如果接下来的两年、三年也一样,最后我将碌碌无为地度过一生。这样想起来,我的一生简直就像一场梦,空虚而苍白,我顿时被深深的遗憾和伤感击倒了。好在自己还没有对他人心生邪念,去加害别人,现在只有拿这一点来聊以安慰自己了。但是,人活一世,仅仅不去加害别人,不做坏事还不够,还需要努力做一些善事,为了他人和世界做出贡献。

新年是重新出发的好时机

重新出发其实不一定只限于新年,不管何时都能够进行,一定要在新年的时候重新塑造自己,虽然看上去有些迷信,但在一年伊始的季节,容易使人下新的决心。很多国家都有类似中元节和岁末一样让诸事得到决算的时节。比起欧美,我国又尤其重视岁末和年初,这些风俗并非不良的习惯。以一休和尚为代表,有很多人耻笑新年仪式愚蠢可笑。就连兼盛卿也

写和歌讽刺:

屈指我身积岁月,迎来送往何太急。①

庆祝新年的时候,虽然有时候是会有一些无聊的喧闹,存在着弊端,我们应该警戒,但这些时节只要被善加利用,无论是圣人还是高僧,都没有嘲笑的理由了。

"新年新气象"这句话包含着"一切重新开始"的意思。这里的"重新开始"不仅仅是指时间的更新。时间的更新也许仅仅体现在更换一本新的日历上,而这里所说的是心的重新出发。犹如和关系决裂的人重修旧好一样,世界上所有的人(使用阴历的除外)都选择在这一天,忘记过去一年的不愉快,将旧账一笔勾销。新年虽然一年只有一次,但假如每个人觉得有适合自己的日子,选择在那一天"让心重新出

---

① 和歌。——译者注

发",当然也可以。不过,如果只是自己一个人欢呼雀跃"今天是我的新年!"而没有其他的人应和,恐怕也难有重新出发的机会。若是像新年那样,主人敲锣打鼓,客人翩翩起舞,彼此互相应和,就变得容易多了。所以说,新年是让自己焕然一新、让心重新上路的最佳时机,我们期待新年的到来,在那时痛下决心、改变心境的原因也在这里。

所以,几乎世界上的所有国家,在辞旧迎新的时候,都会举行一些庆祝活动,来表达自己特别的心情。有些西方国家在旧年最后一天的晚上十二点,也就是新年来临的时候,以发射礼炮的方式迎接新年,教堂里也会"当当"地响起钟声,以表达辞旧迎新这一时刻的到来。与此类似,日本有除夕时在房间里一边撒豆子,一边吆喝"鬼出去,福进来"的习俗。在我看来,在西方迎接新年的习俗中,最温馨的就是人们在平安夜去教堂祈祷。晚上十一点的时候,教徒们陆陆续续地涌进当地的教堂，牧师们在此时也会说一些应景的话，诸如："不要为了过去的过错而烦恼"，"在新年里痛改前非"，"不再犯以往的错误"，等等。离十二点还有五分钟，或者十分钟的时候，大家一起跪下祈祷：在新年来临的这一时刻，洗清过去的罪过，重新开始崭新的人生。这时候，教堂里会出现一阵肃穆的宁静，偌大的教堂里寂静得似乎空无一人。到了十二点，清脆的钟声终于"当当"地响起，划破了夜晚的宁静。新年伊始，又逢心重新出发，这的确具有戏剧性，但不会令人觉得是只图热闹而做给别人看的。这种行为其实包含着一种"从众心理"，与众人同步比起一个人形影相吊，能够产生更大的动力。我曾经出席过两三次西方平安夜的庆祝活动，当时，看到有那么多志同道合的人，互相欣喜地讲述来年的新计划，无形当中自己似乎也增添了不少力量。

总之，方法有各种各样，但是，过新年是改换心情，迎接新的一年最合适的时刻。我有一些自己身体力行，觉得获益的经验，所以，我自己虽不成熟，但我希望把自身的经验告诉比自己还不成熟的青年。

年末通览上一年的日记

重新出发的第一件重要的事情是，重新阅读过去一年写下的日记。做这件事大概要花大约三天的时间，通览以后，按照正月到十二月的顺序，挑选出每个月发生的大事。比如，就像做摘抄一样选出一年中最悲伤的事，最高兴的事，最难忘的事，写下这些值得永远记住的事情，就相当于对过去的回顾。只是，要是不注意甄别，选出"和谁闹矛盾了"这样的事情来，就有可能让摘抄变成对痛苦之事的回忆。这样一来，反而会勾起好不容易才忘记的痛苦回忆，再次生出悲愤的念头，甚至又开始怨天尤人。若是摘抄时选择的内容不对，就有可能会产生相反效果，所以一定要注意选择有益的事情摘抄。

另外，对于心存感激的事项，非常有必要摘抄出来。比如，哪一位友人去世了，哪一位友人遭遇了患病这样的不幸，然后反思自己的境况，自己比起他们并没有做更多的善事，但还能平安无事，实在是很幸运，从而会再次涌上感激之情，而摘抄日记的大事，正是要达到这样的目的。

也许有人会说："我这一年没有遇到值得感激的事情。这一年倒霉透了，真是不愉快的一年。"其实，转换一下看待事情的角度，也许这正是很好的感恩机会。虽然这一年很倒霉，但总算好好地活下来了，仅仅就这一点，就应该感激万分。说是倒霉的一年，但一定有从中受益的好事，即便身患疾病，也不完全就全是坏事。无论多么黑暗的一年，其中总会包含着一线光明，而且，黑暗越是深不见底，光明也就越光辉夺目。比如，因病卧床一个月，就想一想，卧病在床两个月、三个月的大有人在；一根手指头受伤了，就想一想，世界上还有很多人失去了整只手，甚至双手；遇到了火灾，就想一想有人在火灾中失去了亲人，自己的家产虽然被烧光，好在一家人还平安无事。只要能这样想，从灾祸当中也能感到幸福。我的意思就是：找出这样的幸福，埋下感激的种子。

所以，回想起来，虽然一年当中有很多难过的回忆，但是这些正好为我们将自己锻炼成为更加勇敢的人提供了机会。之后无论遇到了多么大的艰难困苦，都能轻松面对："这算什么呀！我以前遇到的困难更大，不还是一样挺过来了吗？"从而涌出莫大的勇气。若是眼前有八十斤的担子，就想想以前还挑过一百斤的担子，无形当中就会觉得现在肩上的重量减轻了不少。所以，一次痛苦的经历带给自己的，会是更大的自信。就算自己以前没有挑过这样的重担，但想想以前曾经挑过八十斤的担子，眼前的不过是重量增加了一些而已，只要多用点力气就一定能挑起来，这样一想，也能增添不少勇气。

总之，让烦恼转化为快乐，让祸事变成好事，并不只有成为圣人或者英雄才能办到，痛苦和快乐，其实只在我们的一念之间。上天绝不会白白给我们降下灾难，绝不会让我们背负超过自己能力的重担，我们只要竭尽全力就一定能战胜困难。

回顾一年中遇到的恩人

其次，就是要回顾一年中遇到过的恩人。不仅仅是恩人，最好还能想起包括只有一面之缘的所有的人，所有的事。将这些信息做成日记、名册，记录下来哪一天，在什么地方，遇到了什么人，和他们说了什么话。惭愧的是，我平时繁忙，每到一个地方，不能作太长时间的停留，而一下子见到的人太多，所以到现在也没有将这点付诸实践，但我却非常赞同这样的做法。即使是记不住所有的人，起码也要记住那些有恩于自己、对自己很好的人。见过面的人自不待言，就是仅仅在报纸杂志或者书上看到过的人也要牢牢铭记在心，要经常在心里温习从他们那里得到的益处：我从他们那里学到了知识，他们教给了我重要的东西，或是巨大的慰藉，等等。对人感恩戴德，善待他人的修养，就是从这些地方体现出来的。

回顾一年中做过的坏事

这和前面所说的只记住好事似乎又有些自相矛盾，但假如列举的是自己一年中做过的坏事的话,就不矛盾了。正如《论语》中所说:"吾一日三省吾身,与人谋而不忠乎?与朋友交而不信乎?"年末的时候仔细回顾一下,自己做了哪些坏事,让自己感到羞耻、后悔的事,而且一定要一一列举出来,以提醒自己,在这些方面的修养还有所欠缺,并促使自己痛下决心,在新的一年里改正这些缺点。不过,在这一点上要是过度了,有可能会产生烦恼:"像我这样没用的人,活着真没什么意思。"难免变得悲观失望。其实完全没有担心的必要,经常提醒自己的缺点会让人更加谦逊。人本来就容易自负,总是为自己做的事情感到理直气壮,坚信自己没有错误。一个人在做了错事被别人提醒时,往往没有勇气承认犯下的错误,但希望提高修养的人都会渴望有忏悔的勇气,也就是"知错能改,善莫大焉"。有位学者认为:忏悔使人变得高尚,人犯下的罪孽能够通过忏悔得到消除。事实确实如此。比如,一个人如果无意中搬弄了别人的是非，在虔诚地忏悔之后，心情也能变得清爽起来，罪过也似乎能减轻不少。所以，新年的时候，需要把自己在一年之中所做的坏事，无论是难以启齿的，还是良心因此而受到谴责的，都和盘托出，按轻重大小列举出来，一一进行反省深思，告诫自己在来年不要再犯这些错误。

　　年内犯罪心黯淡，今伴飞雪同消失。
　　　　　　　　　　　　　——纪贯之[①]

---

① 平安时代的和歌诗人。——译者注

二、将自己的愿望变为现实

新年应该尽量完成的事

以上讲了在年末回首过去一年时应该做的事,不过,其实这些都是次要的,最终目的和最重要的事是,将过去一年的经验教训应用到新的一年当中。年末,回顾过去一年,是为了在新的一年能更上一层楼。如果仅仅只是回顾过去,根本不能改正已经犯下的错误,也没有什么益处。

所以,我认为,比起除夕,元旦是更加合适的作新年计划的时候。这些新年计划包括:

1. 每天坚持不懈地记日记

2. 收到来信后必须在多少天之内回复
3. 在新的一年要看多少本书
4. 每天一定要看一些什么书
5. 每隔几个月去旅行，夏日去避暑
6. 在新的一年要完成什么样的论文

或者，写下其他的一些内容，只要是每个人在一年当中应该特别注意的事情即可。不仅如此，写下后还应该反复阅读这些计划，让自己的决心更加坚定。还可以把这些事项写到日记本的第一页或纸上，贴到桌子上某个合适的地方。若身为政府职员，也可以将这些注意事项写到自己的记事本上。此外，最好每天能阅读一遍，至少每个月的月初也应该阅读一次。要是能做到每天或至少每月阅读一次，随时提醒自己，如果三四个月后还没有实践计划，自然就会为自己的懈怠感到愧疚。这样一来，就能更加激励自己发愤图强的决心。

将自己的计划告诉友人

总而言之,年初时计划好一年之中应该做的事情非常重要。我们可以视情况将部分计划的内容作为诺言讲给友人:今年我打算做什么,这也是能将计划付诸行动的有效方法之一。如果没有兑现诺言,有可能会遭到耻笑,所以尽管痛苦,也会尽量去兑现诺言。口无遮拦地将所有的事情都讲给别人听不可取,但恰当地挑一些内容告诉友人,反而能够让自己实现计划的决心更加坚定。

也许有人会主张"事实胜于雄辩",认为借助别人的力量完成自己的计划很卑鄙。但正如我屡次说到的一样,你我都是凡夫俗子,不是圣人君子,所以我相信这是行之有效的办法之一。

在这里,还有一件重要的事情想要提醒诸位。这件事情对做生意的人很重要,对学生来说也许也有点用,那就是:每个月一定要多少存一些钱。关于这一点,只要有决心就一定能做到,而且,最好将存钱的计划告诉朋友或长辈,因为一旦告诉他们,自己要是不能付诸行动,有可能会影响到和他们的关系,所以能成为激励自己储蓄的动力。

储备知识的必要性

努力学习知识这点对于学生自不待言,对从事和学问无关的职业的人来说,也应该在新年立下相关的决心。我曾经为某个杂志撰文,讲述了学英语的经验之一:每天记三个单词。要是每天记住三个单词,一年就能记住一千多个,三年就是三千多个。要是能认识三千多个英语单词,基本上也就能看懂一般的报纸杂志了。在这篇文章发表以后,我收到了两位素未谋面的读者的英语来信,他们在信里感谢我教了这样的方法，说："我们按照您教的方法学习英语，已经初见成效了。"他们的英文信用语准确，语句通畅。

下面所讲的也是我的亲身经历。我在最开始学习德语的时候采用了如下的方法。这个方法就是：将单词记在纸片上，早上起床后抽出其中的三张来背诵，在一天之中只要有时间都反复记忆，睡觉的时候再回想一下我今天又记住了什么单词。要是有时候忘了，即使关了灯也要再次打开灯，直到记牢了才睡觉。我的德语学习从这个方法中受益匪浅。

对于从事的职业和学问无关的人来说，每天记住三个单词并非易事。若是记不住三个，记住一个也可以，或是记住一件事情也行，总之，要想尽各种办法增加自己的知识储备。尤其是年轻人，要是做到将所见所闻随时记在笔记本上，一有空就拿出来加以温习巩固，知识量一定能在短时间内得到突飞猛进。也许有人最开始会觉得麻烦，但慢慢习惯后就会体会到其中的乐趣，觉得颇有意思。而且，时间长了，不记还会觉得不习惯。一个人要是能这样一步一步脚踏实地走下去，随着时日的增加，一定能在相应的领域有所成就。所以我建议诸位，将想做的事情，想学习的知识，在年初的时候写到纸片上，随着时间的推移，这些事项会按照自己的愿望，变成真真切切的现实。

读一读《新约圣经》的话，可以将"我们的罪过"翻译成"债"。"谢罪"和"借债"连发音都有些相近，正如借下的债务一定会有偿还的时候一样，我们曾经犯下的罪过，在某一天也一定会得到相应的惩罚。所以，也正如欠债还钱的道理一样，我们应该履行自己应该承担的义务。对于一年当中未尽的义务，应该像欠下的债务一样记到笔记本上，时时翻阅查看，一项一项地兑现。每兑现一次,都能带给我们莫大的愉快。

我在这里只是粗略列举了四五条迎接新年的一些注意事项。若要详细讲述,可能还有很多需要注意的细节。不过,我在这里仅仅只是举了一些具体的例子,诸位读者最好根据自己的实际情况深思熟虑,列出适合自己的事项。

可能很多人都曾经有过以新思想、新决心来迎接新年的经验,也有很多人想出了缜密周到的计划,但在付诸实践这点上却屡遭失败,从而变得自暴自弃,失去了重新出发的勇气。对于这样的人,我想对他们大声疾呼:重头再来一次吧!人在哪里跌倒,就要在哪里爬起来。即便只是三天打鱼,两天晒网,认真打鱼的那三天带来的益处也能延续到三天甚至三个月之后。一个人做的好事无论多么微小,都潜藏着无限好的可能,做好事的时间无论多么短暂,它带来的影响,永远都不会被磨灭。"勿以善小而不为",在新年的头三天里,我们务必要端正自己的态度。